AF504352

TRAITÉ COMPLET

DES

EAUX MINÉRALES

DE LA FRANCE,

Par le Citoyen FOURCROY.

A PARIS,

Chez GAY & GIDE, Libraires, rue Honoré,
n°. 85, vis-à-vis la Maison d'Aligre, & rue
d'Enfer, n°. 731.

1792.

INTRODUCTION,

OU

AVANT-PROPOS.

LES bons effets que l'on obtient tous les jours des eaux minérales sulfureuses dans un grand nombre de maladies aiguës & chroniques, leur ont mérité depuis long-tems une attention particulière, & ont fixé l'attention des plus célèbres Médecins. Les uns se font occupés d'en faire connoître la nature par l'analyse chimique, les autres d'en déterminer les propriétés & d'en conftater les vertus, en publiant leurs obfervations. Si donc, après avoir confulté les divers écrits qui nous ont été donnés fur cette matière, tels que ceux d'Hoffman fur les différentes fources minérales de l'Allemagne, de Cartheufer dans fon Hydrologie, de Bordeu dans fon Traité des Sources de la vallée du Béarn, les recherches de M. Bayen fur les eaux de Bagnères de Luchon, les différentes analyfes des Eaux d'Aix-la-Chapelle, enfin les obfervations nombreufes de guérifons opérées par ces fortes d'eaux ; fi, difons nous, d'après ces autorités , il n'eſt plus permis de douter de leur efficacité, il ne reſte plus à deſirer que de voir des ſources auſſi utiles ſe multiplier ; pour ainſi dire , en raiſon de la multitude des maladies auxquelles elles peuvent être oppoſées avec ſuccès. Ce deſir eſt d'autant mieux fondé , que l'éloignement de la plupart de ces ſources fait que leurs eaux perdent, par le tranſport ou par le laps de temps , une grande partie de leurs propriétés , que quelques-unes d'elles ne doivent qu'à un principe, ou fugace & incoërcible , ou promptement décompoſable. A cette difficulté de tranſporter les eaux , ſi l'on ajoute celle plus grande encore d'entreprendre un voyage long, pénible & diſpendieux pour puiſer ces eaux à la ſource , & jouir ainſi de toutes leurs propriétés, on concevra quels avantages inappréciables , il eſt permis d'eſpérer de la découverte d'une ſource de cette nature aux environs de la Capitale.

Un ruiſſeau aſſez abondant, qui ſe trouve dans la vallée de Montmorency, à préſent dit Enghien, au-deſſous de l'étang de Saint-Gratien, n'avoit depuis long-temps été remarqué des habitans de cette vallée que par l'odeur infecte qu'il répand aſſez au loin. Il y a environ vingt ans que le Père Cotte, alors Curé de Montmorenci, obſervateur dont le zèle égale les lumières, & qui ſaiſit pour objet de ſes recherches tout ce qui peut intéreſſer l'utilité publique, s'occupa le premier de ce ruiſſeau, long-temps négligé & déshonoré par la dénomination triviale & bien méritée de ruiſſeau puant. Il le fit connoître par un Précis qu'il publia en 1766, dans lequel il en donna une analyſe, imparfaite à la vérité, mais par laquelle il le dénonçoit en quelque ſorte aux Chimiſtes comme un objet digne de leur attention, & qui attendoit une analyſe plus complette. Quelques années après M. le Vieillard, propriétaire des nouvelles eaux de Paſſy, ayant obtenu de S. A. Mgr le Prince de Condé, la conceſſion de la ſource d'Enghien, examina la nature des eaux de cette ſource, & préſenta ſon analyſe à l'Académie Royale des Sciences. En même-temps pour confirmer ce qu'il avoit reconnu par ſon travail, & pour fixer, d'une manière plus certaine, l'opinion des Médecins ſur la nature & les propriétés de ces eaux, M. le Vieillard ſollicita & obtint de la Faculté de Médecine de Paris, des Commiſſaires MM. Bellot, Bertrand, Roux & Darcet furent chargés par cette Compagnie, d'examiner l'eau d'Enghien. Leur rapport a été rendu public en 1774. M. Deyeux , célèbre Pharmacien de Paris, s'eſt auſſi occupé de l'examen de cette eau , & ſon analyſe a été imprimée la même année. Enfin la Société Royale de Médecine , étant par ſon inſtitution ſpécialement chargée de l'analyſe & de tout ce qui concerne les eaux minérales du Royaume , M. le Vieillard s'eſt adreſſé de nouveau à cette Compagnie pour obtenir ſa ſanction ſur la diſtribution de ces eaux , & leur mériter de la part des Médecins & du Public une confiance à laquelle elles paroiſſoient avoir des droits légitimes.

La Société, qui porte dans tous les objets qui lui ſont confiés , l'exactitude la plus ſcrupuleuſe, ne pouvoit prononcer ſur celui que M. le Vieillard ſoumettoit à ſon examen , que d'après ſes propres travaux ; c'eſt pourquoi , en accueillant ſa demande , elle nous a chargés de nous occuper de l'examen de l'eau d'Enghien & de lui en rendre compte. Pour remplir entièrement les vues de la Compagnie , nous nous ſommes tranſportés à la ſource , nous y ſommes demeurés tout le temps qui a été néceſſaire pour les nombreuſes expériences auxquelles nous avons ſoumis l'eau à l'inſtant même où elle venoit d'être puiſée & auparavant qu'elle eût pu éprouver la plus légère altération ; nous n'avons négligé aucune de celles qui pouvoient faire reconnoître le principe qui minéralife cette eau , & cherché à détruire les incertitudes que laiffoient fur fa véritable nature les analyfes précédemment faites par la différence de leur état. De retour à Paris , nous avons examiné dans notre laboratoire tous les produits ; enfin pour ne rien laiffer à defirer dans une matière auffi intéreffante , nous avons répété des expériences comparatives fur une quantité confidérable d'eau que nous avons fait venir , & que nous avons laiffé fe dégazer à l'air libre : on verra que cette feconde analyfe , loin d'être fuperflue a été la plus lumineufe, puifque c'eft par elle qu'on a pu lever les difficultés nombreufes que la première avoit préfentées , & qu'on a été inftruit de la nature & de la quantité des principes, qui, outre le foufre , font contenus dans l'eau d'Enghien.

On ne fera point étonné de l'étendue que nous avons donnée à ce travail , fi l'on fait attention , 1º. à l'importance & à l'utilité que peut avoir au voifinage de la Capitale , & dans une campagne la plus agréable & la plus favorifée de toutes celles qui l'environnent, une fource d'eau minérale qui peut au moins être comparée par fa nature & par fes

propriétés , à celles que l'on fait venir de très-
loin & à grands frais ; 2°. que les analyses
qui en ont été faites auparavant , ne l'ont été
que sur une petite quantité d'eau , & qui puisée
depuis un assez long espace de temps pouvoit avoir subi quelque altération , à laquelle on doit peut-être attribuer quelques
inexactitudes que l'on trouve dans leur résultat.
3°. que ces analyses des eaux minérales sont
encore très-imparfaites , sur-tout celles qui ont
précédé les découvertes de la Chimie sur
les fluides élastiques , & qui ont pour objet les
eaux minéralisées par un gaz particulier, telles
que les eaux hépatisées dont Schéèle & Bergman se sont si utilement occupés.

Notre travail ne pouvoit donc être trop
complet , non-seulement pour présenter une
analyse exacte de l'eau d'Enghien , mais encore pour éclairer celle des eaux de la même
nature que la Société peut desirer de ses As-
sociés & Correspondans. C'est sur-tout dans
cette vue que nous avons fait sur l'eau d'Enghien une quantité d'expériences beaucoup
plus considérable qu'on n'a coutume d'en
faire , & qu'il ne paroîtroit peut-être nécessaire pour en déterminer la nature. Nous avions
à fixer d'une manière plus précise l'action des
différens réactifs sur une eau chargée de gaz

hépatique. Aucun Chimiste ne nous avoit précédés dans cette sorte de recherches, puisque Bergman même, auquel on doit les premieres idées exactes sur la nature de ces eaux, n'avoit point eu occasion de les examiner à leur source. Il étoit donc permis de regarder ce travail comme entièrement neuf, & la Société devoit attendre de nos recherches une suite de faits applicables à l'analyse de ces eaux en général : nous croyons pouvoir espérer que les expériences multipliées que nous avons faites, & les divers procédés que nous avons suivis, pourront répandre quelque lumière sur l'art d'analyser ces eaux. Cet Ouvrage sera divisé en plusieurs Chapitres : après une courte description de la source d'Enghien, du bâtiment qui la renferme, & des particularités que nous y avons observées, nous ferons l'exposé des propriétés physiques de cette eau, nous ferons connoître ce qu'en ont dit ceux qui l'ont examinée avant nous, & nous passerons au détail des expériences que nous avons faites pour en déterminer la nature.

L'action de l'air & de la chaleur, celle des différens réactifs ; les colorans, les alkalins, les acides ; les sels neutres, alkalins & terreux ; les métaux, leurs chaux & leurs diſſolutions ; les réflexions que l'action de ces dernières nous aura fournies ; tous ces objets ſeront traités dans autant de Chapitres. Nous parlerons auſſi du mélange de l'eau d'Enghien avec les ſubſtances végétales & animales : enfin pour confirmer les réſultats que nous aurons obtenus de ces expériences faites ſur l'eau jouiſſant de tous ces principes, nous les répéterons ſur l'eau dégazée , & nous comparerons l'action des différens réactifs ſur l'eau dans ces deux états.

Nous paſſerons enſuite à la diſtillation & à l'évaporation , & nous ferons l'examen ſucceſſif des réſidus que nous aurons obtenus par l'une & l'autre de ces opérations. Du réſultat particulier que chacune de ces analyſes nous aura donné, nous déduirons, comme conſéquence néceſſaire , un réſultat général ſur la nature & la quantité des principes minéraliſateurs de l'eau d'Enghien. Après un court examen de la pellicule & du dépôt de cette eau , nous ferons l'application des faits nouveaux & intéreſſans que nous aurons eu occaſion d'obſerver dans la ſuite de ces recherches , à l'analyſe des eaux ſulfureuſes en général , & nous terminerons par l'expoſé ſommaire des propriétés médicinales & de l'adminiſtration de l'eau d'Enghien.

(xv)

La rédaction de cet Ouvrage a été terminée en Octobre 1786. Des circonstances particulières en ont retardé l'impreſſion juſqu'au mois de Mai 1787. A cette époque pluſieurs Membres de l'Académie des Sciences ſe ſont réunis, pour faire un travail commun ſur une Nomenclature méthodique de la Chimie : au lieu de retoucher aux détails de cette analyſe, pour changer les noms anciens, & y ſubſtituer la nouvelle Nomenclature, qu'il nous paroît indiſpenſable d'adopter, nous avons cru devoir donner ici la ſynonimie des principaux termes de Chimie employés dans cet Ouvrage.

Noms anciens.	Noms nouveaux.
Lumière.	*Lumière.*
Chaleur latente.	*Calorique.*
Air déphlogiſtiqué & ſa baſe.	*Air vital* ou *Gaz oxigène.* *Oxigène.*
Mofète atmoſphérique.	*Gaz azotique.*
Gaz inflammable.	*Gaz hydrogène.*
Gaz hépatique.	*Gaz hydrogène ſulfuré.*

Noms anciens.	Noms nouveaux.
TERRES.	
Terre vitrifiable *ou* sili-ceuse.	*Silice.*
Terre argileuse pure *ou* base de l'alun.	*Alumine.*
Terre pesante.	*Baryte.*
Magnésie.	*Magnésie.*
Chaux.	*Chaux.*
ALKALIS.	
Alkali végétal.	*Potasse.*
Alkali minéral.	*Soude.*
Alkali volatil.	*Ammoniaque.*
ACIDES.	
Vitriolique.	*Sulfurique.*
Sulfureux.	*Sulfureux.*
Nitreux pur *ou* déphlo-gistiqué.	*Acide nitrique.*
Nitreux rouge *ou* phlo-gistiqué.	*Acide nitreux.*
Acide marin.	*Acide muriatique.*
Acide marin déphlo-gistiqué.	*Acide muriatique oxigéné.*
Acide crayeux.	*Acide carbonique.*

Acide

Noms anciens.	Noms nouveaux.
Acide arsénical.	*Acide arsénique.*
Acide saccharin *ou* du sucre.	*Acide oxalique.*
Vinaigre distillé.	*Acide acéteux.*
Vinaigre radical.	*Acide acétique.*
Acide phosphorique.	*Acide phosphorique.*
Sels neutres.	Terreux. Alkalins. Métalliques.
Tartre vitriolé.	*Sulfate de potasse.*
Sel de Glauber.	*Sulfate de soude.*
Sel d'Epsom.	*Sulfate de magnésie.*
Sélénite.	*Sulfate calcaire.*
Sel sulfureux de Stahl.	*Sulfite de potasse.*
Vitriol de fer.	*Sulfate de fer.*
—— de zinc.	*—— de zinc.*
—— de cuivre.	*—— de cuivre.*
Alun.	*Sulfate d'alumine.*

Tous les sels formés par l'acide sulfurique, portent le nom générique de *Sulfates* ; tous ceux formés par l'acide sulfureux seront nommés *Sulfites.*

Nitre.	*Nitrate de potasse.*
Nitre d'argent.	*Nitrate d'argent.*

Nome anciens.	Noms nouveaux.
Nitre de mercure.	*Nitrate de mercure.*
Nitre de plomb.	*Nitrate de plomb.*
Tous les Nitres en général font des	*Nitrates*, lorfqu'ils contiennent l'acide *nitrique.* *Nitrites*, lorfqu'ils contiennent l'acide *nitreux.*
Sel marin.	*Muriate de foude.*
Sel ammoniac.	*Muriate d'ammoniaque.*
Sel marin à bafe de terre pefante.	*Muriate barytique.*
Beures d'antimoine. —— d'arfenic.	*Muriates fublimés d'antimoine.* *d'arfenic.*
Terres, *ou Alkalis effervefcens, ou faturés d'acide craieux, ou craies* de potaffe.	*Carbonate de potaffe.*
de foude.	—— *de foude.*
d'ammoniaque.	—— *d'ammoniaque.*
de chaux.	—— *de chaux.*
de magnéfie.	—— *de magnéfie.*
de terre pefante.	—— *de baryte.*

Terre foliée de tartre.   *Acétite de potaſſe.*
Sel *ou* Sucre de Saturne. *Acétite de plomb.*

Tous les compoſés de vinaigre diſtillé avec les baſes alkalines, terreuſes ou métalliques, ſont des *Acétites*; les ſels où entre le vinaigre radical, ſont des *Acétates.*

Chaux métalliques.

On les appelle en général des Oxides de plomb, d'argent, &c. en ajoutant une épithète qui déſigne la couleur de chacune de celles qui appartiennent au même métal; comme, par exemple, Oxide de plomb jaune, le Maſſicot, Oxide de plomb rouge, le Minium, &c. Ce nouveau nom d'Oxides, exprime la combinaiſon des métaux avec l'Oxigène, & tient le milieu entre l'état métallique de ces corps, & les acides formés auſſi par l'union de l'oxigène avec des matières combuſtibles.

Cette portion de la nouvelle Nomenclature ſuffira pour faire connoître ſur quel principe elle eſt fondée, & pour prouver

qu'elle réunit l'avantage d'exprimer exactement la nature & l'état de combinaiſon des
ſubſtances nommées. On peut voir encore
par cette courte comparaiſon, que nous n'a-
vons que très-peu de noms nouveaux, &
que la plupart de ceux que nous adoptons
ne diffèrent des anciens que par des termi-
naiſons différentes. Au reſte, pour mieux
juger de l'utilité de cette Nomenclature, il
faut lire l'Ouvrage même où elle eſt expoſée
fort en détail.

ANALYSE

ANALYSE
CHIMIQUE
DE
L'EAU D'ENGHIEN.

CHAPITRE PREMIER.

Description de la Source d'Enghien.

LA vallée de Montmorency est située au bas
de la ville de ce nom, à présent dite d'Enghien, à l'ouest - sud - ouest & à cinq lieues
de Paris. Elle est environnée & peuplée de
plusieurs bourgs & villages, dont le site agréable y a déterminé l'établissement d'une grande
quantité de châteaux & de maisons de plai-
sance. Elle est trop bien connue pour que
nous nous arrêtions à en faire une description

A

particulière , & qui paroîtroit peut-être étrangère à notre objet ; nous ne nous occuperons donc que des circonſtances locales qui ont avec lui un rapport plus direct.

Cette vallée eſt ſur-tout remarquable par un étang qui a près de trois quarts de lieue d'étendue : outre les ſources nombreuſes d'eau pure, qui fourniſſent enſemble à la formation de cet étang, on en trouve, ſur ſes bords, pluſieurs autres , dont il eſt difficile , & pour mieux dire, impoſſible de reconnoître la nature, parce que les endroits où elles ſourdent, ſont preſque toujours recouverts par l'eau de l'étang à laquelle elles ſe mêlent : cependant, ſi l'on en croit le rapport des gardes-chaſſe , quelques-unes d'elles ſont très-chaudes, ce dont ils ont lieu de s'aſſurer par la chaleur aſſez forte qu'ils éprouvent , en certains endroits des bords de l'étang, lorſqu'ils vont chercher le gibier tué ou démonté , qui ſe perd dans les roſeaux qui y croiſſent en abondance. Dans la vallée même on rencontre trois autres ſources , l'une près des Champeaux, en deſcendant du château de la Chaſſe, la ſeconde du côté de Moulignon, près du château de Saint-Prix : l'une & l'autre ſont ferrugineuſes , & laiſſent un dépôt d'ochre très-ſenſible dans le creux ou enfoncement naturel qui reçoit leur eau. Ces deux ſources ſont

très-peu abondantes , tariffent dans plufieurs
temps de l'année : elles ne méritent par conféquent pas une grande attention, non plus que
la troifieme : on rencontre celle-ci en fuivant
le fentier qui eft au-deffous des Mathurins ; elle
forme ,à fa fortie ,une marre affez confidérable,
dans laquelle les femmes des environs vien-
nent faire la leffive ; elle a une odeur fétide,
mais elle ne paroît pas minérale , & fon odeur
dépend de la ftagnation & des lavages.

La dernière , & la plus importante de toutes ,
celle dont nous nous occupons , & qui a déjà
fixé l'attention de plufieurs Phyficiens & Chimiftes , eft la fource de l'eau fulfureufe d'Enghien. Elle fortoit autrefois de deffous un des
piliers de la digue de l'étang, à l'endroit où
eft le déchargeoir du trop plein. Ce déchargeoir , fitué à l'extrémité nord-eft de la digue,
eft compofé de trois arches , portées fur un
maffif de maçonnerie conftruit fur pilotis , &
eft terminé en glacis du côté oppofé à l'étang.
M. le Vieillard , depuis qu'il en a obtenu la propriété , a fuivi la fource jufqu'à cet endroit ; il
l'a mife à découvert , & a fait conftruire un
bâtiment propre à la recevoir & à la mettre
à l'abri des injures extérieures. Il n'eft point hors
de propos de faire connoître , par une courte
defcription , la forme de ce bâtiment , dont

M. Hallé, notre confrere, a bien voulu, à notre priere, lever un plan, que nous joignons ici pour l'intelligence des détails dans lesquels nous sommes obligés d'entrer.

Le bâtiment qui renferme la source d'Enghien, peut très-bien être comparé à ces Regards que l'on rencontre dans plusieurs endroits & particulièrement dans les environs de Paris, pour la conservation & l'indication des sources & des conduits. Il est adossé au glacis qui termine le déchargeoir, & posé sur un terrein incliné, ce qui lui donne extérieurement une forme assez irrégulière, & fait que, du côté du glacis, & dans la partie la plus élevée du terrein, il paroît sortir de terre ; mais, à mesure que celui-ci s'incline davantage, l'élévation du bâtiment augmente, & est à la fin, ou dans sa partie la plus haute, de trois pieds & demi. Sa longueur totale est de neuf pieds, & sa largeur de trois pieds & quelques pouces. L'ouverture pratiquée à la partie antérieure est fermée d'une porte, dont le seuil est une longue pierre, qui n'est soutenue que par ses deux extrémités, & dont le milieu répond à l'excavation ou lit du ruisseau que l'eau forme à sa sortie du dernier réservoir.

On ne peut pénétrer dans l'intérieur de ce bâtiment qu'en se baissant, & avec beaucoup de peine, à caufe de fon peu d'élévation ; qui n'eft que de trois pieds & même de deux pieds onze pouces à fon entrée. La longueur, prife du bord du feuil, jufqu'au fond de la bâtiffe, eft de huit pieds quatre pouces, & fa largeur de deux pieds cinq. Dans une efpèce de niche ou enfoncement pratiqué tout-à-fait au fond & à l'angle droit, on voit jaillir la fource dont l'eau eft reçue dans une excavation ou premier baffin de forme très-irrégulière, qui a deux pieds de large dans fa partie poftérieure la plus évafée, & dix pouces feulement dans la partie qui fe prolonge en avant & à droite : la profondeur eft d'un pied fept pouces, & de deux pieds dans quelques endroits : le fond eft de glaife & de cailloux.

De ce premier baffin, par le moyen d'une goutière ou canal de communication, l'eau paffe dans un fecond ou réfervoir féparé du premier par un intervalle de deux pieds & demi, rempli par deux pierres de largeur inégale, à caufe de la pofition un peu à gauche du canal qui paffe entr'elles. Ce canal, de trois pouces dix lignes d'ouverture, part de la partie gauche & la plus enfoncée du petit baffin, traverfe l'intervalle qui le fépare de l'autre, en fe portant un peu vers la droite, ce qui, avec une légère pente, facilite l'écoulement de l'eau qu'il conduit au réfervoir. Celui-ci, formé par une feule pierre creufée, a la forme d'un carré allongé, c'eft-à-dire, deux pieds cinq pouces de long, fur deux de large ; il a un pied fept pouces de profondeur ; il peut donc contenir fept pieds cubes & demi $\frac{11}{100}$ de liquide, ou 252 pintes (1). Sur le bord antérieur, & à fix pouces du côté droit, eft une petite gouttière ou rigole de deux pouces quatre lignes de largeur, & d'un pouce quatre lignes de hauteur. Elle eft donc plus élevée dans le réfervoir que la rigole poftérieure, fi la pierre qui le forme eft bien équarrie & pofée droit. Par cette gouttière l'eau s'écoule du réfervoir, dans un efpace creufé en avant, & qui lui fert de décharge ; de-là, par une ouverture de feize pouces de large, pratiquée au-deffous de la pierre qui forme le feuil de la porte, elle s'échappe au dehors & donne naiffance au ruiffeau dont nous parlerons dans un inftant.

---

(1) MM. les commiffaires de la Faculté, après avoir fait vider ce baffin, ont vu que l'eau s'y étoit élevée de onze pouces dans l'efpace d'une demi-heure ; d'où ils ont conclu, que la fource avoit fourni, dans cet efpace de temps, 132 pintes de quarante-huit pouces cubes chacune, & que, par conféquent, elle pouvoit fournir 6316 pintes, ou 22 muids en 24 heures.

Si l'on fait attention à ce que nous avons di de la situation de la source à l'angle droit du bâtiment, de l'ouverture du canal de communication, dans la partie gauche & la plus rétrécie du premier baffin, de fa direction, qui fait que, fe portant un peu de gauche à droite, il arrive au réfervoir vers fon milieu, & ne correfpond à la rigole antérieure placée tout-à-fait à droite que par une ligne très-oblique, on verra que cette difpofition eft la plus favorable pour donner à l'eau tout le cours qu'elle peut avoir dans un fi petit efpace ; auffi fa furface étant fans ceffe renouvellée dans les conduits & réfervoirs, nous l'avons toujours trouvée claire & limpide : ce n'eft qu'en examinant les parties intérieures du bâtiment, que nous avons remarqué différens dépôts & incruftations dont nous devons rendre compte. Celle que nous avons trouvée à la partie fupérieure des murs, étoit feche & blanche, comparée à celle des parties latérales inférieures, qui étoit jaune & rougeâtre, foncée dans quelques points, mollaffe & fe pêtriffoit fous les doigts ; l'une & l'autre avoit une faveur fortement acide, & paroît répondre à cette matière faline que le P. Cotte & M. le Vieillard avoient obfervée, & à laquelle ils avoient donné le nom de fel grimpant. Sur les quatre côtés de la pierre qui forme le ré-

fervoir, nous avons trouvé une croûte feche
& jaunâtre, qui adhéroit affez fortement, fur-
tout à l'embouchure des deux rigoles, & fe
brifoit lorfqu'on vouloit la détacher ; au fond
du bâtiment, & près de la fource, nous avons
retrouvé la même incruftation, mais d'une couleur jaune citrine plus décidée que par-tout ailleurs ; nous avons ramaffé avec foin ce qui
nous étoit néceffaire de ces diverfes incruftations, pour pouvoir en connoître la nature par
l'examen chimique.

Nous avons dit que la furface de l'eau étant
fans ceffe renouvellée dans les conduits & réfervoir, il ne s'y formoit point de pellicule.
Leur fond eft enduit d'une matière noire &
fétide, femblable à celle que l'on trouve en
plus grande abondance dans le lit du ruiffeau.

Celui-ci parcourt environ vingt toifes de terrein dans lefquelles fon lit eft affez étroit &
refferré, & l'eau conferve encore fa limpidité :
mais, à mefure qu'il s'élargit en s'éloignant de
la fource, & que fon cours devient moins rapide, fa furface fe couvre de plus en plus
d'une pellicule grife, terne, qui ne réfléchit
point les couleurs de l'iris, qui fe précipite
en devenant plus épaiffe, & recouvre les pierres, les feuilles, les débris de tous les corps
qui fe trouvent au fond du ruiffeau, ainfi que

la surface supérieure de la matière noire , graffe & fétide dont tout ce fond eft enduit , & dont la terre eft imprégnée à plufieurs pouces de profondeur.

On trouve , fur les bords du ruiffeau , des faules , des joncs en bon état ; quelques plantes, fur-tout la menthe aquatique ; les vers de terre, qui y tombent des environs , meurent & font bientôt recouverts de la pellicule précipitée. L'eau ne paroît point nourrir d'infectes , cependant on y trouve quelques larves , comme celles de coufins.

En fuivant ce ruiffeau avec attention , nous avons découvert , à 80 pieds de diftance de la première , une feconde fource , qui fortoit par deux filets , à quatre ou cinq pouces au-deffus du niveau de l'eau. Pour en connoître la nature, nous avons détourné l'eau du ruiffeau ; nous avons fait conftruire fur-le-champ , avec des pierres & de la terre , une efpèce de digue ou petit baffin propre à recevoir l'eau de cette nouvelle fource fans mélange avec celle de la première. Le lendemain ce baffin étoit rempli d'une eau claire & limpide , à laquelle nous avons reconnu une odeur & une faveur fortement hépatiques ; les pieces d'argent & de cuivre que nous y avons plongées , nous ont paru être moins fortement & moins promptement noircies que par l'eau de la première source ; mais elle a aussi promptement agi sur le sel de saturne & sur la litharge. Par cette épreuve, & par quelques autres, nous nous sommes assurés que cette seconde source est de la même nature que la première, qu'elle fournissoit une assez grande quantité d'eau pour mériter d'être conservée, & suffiroit, avec l'autre, aux besoins d'un service même très-étendu.

Le ruisseau, formé ainsi par la réunion de l'eau des deux sources, parcourt encore environ trente toises de terrein : dans cet espace, son lit devient de plus en plus tortueux & irrégulier, embarrassé par des joncs & autres corps étrangers ; de sorte que son cours étant moins libre, & presque nul dans quelques endroits, l'eau se décompose, est entièrement trouble & prend une couleur blanche terne, plus foncée, qu'elle conserve dans l'espace de quatre à cinq toises, après s'être mêlée avec celle d'un autre ruisseau formé par l'eau de l'étang, à la chûte d'un moulin, situé au-dessous & près du déchargeoir.

CHAPITRE II.

Extrait des Ouvrages qui ont été publiés sur l'Eau d'Enghien.

AUPARAVANT d'entrer dans le détail des expériences que nous avons faites pour déterminer la nature chimique, ou les divers principes qui minéralisent l'eau d'Enghien, il est à propos de faire connoître ce qu'en ont dit ceux qui l'ont examinée avant nous, & quel a été le résultat de leurs recherches. L'extrait de leurs ouvrages fera le sujet de ce Chapitre.

ART. I. Le P. Cotte, curé de Montmorency, s'est occupé le premier du ruisseau d'Enghien, & l'a fait connoître par une lettre qu'il a adressée à l'abbé Nollet en 1766. Il avoit pensé d'abord que ce ruisseau étoit formé par l'eau de l'étang. Mais il fut désabusé, lorsqu'il vit que celui-ci étant à sec, le ruisseau ne tarissoit point. Nous avons détruit entièrement les doutes que quelques personnes pourroient conserver à ce sujet, en faisant des expériences comparatives, qui nous ont prouvé que l'eau de l'étang ne différoit point des eaux de source ordinaire, tandis que celle du ruisseau d'Enghien préfentoit une foule de phénomènes qui indiquoient fa nature particulière & minérale. L'abbé Nollet ayant communiqué à l'académie la lettre du P. Cotte, cette compagnie chargea Macquer d'en faire l'examen. **Les** occupations de ce célebre chimifte ne lui permirent pas alors de donner à ce travail l'étendue & la perfection qu'il étoit fufceptible de recevoir entre fes mains, il fe contenta par quelques expériences, dont on peut voir le précis dans l'Hiftoire de l'Académie des Sciences, année 1766, de reconnoître que cette eau devoit fon odeur infecte & fa propriété d'altérer la couleur des métaux, fur-tout celle de l'argent & du cuivre, non à des matières végétales & animales en putréfaction, ainfi que l'avoit penfé le P. Cotte, mais à une efpece de combinaifon fulfureufe, ou foie de foufre terreux dont il la croyoit chargée. Soupçonnant que cette eau baignoit un terrein fulfureux, il pria le P. Cotte de s'en affurer par les recherches néceffaires. Celui-ci fit d'abord fouiller fur les bords du ruiffeau, près du maffif de pierre où l'eau fourcilloit : il trouva, d'un côté, de la glaife, & de l'autre un limon noir & fétide. Ayant remarqué que les pieces d'argent étoient plus fortement teintes dans cet endroit que dans ceux plus éloignés de fa fource, il fit creufer

& rétrécir un peu le lit du ruisseau pour le faire couler avec plus de rapidité : il vit aussi-tôt s'élancer au milieu de l'eau , qui étoit claire & limpide , de gros filets de matiere jaune , longs de trois à quatre pouces , & larges de deux. Ces filets étoient accompagnés de grandes pellicules blanches qui teignirent bientôt l'eau à quelques pieds au-dessous , & la rendirent blanche comme l'eau de savon. Il plongea à plusieurs reprises les mains entre les angles des pièces de bois du pilotis d'où partoient ces pellicules , & les retira pleines de cette même matiere jaune , avec une forte odeur de soufre ou de poudre à canon brûlée qu'elles conservèrent long-temps.

Ayant ensuite détaché une pierre recouverte de cette même matière , il la fit dessécher & l'exposa au foyer d'un verre ardent ; il en vit sortir une fumée épaisse , qui exhaloit une forte odeur de soufre. Le limon desséché lui présenta le même phénomène.

N'ayant plus aucun doute sur la nature sulfureuse de l'eau d'Enghien , il s'est appliqué à la comparer aux eaux analogues qui existent en Europe , & il a reconnu , par plusieurs expériences , qu'elles pouvoient principalement être assimilées à celles d'Aix-la-Chapelle , & sur-tout à celles de Bagnères & de Saint-Amand. Quant à la production du soufre, dont

ce terrein eſt chargé , il croit , d'après Macquer, que le ſoufre qui ſe produit dans l'intérieur de la terre , ne tenant ſon principe inflammable & par conſéquent ſon odeur , que des
matières végétales & animales décompoſées ,
dont le phlogiſtique ſe combine avec l'acide vitriolique qu'il rencontre , il eſt plus que probable que les matières végétales & animales
putréfiées que dépoſe l'étang d'Enghien , ſont
la cauſe première du ſoufre dont eſt imprégnée
l'eau de ce ruiſſeau.

Art. II. *Mémoire de M. le Vieillard.*

Dans ce précis , dont nous venons de rendre
compte , le P. Cotte s'eſt contenté d'établir avec
certitude la nature ſulfureuſe de l'eau d'Enghien.
Quelques années après , en 1771 , M. le Vieillard en a fait une analyſe plus détaillée , qu'il a
préſentée à l'académie royale des ſciences ,
& qui eſt inſérée dans le neuvieme volume des
Savans étrangers. Cette analyſe eſt diviſée en
trois parties. Il examine dans la première l'eau
même , dans la ſeconde la matière ſaline &
comme effloreſcente qu'on apperçoit le long
des pilotis que baigne la ſource , & qu'il appelle *ſel grimpant* ; il parle dans la troiſième du
dépôt qui ſe trouve ſous l'eau.

§. I. Lorſque M. le Vieillard a analyſé l'eau

d'Enghien, la source n'étoit point encore enfermée dans le bâtiment dont nous avons parlé
& qui la met à l'abri du mélange des corps étrangers ; c'est à cette raison sans doute qu'il faut
attribuer quelques résultats particuliers que lui
ont offert ses expériences : il a cherché quelle
étoit la température de cette eau avec le thermomètre de Réaumur, il a trouvé qu'elle étoit
de 10 degrés au-dessus de 0 , celle de l'atmosphère étant à 9 $\frac{1}{2}$; elle nous a paru constamment de 12 degrés , soit que la température de
l'atmosphere fût au-dessus ou au-dessous de ce
terme. Nous avons trouvé que la différence de
la pesanteur spécifique de cette eau avec celle
de l'eau distillée, n'étoit point sensible à l'aréome-
tre de M. Beaumé. Avec celui de M. de Par-
cieux M. le Vieillard en a trouvé une très-notable, qui a été, relativement à la pesanteur de l'eau
distillée de 2 p. 7 l. , & relativement à celle de
l'eau de Seine de 2 p. 9 lig. $\frac{1}{2}$. De plus une
bouteille qui contenoit 1 liv. 15 onces 7 gros
28 gr. d'eau distillée, lui a paru contenir, de
l'eau de la source, 1 liv. 15 onces 7 gros 49
grains , ce qui donne, sur un volume de 30
onces & quelques gros, 31 grains de différence,
tandis que, par le même procédé, nous n'avons
obtenu que 10 grains sur un volume de 15 onces ; il faut donc s'en rapporter au résultat donné

par les expériences plus exactes de M. Briffon. Ayant mis de l'eau dans une bouteille dont
il a vidé le goulot , & auquel il a attaché une
veffie mouillée , il s'y eft fait en l'agitant un peu ,
un gonflement très-fenfible ; nous avons répété
la même expérience avec de l'eau , à l'inftant
même où elle venoit d'être puifée , il nous a
été impoffible d'appercevoir par ce moyen le
dégagement d'aucun gaz , & la veffie , qui fer-
moit exactement la bouteille , eft reftée flafque
& n'a point changé d'état.

M. le Vieillard ne tire aucune conféquence
de l'action des différens réactifs qu'il a éprouvés
fur l'eau d'Enghien , il obferve feulement, relativement à la diffolution de vitriol martial ,
que cette diffolution noircit d'abord , mais jau-
nit enfuite à mefure qu'on en verfe une plus
grande quantité , ce qu'il croit pouvoir attribuer
à ce que l'acide furabondant du vitriol rediffout
la partie martiale , colorée d'abord par la vapeur du foie de foufre , puifqu'elle noircit de
nouveau en ajoutant une quantité plus grande
d'eau de la fource. Il a cherché enfuite à connoître combien de temps cette eau pouvoit conferver fa vapeur de foie de foufre : des expériences qu'il a tentées dans cette vue , la plus
frappante eft celle qu'il a eu occafion de faire
fur une bouteille de quatre pintes, dont l'eau ,

puifée

puisée neuf mois auparavant , sentoit fortement
le foie de soufre, & teignoit les solutions métalliques ; il est à croire qu'elle n'avoit ainsi conservé ses propriétés pendant un aussi long espace de temps , que parce qu'elle avoit été
entièrement garantie du contact de l'air dans
une bouteille très-exactement bouchée. Il a
reconnu , ce dont nous nous sommes assurés
après lui, que cette eau , après un demi quart-
d'heure d'ébullition , conservoit son odeur &
sa propriété d'altérer la couleur des métaux ;
que celle-ci étoit même plus forte que dans
l'eau sortant de la fontaine.

Pour déterminer plus exactement la nature de
cette eau, & la quantité de ses principes, M. le
Vieillard en a fait évaporer, au bain de sable,
dans plusieurs capsules de verre , 50 livres , qui
avoient été puisées quelque-temps auparavant &
filtrées ensuite, pour dépouiller l'eau de son dépôt
spontané. Celui-ci avoit pesé quinze grains , &
il l'avoit reconnu pour une terre calcaire entièrement soluble dans les acides avec effervescence. Après avoir rassemblé le résidu des différentes évaporations, qui pesoit 4 gros 50 grains,
il l'a examiné par les différens réactifs. Des produits qu'il a obtenus par leur moyen , & dont
la somme étoit moindre de 25 grains que
celle du premier produit ou résidu total de

l'évaporation , à caufe de la perte inévitable dans les différentes manipulations , il conclut que 2 livres ou une pinte d'eau d'Enghien contient environ $2\frac{2}{5}$ grains de fel de Glauber, $\frac{1}{2}$ grain de fel marin à bafe terreufe , 4 gros de félénite, une très-petite quantité d'alun , & $6\frac{9}{10}$ grains de terre , y compris le dépôt fpontané.

En même-temps qu'il faifoit cette évaporation à l'air libre , il en a fait une feconde dans des vaiffeaux fermés de la même quantité d'eau puifée le même jour , également filtrée & dépouillée de fon dépôt fpontané. Il en a obtenu un réfidu beaucoup plus blanc que celui de la première évaporation , & dont le poids a été de 5 gros 64 grains , par conféquent d'un gros 14 grains plus confidérable ; il a examiné ce fecond réfidu de la même manière , & par les mêmes réactifs , excepté qu'au lieu d'efprit de nitre, il a employé le vinaigre diftillé : il a obtenu les mêmes produits, mais dans des quantités différentes ; favoir, pour 2 livres d'eau, abftraction faite de la perte , comme dans le premier produit , $\frac{2}{5}$ grains de fel de Glauber, $\frac{9}{25}$ grains de fel marin à bafe terreufe , $\frac{2}{5}$ gr. de gomme, (il ne fait point mention de celle-ci dans le premier réfultat) $8\frac{8}{25}$ grains de fels féléniteux & alumineux, & $6\frac{12}{25}$ grains de terre, en comptant le dépôt fpontané. Une obfervation

particulière qu'a faite M. le Vieillard, en mettant à évaporer 6 livres d'eau dans une capfule
de verre, eft celle d'une criftallifation rameufe
qu'il apperçut grimper le long des parois de la
capfule. Les criftaux avoient la forme d'une
barbe de plume, comme ceux du fel ammoniac & avoient la même flexibilité. Il verfa
deffus quelques gouttes d'alkali fixe, il s'en dégagea des vapeurs très-fenfibles d'efprit volatil, & il ne douta plus que ce ne fût un véritable fel ammoniac. Ne fachant à quoi attribuer
la formation de ce fel, qu'il regardoit, avec
raifon, comme très-étranger à l'eau d'Enghien,
il fe reffouvint que l'eau qui les avoit fournis,
avoit été puifée dans un temps où la fource
étoit remplie de feuilles, de dépouilles d'infectes, & il foupçonna que ces matières macé-
rées avoient donné lieu à la formation de ce
fel, ainfi qu'à celle de la partie gommeufe.

§. II. Après cet examen de l'eau, M. le
Vieillard a fait celui du fel grimpant ou de
l'incruftation faline que l'on trouve fur les pierres, au voifinage de la fource; ce fel avoit
une faveur fortement acide; il a rougi fur-le-
champ la teinture de tourne-fol; expofé à un
degré de chaleur convenable, dans une cornue,
il n'a rien donné par la fublimation; décompofé
par l'alkali fixe, il a donné un précipité d'un

blanc fale : il a leffivé , à plufieurs reprifes , ce précipité dans l'eau diftillée. Après avoir filtré, il a verfé deffus quelques gouttes d'huile de vitriol , jufqu'à ce que la diffolution fe fît paifiblement ; aidé de la chaleur du bain de fable, il dit avoir obtenu , par l'évaporation de cette diffolution , du véritable alun , qui, fondu dans l'eau, a donné avec l'alkali fixe un précipité en floccons. D'un autre côté la liqueur qui avoit été filtrée , a donné par l'évaporation, des criftaux de tartre vitriolé.

§. III. Le dépôt formé fous l'eau , mis fur les charbons ardents , a répandu des vapeurs d'efprit fulfureux. Un gros & demi de ce dépôt , ramaffé en été , lui a donné, par la fublimation, fix grains de foufre. Leffivé enfuite , tant à l'eau froide qu'à l'eau bouillante , & uni à l'efprit de nitre , jufqu'à ce qu'il n'y eût plus d'effervefcence, il s'eft fait un précipité, qui, filtré & édulcoré, a pefé 54 grains, & il eft refté, fur le filtre, 29 grains de matière non diffoute. M. le Vieillard a examiné l'un & l'autre, & fes effais lui ont prouvé que le premier étoit une terre abforbante , & la feconde de la félénite.

A r t. III. *Analyfe de M. Deyeux.*

L'eau qui a été analyfée par M. Deyeux lui

avoit été envoyée dans des bouteilles exactement bouchées. On fait que de cette manière
l'eau conferve fes propriétés, il a donc été à
même de reconnoître fon odeur fulfureufe, fa
limpidité, fon action fur les métaux ; il a vu,
qu'expofée au contact de l'air, elle fe trouble, qu'il s'y forme une pellicule qui fe précipite : & qu'enfuite l'eau répand fa tranfparence ; enfin il a obfervé, comme nous l'avons
fait après lui, qu'en la faifant bouillir promptement, elle prenoit une belle couleur verte
très-fenfible. Après ces généralités fur les propriétés phyfiques de l'eau, M. Deyeux commence fon analyfe par l'emploi des réactifs ;
les colorans, les différens alkalis, les folutions
métalliques & enfin les acides ; ceux-ci, mélés
à l'eau d'Enghien, n'y ont d'abord occafionné
aucun changement ; mais, au bout de quelque
temps, il s'eft fait, au fond des vafes dans lefquels on avoit fait les mélanges, un léger précipité blanchâtre, qui, mis fur les charbons
ardens, a exhalé l'odeur d'efprit fulfureux volatil.

Pour reconnoître plus fûrement la nature de
ce précipité, il a pris trois pintes d'eau minérale & a verfé deffus deux gros d'huile de
vitriol rectifiée : l'odeur de l'eau a paru aug-
menter un peu, mais la tranfparence a été la
même ; au bout de vingt-quatre heures il s'eft

formé , au fond du vafe , un léger précipité blanchâtre ; il a gardé le tout pendant quatre jours , après lefquels il a verfé , fur un filtre , la liqueur & le dépôt ; il eft refté fur le filtre une matière blanche , qui , defféchée , a pefé trois grains , & qu'il a reconnue pour du foufre mêlé à une certaine quantité de terre abforbante. M. Deyeux demande fi l'on doit attribuer le foufre obtenu dans cette précipitation à la dé-compofition d'un foie de foufre par l'acide vi-triolique, ou fimplement à un dépôt fpontané , femblable à celui qui a lieu dans l'eau qui fe décompofe par l'action de l'air : cette dernière opinion lui paroît plus vraifemblable , parce que s'il y avoit eu décompofition d'un foie de foufre par l'acide , le dépôt fe feroit formé fur-le-champ , & la liqueur auroit auffi-tôt perdu fa tranfparence. Il croit donc que dans cette opération , comme dans l'eau expofée à l'air , le foufre s'eft précipité , parce qu'il a été aban-donné par le principe qui le tenoit en diffolution : il fe propofe d'examiner , dans la fuite de fon analyfe, quel eft ce principe , qui , uni au foufre , le rend diffoluble dans l'eau , comment il y eft uni , & pourquoi il l'abandonne fi promptement.

2. Pour fecond moyen d'analyfe , M. Deyeux a eu recours à l'évaporation à ficcité : il a mis dans une cucurbite de verre , munie de fon

chapiteau & d'un récipient, cinq livres d'eau minérale ; il a placé l'appareil fur un bain de fable & a commencé la diftillation à un feu doux : il a mis à part les liqueurs obtenues dans les différens temps de l'évaporation , afin de les examiner féparément & de les comparer les unes aux autres : la diftillation achevée, il a délutté les vaiffeaux & a ramaffé le réfidu qui étoit au fond de la cucurbite ; la portion du centre étoit blanche & légère , celle qui touchoit les parois & le fond étoit jaunâtre & y adhéroit fi fortement qu'elle s'en eft détachée avec peine ; le total pefoit trente-fept grains. Comme il defiroit avoir une plus grande quantité de réfidu, il a répété cette opération fur plufieurs livres d'eau ; & ayant cru pouvoir donner le degré de l'ébullition, c'eft alors qu'il a remarqué que l'eau devenoit dans ce moment très-tranfparente , qu'elle prenoit bientôt une couleur jaune tirant fur le verd, qui difparoiffoit enfuite lorfque le dépôt fe formoit au fond des vaiffeaux. Il croit que ce phénomène dépend de la terre & du foufre qui exiftent féparément dans l'eau, fe combinent au degré de chaleur de l'eau bouillante, forment alors un véritable foie de foufre, qui donne à l'eau cette couleur ; que celle-ci difparoît, lorfqu'en continuant l'ébullition , le foie de foufre fe

décompofe, la terre fe précipite avec une portion de foufre , & l'autre portion de cette dernière fubftance paffe avec l'eau dans le récipient.

Après cette théorie , auffi fimple que vraifemblable , de la couleur que prend l'eau
d'Enghien, dans le moment de l'ébullition ,
M. Deyeux paffe à l'examen , d'abord des produits liquides , enfuite du réfidu ou produit fec
de la diftillation.

1°. Le premier produit , ou les quatre onces
de liqueur , qui ont paffé les premières dans le
récipient , avoient une forte odeur de foie
de foufre ; la diffolution d'argent y a occafionné un précipité noir très-foncé , qui , au
bout de quelques heures , s'eft dépofé fous cette
même couleur , au fond du verre : une pièce
d'argent , placée à l'orifice du verre qui contenoit une portion de cette liqueur diftillée , a
été noircie très-promptement ; l'acide vitriolique , verfé deffus , a fimplement développé
l'odeur. Le fecond produit , ou les quatre onces
de liqueur qui ont paffé enfuite , examinées de
même , ont préfenté les mêmes réfultats , mais
avec moins d'intenfité. Le troifième n'a point
paru différer de l'eau diftillée , & les réactifs
qui ont agi fur les deux autres , n'ont produit
fur ce dernier aucun changement. M. Deyeux
croit donc que les deux premiers produits con-

tenoient du foufre, non dans l'état de foie de foufre ou uni avec une terre & un alkali , puifque ni l'un ni l'autre n'avoient pu paffer dans la diftillation, mais combiné avec un être particulier qu'il appelle *Caufticum* avec Meyer ; que c'eft à cet être que le foufre a dû la propriété de fe diffoudre dans l'eau , & celle-ci fon odeur hépatique à leur combinaifon. Pour changer cette conjecture en certitude , il a fait l'expérience fuivante.

Il a mis , dans une fiole , partie égale de chaux vive & de foufre, avec huit onces d'eau diftillée ; la fiole placée fur un bain de fable, il a donné le feu affez fort pour faire bouillir le mélange pendant quelques minutes , après lefquelles il a retiré le vaiffeau du feu. La liqueur avoit une couleur jaune très-foncée, & fentoit fortement le foie de foufre. Il l'a filtrée & l'a foumife à la diftillation , dans un appareil convenable & au degré de chaleur de l'eau bouillante. A ce degré il a obtenu, dans le récipient , une liqueur laiteufe qui avoit une forte odeur de foie de foufre ; la diftillation a été continuée jufqu'à ce qu'il ne reftât plus, dans la cucurbite, qu'une once de liqueur ; il a verfé, fur ce réfidu, fix onces d'eau ; il a remis à diftiller, & a répété cette opération jufqu'à fix fois. Alors la liqueur du récipient n'avoit plus d'odeur ;

& celle de la cucurbite, sans couleur & sans
saveur, surnageoit un dépôt, qu'il a ramassé &
reconnu pour de la terre & du soufre mêlés
simplement ensemble & nullement combinés.
Dans cette expérience, dit M. Deyeux, le principe caustique de la chaux s'est uni au soufre ,
sans cependant abandonner entiérement la première, & a fait partager à ces deux substances la
propriété d'être solubles dans l'eau. En continuant
l'ébullition, ce principe abandonne la chaux &
une portion de soufre ; l'un & l'autre se précipitent alors au fond de la cucurbite, mais
il reste combiné avec l'autre portion de soufre,
qui, rendu soluble par cette union, passe avec
l'eau dans le récipient. Ainsi les premières onces
de la liqueur obtenue par la distillation , avoient
une forte odeur de foie de soufre, & ne contenoient que du soufre en dissolution ; ensuite
cette odeur a diminué peu à peu , & la liqueur qui a passé en dernier, étoit semblable
à l'eau distillée, parce que le principe caustique,
en se dissipant, avoit entraîné avec lui tout le
soufre auquel il pouvoit s'unir, & le reste s'étoit
précipité avec la chaux au fond de la cucurbite.
L'analogie qu'il a observée entre cette eau distillée & l'eau minérale, le confirme dans l'idée
que cette eau ne contient point de foie de soufre, mais du soufre en dissolution , à la faveur

du principe cauftique auquel il eft uni dans les entrailles de la terre. On verra par la fuite de notre analyfe , que M. Deyeux eft celui qui s'eft approché le plus près de la vérité, & qui a le mieux preffenti le véritable état du foufre dans l'eau d'Enghien.

2°. En examinant & leffivant le réfidu fec de la diftillation, ou ce qui étoit refté au fond de la cucurbite , M. Deyeux a vu qu'une partie fe diffolvoit dans l'eau , qu'une autre partie infoluble reftoit fur le filtre. La première a donné par des évaporations & criftallifations répétées, différens fels fur lefquels il a verfé les divers réactifs , qui lui ont fait connoître que la pellicule qui fe forme pendant l'évaporation, eft une véritable félénite , qui fe criftallife dès qu'elle vient à manquer de l'eau néceffaire pour la tenir en diffolution ; que les fels de la première & feconde criftallifation ne different point du fel d'Epfom d'Angleterre , ou fel de Glauber à bafe terreufe ; que le fel de la troifième criftallifation , par la propriété qu'il lui a remarquée de tomber en deliquium , lorfqu'il eft expofé à l'air , & par la nature du précipité qu'il a donné avec l'eau mercurielle , doit être regardé comme un fel marin à bafe terreufe : enfin que l'eau-mère qui eft reftée, tenoit en diffolution une certaine quantité de ce même fel, que la vifcofité & l'épaiffiffement de l'eau-mère ont empêché de criftallifer. La feconde partie, celle qui a refufé de fe diffoudre, a donné, par des leffives répétées dans le vinaigre, dans l'eau bouillante, & par la fublimation, une terre abforbante, de la félénite & du foufre. Quant à l'incruftation que l'on trouve aux environs de la fource fous le nom de fel grimpant, ce n'eft autre chofe, fuivant lui, qu'une terre mêlée avec un peu de foufre, une petite quantité de fel marin à bafe terreufe & beaucoup de félénite.

De toutes ces expériences, faites avec autant de foin que de méthode, M. Deyeux conclut que l'eau d'Enghien contient,

1°. Du foufre tenu en diffolution, à la faveur du principe cauftique de Meyer.

2°. Une véritable félénite.

3°. Du fel de Glauber à bafe terreufe, ou du vrai fel d'Epfom. Il a obfervé que ce fel, mis fur un charbon ardent, s'eft gonflé en perdant fon eau de criftallifation; que, dans cet état, il n'a point de faveur ftiptique, ce qui le fait différer de l'alun.

4°. Du fel marin à bafe terreufe.

5°. Une eau-mère, qui contenoit de ce même fel.

6°. Une terre abforbante.

La parfaite diſſolution de cette terre dans l'eau d'Enghien , & ſon inſolubilité dans l'eau ordinaire , lui ont fait ſoupçonner qu'elle étoit unie & combinée dans l'eau minérale avec le principe cauſtique auquel elle devoit ſa ſolubilité.

Art. IV. *Analyſe de M. Roux.*

Nous ne ſuivrons point MM. les commiſſaires de la faculté dans l'expoſé qu'ils font dans leur rapport de la poſition de la ſource d'Enghien , de la quantité d'eau qu'elle peut fournir dans un temps donné , de la température de cette eau , de ſon odeur , de ſa ſaveur , de la manière dont elle ſe décompoſe à l'air , de la pellicule qui ſe forme , &c. Pour éviter des répétitions , nous croyons qu'il ſuffit de faire connoître ſes expériences particulières par leſquelles M. Roux a cherché à s'aſſurer de l'état du ſoufre dans l'eau d'Enghien & de la nature des autres principes qui y ſont contenus.

Ayant fait porter , dans ſon laboratoire , une certaine quantité de cette eau puiſée quelques jours auparavant , mais , ainſi que toute celle qu'il a examinée , renfermée dans des bouteilles bien bouchées , & qui paroiſſoit n'avoir rien perdu , il en a verſé quatre ou cinq onces dans pluſieurs verres , & a eſſayé ſur ces diverſes portions , l'action des différens réactifs. Parmi les réfultats qu'ils lui ont offert , celui qu'il a obtenu de la diffolution de la chaux d'arfenic dans l'acide marin, improprement appellé beurre d'arfenic , a principalement fixé·fon attention. Quelques gouttes de cette diffolution , verfées dans un des verres qui contenoit quatre à cinq onces d'eau minérale , donnerent fur-le-champ un précipité d'un beau jaune d'orpiment, & qui avoit l'odeur propre à cette fubflance. Cette efpèce de découverte détermina M. Roux à répéter l'expérience.

1°. Il a pefé huit livres d'eau d'Enghien; il a verfé peu-à-peu une once de liqueur arfe- nicale , il s'eft fait un précipité jaune en floc- cons légers, qui ont bientôt gagné le haut de la liqueur; il a filtré pour féparer ce précipité , qui, defféché , a pefé dix grains, & a offert tous les caractères de l'orpiment. Il a verfé encore un peu de la même diffolution dans la liqueur dont il avoit retiré , par la filtration , ce premier précipité, il s'en eft fait un fecond qui n'étoit plus coloré , mais blanc & femblable à celui, qui a lieu en verfant de cette liqueur dans l'eau diftillée.

2°. Trois jours après, neuf livres d'eau mi- nérale , puifée le même jour que la première, ont donné , avec la même quantité de liqueur arſénicale, un double précipité ; l'un, comme celui de la première expérience, jaune, léger, & flottant dans la liqueur, qui, defféché, a peſé neuf grains ; l'autre blanc, plus lourd, a adhéré aux parois des vaiſſeaux ; il n'eſt point dit quel a été le poids de ce dernier.

3°. Huit livres d'eau d'Enghien, gardée depuis trois jours dans une bouteille mal bouchée, & qui étoit déjà un peu trouble, ont donné, avec une égale quantité du même réactif, un précipité mêlé de jaune & de blanc, dont le poids, après la féparation & deſſication, a été de vingt-trois grains.

4°. Enfin, defirant ſe procurer une plus grande quantité de ce précipité, M. Roux s'eſt tranfporté à la fontaine avec M. Darcet. Là ils ont précipité une quantité confidérable d'eau, & ont obſervé que, lorſqu'ils n'employoient que la juſte proportion de liqueur arſenicale, il ne ſe formoit qu'un ſeul précipité jaune, léger & flottant ; mais que, lorſqu'ils en verſoient audelà, il y avoit en même-temps un précipité blanc, plus lourd, qui tomboit ſur-le-champ au fond des vaiſſeaux. D'après cette obſervation, il n'eſt pas aiſé de concevoir comment une once de liqueur, mêlée à huit livres d'eau, n'a donné, dans la première expérience, que dix grains d'un ſeul précipité, tandis que, dans la feconde, en verfant une égale quantité de cette liqueur, fur neuf livres d'eau, il y a eu un double précipité, dont le premier n'a pefé que neuf grains, au-lieu de dix que l'on avoit obtenu fur huit livres d'eau. Pour lever cette difficulté, il auroit été utile que MM. Roux & Darcet euffent fpécifié combien ils avoient employé de liqueur arfenicale dans une quantité donnée d'eau, & le poids de l'un & de l'autre précipité qu'ils ont obtenu dans la grande expérience faite à la fontaine.

M. Roux s'eft cru fondé à croire que la matière qui coloroit en jaune ces précipités étoit du foufre, puifqu'en en mettant quelques grains fur les charbons ardens, il brûloit à la manière de l'orpiment & exhaloit une odeur mêlée de foufre & d'arfenic : il s'en eft affuré, en foumettant à la même expérience une égale quantité de ce précipité jaune, de celui mélangé qu'il avoit eu de l'eau qui commence à fe troubler, & d'orpiment naturel ; de plus, il a mêlé cinquante-deux grains de ce précipité jaune avec le double de fon poids de mercure fublimé corrofif, il a mis le tout dans une petite cornue au feu de réverbère, & a obtenu, par la fublimation, du véritable cinnabre.

Ces expériences, difent MM. les commiffaires, conftatent de la manière la plus évidente

la

la préfence du foufre dans l'eau d'Enghien ;
elles fourniffent encore une méthode fimple
& facile de le démontrer dans les eaux où fon
exiftence eft douteufe, & préférable à celle
qu'ont employée MM. Richard & Bayen, dans
l'analyfe des eaux de Bagnières, puifque la
couleur jaune du précipité arfenical indique
immédiatement la préfence du foufre, le feul
qui puiffe donner cette couleur à l'arfenic.
Les autres expériences que M. Roux a tentées
pour reconnoître la fubftance que le foufre
abandonne pour s'unir à l'arfenic, ne lui ont
offert aucun réfultat fatisfaifant, & il s'étoit
propofé de faire un examen plus fuivi de ce
précipité arfenical.

Après avoir démontré la préfence du foufre
dans l'eau d'Enghien, il a procédé à la recherche des autres matières qui y font contenues.

Quinze pintes de cette eau, puifée depuis
douze jours, & qui n'avoit rien perdu, ont
donné trois gros douze grains de réfidu fec,
ou fept grains $\frac{9}{15}$ par livre, ou quinze $\frac{3}{15}$ grains
par pinte. Quelques grains de ce réfidu fec,
mis fur un fer rouge dans un lieu obfcur, n'ont
donné ni flamme, ni vapeurs fenfibles. Sur
deux gros de ce même réfidu on a verfé huit
onces d'eau diftillée. Elles en ont diffous quarante-trois grains ; il eft refté un gros vingt-neuf

grains de matière non diffoute. En leffivant celle-
ci avec deux onces de vinaigre diftillé , elle
a donné quarante quatre grains de terre calcaire & foixante-fept grains d'une véritable félénite : l'eau qui avoit diffous les quarante-trois
grains du premier réfidu mife à évaporer, a produit d'abord de la félénite ; enfuite, par la criftallifation du fel de Glauber , mêlé à la fin d'un
peu de fel marin ; l'eau-mère, étendue avec un
peu d'eau diftillée , a précipité, par l'alkali fixe,
& a répandu , avec l'huile de vitriol, une légère
odeur d'efprit de fel ; elle contenoit donc du
fel marin à bafe terreufe. De cet examen MM. les
Commiffaires concluent que les eaux d'Enghien contiennent, outre du foufre, une affez
grande quantité de terre calcaire pure & de
félénite, un peu de fel de Glauber , une plus
petite quantité de fel marin , & de fel marin
à bafe terreufe ; ils ne déterminent point la
quantité précife de ces divers principes.

Mais quelle eft la fubftance qui tient le foufre
en diffolution dans l'eau, & pourquoi s'en fé-
pare-t-il par le contact de l'air. Ces Meffieurs
penfent que le foufre eft uni dans cette eau à un
alkali de la nature de la bafe du fel marin ou
natrum avec lequel il forme un foie de foufre;
que la félénite & le fel marin décompofe celui-
ci à l'air par l'union de leur acide avec fon alkali ;

ce qui fait que, d'un côté, le foufre fe précipite avec la terre que les acides abandonnent ;
de l'autre celle-ci forme avec ces acides du fel
de Glauber, du fel marin à bafe terreufe &
du fel marin ordinaire ; ou bien, difent-ils encore, le foufre eft uni à une terre calcaire dans
l'état de chaux vive, laquelle reprenant de l'air
par le contact de l'atmofphère, ceffe d'être
foluble, fe précipite & entraîne le foufre avec
elle.

Après cette théorie fur le principe qui tient
le foufre en diffolution, théorie qu'ils ne préfentent que comme une conjecture, MM. les
Commiffaires, d'après l'expofé des principes
qui minéralifent l'eau d'Enghien, tirent des
conféquences naturelles fur les bons effets que
l'on doit en attendre dans un grand nombre
de maladies. Nous nous réfervons de les faire
connoître lorfque nous traiterons de leurs propriétés, afin de donner plus de force à notre
avis, en l'appuyant de leur autorité. Nous terminerons en obfervant que quelque éloge que
l'on doive aux diverfes analyfes dont nous
venons de rendre compte, il fera démontré
par nos travaux, 1°. que l'eau d'Enghien ne
contient ni alun, ni fel ammoniacal, comme
quelques circonftances étrangères l'ont fait croire
à M. le Vieillard ; 2°. que plufieurs principes

ont échappé à leurs recherches, tels que l'acide crayeux, la magnéfie & le fel marin ordinaire à celles de M. Deyeux ; que la quantité de ces divers principes n'eſt que peu exactement ou point du tout déterminée; 4°. enfin que l'état du foufre eſt différent de celui qu'ils ont indiqué ; qu'il n'eſt point uni avec le *cauſticum* de Meyer, comme le penfe M. Deyeux ; encore moins dans l'état de foie de foufre terreux ou alkalin, comme l'avoient cru MM. Macquer & Roux.

CHAPITRE II.

Propriétés phyſiques de l'Eau d'Enghien.

LES premieres expériences que nous avions à tenter fur l'eau de la fource d'Enghien, devoient néceffairement, pour en connoître la nature fous tous les rapports, avoir pour objet fes propriétés extérieures ou phyſiques.

§. I. *Odeur.* L'eau d'Enghien exhale une odeur fi fétide & fi défagréable, que les habitans des environs la défignent, comme nous l'avons déjà dit, fous le nom de Ruiffeau puant : en effet, à cent pas de la fource, & même à une

plus grande diftance , fuivant la force & la direction du vent , elle répand une forte odeur
de foie de foufre , ou parfaitemeut femblable
à celle des œufs couvés. On verra , par la fuite
de notre analyfe , que c'eft réellement le principe volatil & odorant contenu dans ces deux
matieres, qui minéralife l'eau d'Enghien , & qui
lui donne le caractere diftinctif d'eau hépatifée.
Nous avons obfervé plufieurs fois, que fon
odeur affecte plus défagréablement à une certaine diftance, lorfqu'elle eft divifée & tranfportée par les courans d'air , que fur le ruifleau
même. On conçoit aifément cette fucceffion non
interrompue de l'odeur, par la continuité de fon
dégagement ; d'ailleurs cette extenfion de la
vapeur odorante de l'eau , prouve qu'elle ne fe
décompofe pas fur-le-champ par le contact
de l'air , & qu'il faut un certain temps pour
que cette décompofition ait lieu.

§. II. *Limpidité.* Une autre obfervation , qui
tend à le prouver, c'eft qu'en examinant l'eau
avant qu'elle ait fubi aucune altération , comme
celle du réfervoir , dont la furface eft fans
ceffe renouvellée, il ne s'y forme point de
pellicule, & elle eft parfaitement claire & limpide. Les légers floccons lamelleux qu'on y
apperçoit quelquefois , font dus à la décompo-

fition de la petite quantité d'eau qui ftagne fur les bords inégaux & raboteux des pierres qui forment les conduits & réfervoir. De même , tant que le cours du ruiffeau eft rapide, il ne s'y forme point de pellicule , & l'eau conferve fa limpidité ; mais , à mefure que l'on s'éloigne de la fource, que le ruiffeau eft moins rapide , que l'eau a été plus long-temps expofée au contact de l'air , cette pellicule augmente & la limpidité diminue ; enfin , dans les endroits où les plantes , & les corps étrangers qui y font plongés interceptent prefqu'entièrement fon cours, où il ne reffemble plus qu'à une maffe ftagnante, l'eau eft entièrement trouble, & prefque totalement décompofée ; nous avons obfervé en même-temps que fon odeur étoit moins vive, moins pénétrante, que les métaux que l'on portoit fur foi étoient moins fortement & moins promptement altérés, lorfqu'on reftcit fur les bords de ces marres, qu'auprès de la fource, où le principe odorant qui s'en dégage avec toute fon activité, les ternit d'abord & les noircit bientôt avec la plus grande promptitude.

§. III. *Saveur.* Lorfque l'on goûte l'eau d'Enghien , on éprouve d'abord une forte faveur d'œuf couvé ; mais en la confervant quelque temps dans fa bouche, & en l'agitant, comme

on doit le faire, pour reconnoître le mélange
des faveurs, qui a lieu fi fouvent dans les produits naturels, on trouve, après cette faveur
d'œuf couvé, une légère amertume, fuivie
d'une efpèce d'aftriction. Nous avons confulté
plufieurs perfonnes qui ont goûté l'eau avec
nous, & qui, pour la plupart, ont reconnu
ce mélange des faveurs. Nous croyons pouvoir
préfumer que le goût d'œuf couvé ou hépatique
dépend plus de l'impreffion qu'elle excite fur le
fens de l'odorat que fur celui du goût, puifqu'on
peut en diminuer l'impreffion défagréable en
comprimant les narines : de forte que fa véritable
faveur eft d'abord douceâtre & fade, que celle-
ci eft bientôt fuivie d'une légère amertume,
mêlée d'une aftriction foible, dont l'effet fe
porte principalement fur les dents, & que celle
que l'on défigne fous le nom d'hépatique, n'eft
que le produit d'une fenfation fimultanée, ex-
citée fur l'organe de l'odorat. C'eft par cette
raifon peut-être que l'on peut expliquer pourquoi, à l'exception des autres animaux, certains
oifeaux domeftiques, & en particulier les ca-
nards chez lefquels ce dernier organe eft moins
fenfible, ne fuyent point le ruiffeau, qu'ils femblent même s'y plaire, & le préférer à un autre
d'eau douce, fitué à côté & fourni par l'é-
tang.

§. IV. *Température.* Il étoit nécessaire de multiplier les expériences, de les tenter à différentes heures du jour, sur-tout à celles dans lesquelles la température de l'atmosphere varie davantage, pour bien connoître celle de l'eau d'Enghien.

Le 16 Septembre, à onze heures & demie du matin, nous avons pris deux thermomètres de marche égale : tous deux, placés à l'ombre, marquoient, pour la température de l'atmosphere, 16 degrés & demi ; le mercure, dans celui qui a été plongé dans le bassin de la source, est descendu, & s'est constamment tenu à 12 degrés.

Le 19 Septembre au matin, trois quarts d'heures avant le lever du soleil, le thermomètre extérieur marquant 11 degrés ; celui qui a été plongé dans l'eau de la source, s'est élevé à douze. Le même jour à sept heures & demie du soir, la température de l'atmosphère étant de 15 degrés, celle de la source n'a point varié, & le mercure du thermomètre qui y a été plongé, s'est tenu à 12 dégrés, comme dans les précédentes expériences. Enfin le samedi 24 Septembre, à sept heures & demie du soir, deux thermomètres, qui, placés à l'air, marquoient tous les deux 15 dégrés, ont été plongés en même-temps dans le réservoir, & tous deux sont descendus à 12 degrés.

De ces expériences, & du rapport de ceux qui habitent près de la fource, & qui nous ont affuré qu'ils ne l'ont jamais vu fe geler, même pendant les plus grands froids ; qu'alors ils ont feulement remarqué un brouillard affez épais, qui s'éleve de deffus le ruiffeau, ce qui arrive toutes les fois qu'un fluide eft plongé dans une atmofphère d'une température plus froide que lui, on peut conclure que la température de cette fource eft conftamment la même , & de 12 degrés dans tous les temps. Cette eau offre donc, fous ce point de vue, une particularité remarquable : prefque toutes les eaux fulfureufes ou hépatiques connues font chaudes ; quelques-unes même , comme celles d'Aix-la-Chapelle, le font à un très-haut degré , & font monter le mercure dans le thermomètre jufqu'au terme de l'eau bouillante : les plus foibles, comme celles de S. Amand , ne donnent que 21 à 22 degrés de chaleur , & perdent très-promptement leur odeur en fe refroidiffant. Nous venons de voir que l'eau d'Enghien, que l'on peut regarder comme froide, ne perd fon odeur qu'après un certain efpace de temps , & nous prouverons ailleurs qu'elle conferve encore fes propriétés hépatiques après qu'on l'a chauffée jufqu'à l'ébullition. Cette différence dans la température des eaux tient à leur minéralifation, phénomène trop peu connu pour que nous cherchions à en donner une explication, & que, dans un ouvrage entièrement appuyé fur les faits, nous ajoutions nos conjectures à celles, déjà trop nombreuses, qui ont été hafardées fur cette opération importante de la Nature.

§. V. *Pefanteur.* Il ne nous refte plus qu'à déterminer la pefanteur fpécifique de l'eau d'Enghien. Pour la connoître nous nous fommes fervis de l'aréomètre de M. Baumé pour les fels, il s'y eft enfoncé jufqu'à o. La différence de fa pefanteur, d'avec celle de l'eau diftillée, étant donc trop peu confidérable pour être fenfible à cet inftrument, nous avons eu recours à d'autres moyens : nous l'avons pefée dans une bouteille qui contenoit jufte 15 onces d'eau diftillée, elle ne nous a donné que 10 grains de plus : pour avoir une eftimation plus exacte, nous avons prié M. Briffon, qui s'eft occupé avec tant de foin de la pefanteur fpécifique de tous les corps, de déterminer celle de l'eau d'Enghien, il a trouvé que fa pefanteur fpécifique eft à celle de l'eau diftillée comme 10006,8 eft à 10000.

CHAPITRE IV.

De l'action de la chaleur sur l'Eau d'Enghien.

L'Eau d'Enghien, connue d'après le simple examen de ses propriétés physiques, paroissoit devoir sa saveur & son odeur à un principe volatil ; & il étoit important d'observer quelle seroit l'action de la chaleur sur ce principe. Nous avons fait plusieurs expériences, spécialement destinées à cette recherche. Nous n'offrirons ici que les principales.

Une livre & demie de cette eau, puisée au moment de l'expérience, a été placée dans un vase de terre vernissé, sur un feu de charbon très-ardent, pour lui communiquer rapidement toute la chaleur qu'elle étoit susceptible de prendre. Il s'est promptement formé des bulles sur les parois du vaisseau, & à la surface de la liqueur ; l'ébullition a commencé après neuf minutes ; une pièce d'argent, plongée pendant cinq secondes dans cette eau a été fortement noircie. Cinq minutes après, une autre pièce pareille, plongée comme la première, n'a été que dorée ; six minutes après celle-ci, l'eau étant en forte ébullition , une troiſième pièce , plongée pendant une minute , eſt devenue bleue foncée. On a laiſſé l'eau bouillir un quart-d'heure , & après ce temps on y a plongé une quatrième pièce d'argent pendant une minute ; celle ci étoit violette ſur ſes bords , & dorée plus ſenſiblement dans ſa ſurface inférieure que dans la ſupérieure ; une cinquième pièce miſe dans la liqueur cinq minutes après & laiſſée une minute n'a pris qu'une couleur d'or en deſſous ; une ſixième expoſée ſix minutes après , & laiſſée quatre minutes , n'a préſenté qu'une légère dorure ; & enfin après trente-trois minutes d'ébullition continuelle , une ſeptième pièce n'a plus été altérée pendant cinq minutes ; on l'a laiſſée dans l'eau , retirée du feu juſqu'à ce qu'elle eût pris la température de l'air de la chambre qui étoit de dix-huit degrés. La pièce n'a éprouvé aucun changement de couleur. La liqueur étoit réduite à ſept onces ; il y en avoit eu dix ſept onces d'évaporée.

L'eau d'Enghien peut donc conſerver ſa propriété de colorer ſenſiblement l'argent pendant près d'une demi-heure d'ébullition ; dans d'autres expériences ſemblables à la précédente , elle n'a conſervé cette propriété que pendant vingt minutes. Le gaz qui lui donne ce caractère eſt donc aſſez fixe pour ne point s'en

dégager promptement. Mais nous devons obferver que quoiqu'elle ait confervé la propriété
de colorer l'argent, fon gaz éprouve des altérations fingulières dont on n'a point encore fait
mention dans l'examen des eaux fulfureufes.
L'eau bout très-fenfiblement à 78 degrés du
thermomètre de Réaumur ; lorfqu'on l'amène
promptement à ce degré par une chaleur bruf-
que,elle peut conferver,comme nous l'avons dit,
la propriété de colorer l'argent pendant près d'une
demi-heure d'ébullition. Mais fi on la chauffe
lentement & par degrés , cette propriété s'é-
vanouit bien avant une demi-heure d'ébullition ,
ce qui prouve qu'une chaleur foible dégage ou
décompofe auffi aifément ce gaz que celle qui
eft néceffaire pour faire bouillir l'eau d'Enghien.
Nous donnerons ici les réfultats moyens de plufieurs expériences qui ont été faites fous ce fecond
point de vue.

Trois livres d'eau minérale chauffées lentement dans un vafe de fayence, ont répandu
une odeur hépatique plus forte que de coutume,
dès la première impreffion de la chaleur. A trente-
quatre , l'eau a pris une couleur jaune verdâtre ,
qui a paffé peu à peu à un vert clair très-bril-
lant ; cette couleur déjà remarquée par M.
Deyeux difparoît par le refroidiffement , & l'eau
fe trouble légèrement. Lorfque c'eft l'augmen-

tation de chaleur qui la détruit , elle ne reparoît plus , mais elle est remplacée par une pellicule assez forte , & par des floccons qui se précipitent. A cette époque l'odeur hépatique est mêlée de celle de soufre qui se sublime ; &, quelque temps après elle fait place à une autre odeur singulière , que nous avons comparée à celle des haricots ou des féves qui cuisent dans l'eau. Ces phénomènes ont eu lieu dans l'expérience dont nous rendons compte , & que nous allons continuer de décrire , en la reprenant à l'époque des 34 degrés de chaleur , relativement à sa propriété de colorer l'argent. Le feu avoit été modéré de sorte qu'elle avoit été huit minutes pour prendre les 34 degrés. Deux minutes après elle donnoit 43 degrés ; une pièce d'argent plongée pendant une minute a pris une couleur dorée plus foncée qu'une pareille pièce plongée pendant le même temps dans de l'eau froide qui nous servoit de comparaison. Cinq minutes après l'eau n'avoit encore que 53 degrés de chaleur ; elle présentoit beaucoup de bulles qui partoient du fond du vase , & venoient crever lentement à sa surface. Après cinq autres minutes elle étoit à 65 degrés , les bulles se multiplioient , & la pellicule augmentoit ; l'odeur n'étoit plus que très-foiblement hépatique. Huit minutes après elle donnoit 74 degrés, les bulles étoient plus groffes, & la liqueur s'agitoit ; le feu peu ardent l'a laiflée au même degré de chaleur pendant 4 minutes, ou ne l'a portée à 78, c'eft-à-dire à fon ébullition que 18 minutes après la dernière époque ; de forte qu'elle ne bouilloit qu'après 50 minutes de feu, au lieu de 8 minutes feulement qu'on avoit employées à fon ébullition dans la première expérience ; alors on a plongé une pièce d'argent pendant une minute, elle a pris une couleur bleue foncée. Après un quart-d'heure d'ébullition, une autre pièce d'argent, plongée une minute, n'a été que légèrement dorée à fa furface inférieure ; le thermomètre marquoit 79 $\frac{1}{2}$ degrés. Quelques minutes après, l'ébullition étant également entretenue, une nouvelle pièce d'argent, laiflée 5 minutes dans l'eau, n'a éprouvé aucune altération, de forte qu'en comparant cette expérience à la première, 50 minutes de chaleur au-deffous de l'ébullition de l'eau d'Enghien, paroiffent équivaloir à un quart-d'heure d'ébullition forte, pour lui enlever la propriété de colorer l'argent. Cette expérience a duré en tout une heure trente-fix minutes ; l'eau étoit réduite à fept onces, il y en avoit eu 2 livres 9 onces d'évaporée.

Les détails des phénomènes qui ont eu lieu

dans ces expériences répétées plusieurs fois, démontrent que le gaz qui minéralise l'eau d'Enghien, ne se comporte pas, à beaucoup près, comme l'air fixe ou acide crayeux minéralisateur des eaux acidules ou gazeuses ordinaires. Ce dernier s'échappe avec rapidité par la simple agitation, & par la chaleur ; on le voit se dégager sous la forme de bulles très-fortes & très-multipliées qui agitent la liqueur, & représentent une véritable effervescence ou ébullition. Rien de semblable n'a lieu dans l'eau d'Enghien. Nous l'avons agitée dans des bouteilles dont le col étoit garni de vessies mouillées, il ne s'en est dégagé aucun fluide élastique ; celui qu'elle contient se décompose en s'échappant, & tel est l'effet de la chaleur, comme nous l'exposerons plus en détail dans l'examen de la distillation de cette eau. Cette décomposition a même lieu au bain-marie.

Deux livres d'eau puisée au moment de l'expérience, & mise dans une capsule de verre plongée dans l'eau bouillante, ont pris en 10 minutes une chaleur de 26 degrés. Une pièce d'argent tenue une minute dans cette eau, n'a pris qu'une couleur jaune pâle. On voyoit déjà une légère pellicule à la surface. Un quart-d'heure après l'eau avoit 55 degrés de chaleur. Une pièce plongée une minute y est devenue d'un

beau

beau bleu foncé fur fes bords & dorée dans fon milieu. Après un fecond quart-d'heure l'eau avoit 60 degrés, elle a coloré l'argent comme la première fois. L'odeur, quoiqu'hépatique, étoit fenfiblement altérée & modifiée ; la pellicule étoit plus forte. Dix minutes après, l'eau étoit toujours à 60 degrés ; la pièce d'argent n'a pris qu'une couleur d'or, & prefque plus de bleu. A 5 minutes l'argent n'a plus été que foiblement jauni fur fes bords ; l'odeur hépatique n'étoit plus que très-peu fenfible , & fe changeoit en odeur de fèves cuites. Enfin après 15 minutes depuis la dernière époque, une nouvelle pièce d'argent plongée pendant 3 minutes n'a éprouvé aucune altération dans fon brillant. L'eau pefée après fon refroidiffement, avoit perdu 12 onces 6 gros, par l'évaporation qui a eu lieu pendant une heure , durée totale de l'expérience ; dans cette évaporation , il ne s'eft point dégagé de bulles , quoique l'eau ait perdu fon caractère hépatique , comme dans les précédentes expériences. Le gaz qui la minéralifoit s'eft donc décompofé lentement & fans donner naiffance au dégagement d'aucun fluide élaftique.

Obfervons que les feuls effets de la décompofition de ce gaz que nous avons indiqués dans ces premières expériences, font 1°. la cou-

leur jaune & verte que prend l'eau ; 2°. la cef-
fation de l'odeur hépatique ; 3°. l'apparition
d'une nouvelle odeur analogue à celle des féves
que l'on fait cuire dans l'eau ; 4°. la formation
d'une pellicule à la furface & d'un léger dépôt
qui trouble toute la liqueur & qui fe précipite
très-lentement. Nous aurons lieu de voir quelques phénomènes analogues dans le chapitre
fuivant, en traitant des altérations que l'eau
d'Enghien éprouve par fon expofition à l'air.
Terminons celui ci par une remarque relative
à la chaleur artificielle, qu'il feroit important
de pouvoir communiquer à cette eau, pour
l'adminiftrer en bain. Nos recherches prouvent
qu'on peut la tenir chaude jufqu'à 78 degrés
pendant plufieurs minutes, fans qu'elle ait perdu
fon caractère fulfureux & hépatique ; cette chaleur bien fupérieure à celle des bains, qui ne
doit aller tout au plus qu'à 30, indique qu'il
fera poffible de lui communiquer celle-ci, & de
l'adminiftrer conféquemment en bain, pourvu
qu'on ait l'attention de lui faire prendre promptement ce degré, ce qui eft d'autant plus facile
qu'elle s'échauffe rapidement, comme nous
l'avons dit. C'eft donc une grande reffource de
plus dont l'art pourra tirer parti, & fur laquelle
nous reviendrons plus en détail à la fin de cet
Ouvrage, en traitant de l'adminiftration médicinale de cette eau.

CHAPITRE V.

Des phénomènes que l'eau éprouve par son exposition à l'air.

Nous avons déjà dit, dans l'examen des propriétés physiques de l'eau d'Enghien, qu'elle éprouve de grandes altérations à l'air, que celle qui coule lentement, & qui forme le ruisseau de la source, se couvre d'une pellicule, d'autant plus sensible que son mouvement est plus lent, que les corps étrangers qui y sont plongés, en reçoivent un enduit gris jaunâtre, & que son fonds est garni d'une boue noire & très-fétide. Tous ces phénomènes tiennent au contact de l'air, puisqu'ils n'ont pas lieu dans l'eau bien enfermée, & exactement privée de ce contact. Pour apprécier ce qui se passe dans ces altérations & quelle en est la cause, nous avons observé avec soin les divers changemens successifs qu'éprouve l'eau d'Enghien exposée à l'air. Dans des vases plats & transparens, son odeur commence par s'exhaler. Bientôt elle se trouble ; il se forme à sa surface une pellicule d'abord légère & qui s'accroît successivement. Si la vapeur hépatique ne déceloit pas la nature de ce fluide, son aspect pourroit le faire prendre pour de l'eau de chaux ; cependant la croûte qui recouvre cette eau n'est pas si forte, ni si consistante ; la plus légère agitation suffit pour la diviser. D'ailleurs elle n'est pas égale & continue dans toute son étendue, mais comme divisée en fragmens & formant une sorte de réseau. Lorsque la pellicule est étendue sur toute la surface de l'eau, son odeur paroît anéantie, mais elle renaît bientôt par l'agitation, ce qui prouve que cette couche solide fait obstacle au dégagement du gaz hépatique. A mesure que cette pellicule augmente, & sur-tout qu'on renouvelle le contact de l'eau avec l'air en la brisant, la liqueur blanchit également, & le précipité qui s'y forme est suspendu dans toute son étendue, lorsqu'on fait cette expérience sur quelques livres d'eau d'Enghien dans un vase plat, elle perd son odeur & sa saveur hépatiques en quatre ou cinq jours ; mais si on observe ces phénomènes sur une grande quantité, comme nous l'avons fait sur 100 livres, alors la décomposition est beaucoup plus lente ; le contact de la surface de l'eau avec l'air étant moindre, en raison de son grand volume & du vase qui la contient ; la pellicule s'épaissit, &, malgré l'agitation souvent répétée, l'eau conserve beaucoup plus long-temps son caractère hépatique. Ces 100 livres en offroient encore

des traces après quinze jours d'expofition à
l'air ; elle coloroit encore l'argent , les chaux
de plomb , & fur-tout les diffolutions métalliques ; la première pellicule brifée par l'agitation , a été remplacée par une feconde ; le
précipité qui troubloit uniformément la liqueur,
& qui fembloit fe dépofer peu-à-peu , tandis
que la partie fupérieure de l'eau paroiffoit s'é-
claircir, ne s'eft pas raffemblé en quinze jours ,
& il s'élevoit plutôt & fe difperfoit dans l'eau ,
à mefure que la température ou la pefanteur
de l'air varioient. Pour obtenir ce dépôt, nous
avons été obligés d'avoir recours à la filtration ;
mais cette opération devient longue & prefqu'impraticable fur un grand volume , & elle
réunit à ce premier inconvénient celui de faire
perdre une partie du précipité , qui eft lui-
même très-peu abondant. Il falloit donc trouver un procédé pour féparer fans perte ce dépôt , dont il étoit important de connoître la
nature. En attendant la précipitation fpontanée
qui fe fait très-lentement , une portion du dépôt adhère tellement aux parois des vafes de
verre & de grès , qu'on en perd toujours une
portion. En chauffant une petite portion de l'eau
d'Enghien , troublée par le contact de l'air , &
entièrement décompofée , il s'en eft dégagé
quelques bulles , dont l'odeur hépatique étoit

très-senfible. Cependant l'eau n'avoit plus de caractère fulfureux ; & cette portion de gaz que la chaleur en a dégagée, n'étoit qu'adhérente au précipité ; à mesure que ce gaz fe diffipoit , le précipité fe raffembloit en floccons , & la liqueur s'éclairciffoit. Cet effai ayant réuffi, on en fit chauffer de cette manière, une affez grande quantité, pour raffembler une dofe fuffifante de précipité. Dans une première expérience , huit livres d'eau décompofée à l'air, en ont fourni 6 grains. Dans une autre , 50 livres en ont donné 38 grains.

Cette précipitation eft donc due à deux caufes ; la première eft la légèreté que l'eau acquiert par la chaleur, la feconde eft le dégagement d'une petite portion de gaz hépatique qui adhèrant encore aux molécules du précipité, le rendoit très-léger. C'eft à cette adhérence du gaz qu'il faut attribuer la lenteur que le dépôt préfente dans fa précipitation fpontanée.

Ce précipité , mis fur un charbon ardent , brûle en bleu, & avec l'odeur de l'acide fulfureux ; il laiffe une portion blanche & fèche , qui fe diffout avec effervefcence dans les acides, & annonce que le dépôt n'eft point du foufre pur. Pour en connoître exactement la nature, on a verfé fur les 38 grains fournis par cinquante livres d'eau , quelques gouttes d'acide muriatique très-pur & étendu d'eau ; il s'eft dégagé une odeur légèrement hépatique , nouvelle preuve de l'adhérence du gaz hépatique , quoique le dépôt fût gardé depuis un an dans un bocal couvert d'un fimple papier. L'effervefcence produite pendant la diffolution de cette matière , étoit en grande partie due à l'acide crayeux ; lorfqu'elle a été calmée & que le nouvel acide muriatique n'en a plus fait naître , on a filtré la liqueur pour féparer la partie diffoute de la portion indiffoluble dans l'acide. La matière reftée fur le filtre & bien féchée pefoit huit grains. Mife fur un charbon, elle a brûlé avec la flamme bleue & l'odeur fulfureufe , & fans laiffer de réfidu ; c'étoit donc du foufre pur ; la diffolution muriatique a été précipitée par l'alkali volatil cauftique, qui a fourni un grain fort de magnéfie pure ; l'alkali fixe végétal faturé d'acide crayeux en a précipité enfuite 18 grains de craie. Ces 39 grains contenoient donc 8 grains de foufre , 18 grains de craie & 3 grains de magnéfie crayeufe ; car le grain de magnéfie pure qu'on a obtenu par l'alkali volatil cauftique, n'eft que la moitié de celle qui étoit diffoute par l'acide muriatique , puifque l'on fait aujourd'hui que cet alkali ne précipite que la moitié de la magnéfie diffoute dans les acides , & que , faturée de l'acide crayeux, comme elle l'est en se déposant de l'eau, cette terre contient à-peu près la moitié de son poids de cet acide (1). Un grain de magnésie précipitée d'un acide par l'alkali volatil pur, suppose donc au moins deux grains de cette terre dissoute, & ces deux grains supposent eux-mêmes à-peu-près un grain d'acide crayeux qui les saturoit. Dans cette analyse il y a eu 8 grains de perte sur les 38 grains, & tout annonce que c'est de l'eau qui s'est évaporée dans les dessications des précipités.

Telle est aussi la nature de la pellicule qui se forme à la surface de l'eau du ruisseau, & dont l'apparition est en effet due à la même cause que le dépôt obtenu dans nos expériences. Enfin les mêmes essais faits sur les incrustations qui enduisent les feuilles, les branches & tous les corps étrangers qui séjournent dans le sable servant de lit à l'eau du ruisseau dans les endroits où elle n'a que quelques lignes de profondeur, nous ont donné des résultats à-peu-près semblables, comme nous le dirons ailleurs. La fixité & l'adhérence d'une petite portion du gaz à la matière de ce dépôt, explique

____

(1) Bergman a trouvé que 100 parties de craie de magnésie, ou *magnésie aérée*, comme il la nomme, contiennent 45 parties de magnésie, 25 d'acide crayeux, & 30 d'eau.

encore un autre phénomène, dont les Chimiftes qui fe font occupés de l'analyfe des eaux
fulfureufes, n'ont pas rendu raifon. Nous avons
fait remarquer que le fond du baffin, &, en
général, tous les endroits profonds où fé-
journe l'eau d'Enghien, font chargés d'enduits
& de floccons de confiftance épaiffe comme
gélatineufe, d'une couleur noire foncée, &
d'une odeur hépatique très-fétide. On fait que
toutes les eaux fulfureufes préfentent plus ou
moins ce phénomène, & celles dont on emploie les *boues* en forme de bains, l'offrent
fur-tout d'une manière très-remarquable. Ces
dépôts, ces boues, expofés à l'air, deviennent gris, mêlés de taches jaunâtres, & perdent en féchant leur odeur fétide ; ces changemens ne leur arrivent que très-lentement,
lorfqu'on les tient fous l'eau ; diftillés à l'appareil pneumato - chimique , ils donnent
des traces de gaz hépatique , avec toutes
les circonftances dont nous parlerons par la
fuite ; c'eft donc à une efpèce de fixation ou
d'emprifonnement du gaz hépatique , que ces
dépôts doivent leur odeur & leurs caractères.
Mais d'où dépend leur couleur noire ? Nous
avons eu d'occafion d'en connoître la caufe ,
en obfervant avec foin les changemens que l'eau
d'Enghien éprouve fucceffivement par fon expo-

fition à l'air. Plufieurs terrines de grès employées pour cette opération répétée un grand nombre de fois, préfentoient, fur quelques points de leur furface, des raies ou ftries noires, tandis que le refte de cette fuperficie n'offroit qu'un dé- pôt gris uniforme. En examinant attentivement ces traînées noires, nous avons reconnu qu'elles fe formoient fur des inégalités des terrines, ou fur ces grains jaunes & rougeâtres qu'on voit dans leur intérieur, & qui ne font que des petits fragmens de fable ferrugineux. C'étoit donc à cette chaux métallique qu'étoient dûes ces ftries noires mêlées au dépôt blanc. Il étoit naturel que cette obfervation nous fît réfléchir fur la couleur des floccons noirs, & penfer qu'ils étoient dûs à la même caufe ; nous avons imité parfaitement leur production, en mettant au fond de l'eau expofée à l'air des terres fer- rugineufes, & fur-tout des argiles colorées. Le fer eft toujours affez abondant dans les terres qui forment le fond des eaux & dans les cimens dont on fe fert pour conftruire leurs baffins.

Il ne s'agiffoit plus que de connoître exac- tement la caufe de la précipitation de ces eaux par l'air. Bergman avoit déjà indiqué cette caufe dans la décompofition du gaz hépatique par l'air. Il penfe que ce gaz eft compofé de foufre tenu en diffolution uniforme par la chaleur & le phlogistique ; que l'air, qui a plus d'affinité que le soufre avec ce dernier , le lui enlève & précipite en même proportion ce corps combustible. Comme ce célèbre chimiste n'avoit pas fait lui-même des expériences sur les eaux sulfureuses, au moins à leur source, nous avons cru devoir tenter sur cet objet celles qui nous paroissoient les plus propres à nous donner des résultats certains. L'atmosphère étant un composé de trois fluides élastiques différens, d'air pur ou vital, de mofète ou gaz phlogistiqué, & d'un peu d'acide crayeux : nous avons exposé dans quatre cloches, de forme & de capacité égales, des mêmes quantités d'eau d'Enghien, au contact d'un égal volume d'air atmosphérique, d'air vital tiré du précipité rouge , de mofète séparée de l'air atmosphérique par le foie de soufre, & d'acide crayeux extrait de la craie par l'acide vitriolique. Ces quatre expériences ont été faites en même-temps dans le même lieu, & conséquemment à la même température. Les cloches étoient chargées d'une assez grande quantité de mercure pour qu'elles pussent tenir dans des godets pleins du même fluide métallique , & pour que les mélanges fussent, par ce procédé, à l'abri du moindre contact de l'air extérieur. On remarqua d'abord que l'eau devenoit un peu louche en passant à travers le mercure ; mais cette circonſtance étant inévitable avec ce métal, comme nous le dirons par la ſuite, & étant d'ailleurs égale dans les quatre expériences, on les a continuées ſans avoir à craindre d'erreur dans les réſultats, parce que l'action du mercure ſeul, étoit connue par d'autres eſſais dont nous rendrons compte. Chaque cloche contenoit un volume du fluide élaſtique, égal à celui de quatre onces d'eau, & deux onces d'eau minérale. On avoit eu ſoin de mettre dans une cinquième cloche égale aux précédentes deux onces d'eau d'Enghien en contact avec l'air, pour ſervir de terme de comparaiſon. L'eau de la cloche qui contenoit l'air atmoſphérique, parut ſe troubler un peu plus promptement que celle qui avoit le contact de l'atmoſphère. Celle qui renfermoit la mofète, ne préſenta aucune altération, même au bout de 72 heures. L'eau expoſée à l'acide crayeux, ſe troubla plus promptement que celle des deux premières cloches. Mais ce trouble une fois formé n'augmenta point; il étoit moindre que celui que l'air ordinaire avoit produit, & la matière qui rendoit l'eau de couleur d'opale, ne ſe dépoſa point. Vingt-quatre heures après il y avoit déjà plus de la moitié de ce gaz acide abſorbée par l'eau qui avoit remonté dans la cloche. Celle qui contenoit l'eau d'Enghien & l'air vital préfenta la premiére , & quelques minutes après , le mélange de ftries blanches & opaques dans fon milieu , qui fe font bientôt réunies en nuages. Douze heures après elle étoit recouverte d'une pellicule très-fenfible , & fon précipité étoit le plus abondant. En deux jours ce précipité s'eft raffemblé au fond de l'eau , la liqueur s'eft éclaircie ; l'air n'avoit diminué que de deux ou trois lignes de hauteur dans la cloche , dont le diamètre étoit de 15 lignes. L'eau n'avoit plus d'odeur hépatique , elle ne coloroit plus l'argent ni les diffolutions métalliques. Celle qui étoit avec l'air atmofphérique , & dont le précipité étoit également fufpendu dans la liqueur , offroit encore des traces très-fenfibles de ces propriétés , & elles s'étoient confervées entièrement dans l'eau expofée à la mofète & à l'acide crayeux. Ces expériences démontrent donc que des trois fluides élaftiques dont l'atmofphère eft compofée , l'air vital eft le feul qui décompofe le gaz hépatique des eaux fulfureufes ; & que c'eft en raifon de cet air pur que l'air atmofphérique altère l'eau d'Enghien. Ainfi l'affertion de Bergman eft très-conforme à l'expérience ; quant à fa théorie , nous croyons qu'elle n'eft pas propre à rendre raifon de ce fingulier phénomène.

Des expériences modernes (1) ont appris
que le gaz hépatique eſt une vraie diſſolution
de ſoufre dans le gaz inflammable. Lorſqu'on
l'allume, ce dernier brûle ; mais le ſoufre qui
ne peut brûler qu'à une température aſſez élevée ſe précipite ; l'air pur produit un effet analogue ſur le gaz hépatique, il abſorbe ſon gaz
inflammable & forme de l'eau en ſe combinant avec lui, alors le ſoufre ſe dépoſe (2).
Une petite partie de ce corps combuſtible pa-

____

(1) *Voyez* le Mémoire de M. Gengembre ſur le gaz
hépatique.

(2) Quoique Bergman ait affecté ſpécialement le nom
de gaz hépatique au fluide élaſtique qui ſe dégage des
foies de ſoufre, lorſqu'on les précipite par les acides, les
chimiſtes françois connoiſſent pluſieurs autres gaz qui
ont l'odeur de celui-ci, ou qui ſont véritablement hépatiques, mais qui diffèrent par la nature des gaz qui y
tiennent le ſoufre en diſſolution. Telle eſt ſur-tout l'eſpèce
de gaz hépatique que MM. Monge & Haſſenfratz ont
obtenue en faiſant paſſer l'acide crayeux à travers du
ſoufre fondu ; mais ce dernier gaz hépatique ne reſſem-
ble au premier, ou à celui qui eſt une diſſolution du
ſoufre dans le gaz inflammable, que par ſon odeur fétide ;
il n'eſt point combuſtible, il eſt décompoſable par les alkalis cauſtiques & par la chaux, il ne précipite point les
diſſolutions métalliques ; comme il eſt très diſſoluble dans
l'eau, il y a lieu de croire qu'on trouvera quelque jour
des eaux minéraliſées par ce gaz. Mais celle-ci contient,
comme toutes nos expériences le montreront, le véritable
gaz hépatique inflammable.

roit auffi fe brûler lentement (1) , & telle eft l’origine de l’acide vitriolique , que l’on trouve dans
les incruftations qui tapiffent la voûte du baffin
de l’eau , & dont nous parlerons ailleurs.

Obfervons que la quantité de foufre dépofé
par l’expofition & la décompofition de l’eau
d’Eghien à l’air , ne dòit pas être exactement
celle qui eft naturellement diffoute dans cette
eau, puifqu’avant qu’il foit entièrement dépofé ,
elle perd une quantité notable de gaz hépatique
qui entraîne toujours avec lui une portion de ce
corps combuftible. Auffi n’avons-nous pas déterminé par ces feules expériences , la dofe de foufre contenu dans l’eau d’Enghien ; nous rendrons
compte dans un chapitre particulier, des procédés réunis qui nous ont donné ce réfultat.

La décompofition du gaz hépatique de l’eau
d’Enghien par l’air pur, & la perte de fon caractère fulfureux qui en eft la fuite, n’eft pas
la feule altération que cette eau éprouve par
le contact de l’atmofphère, puifqu’outre le foufre que la décompofition de fon gaz hépatique
fait précipiter, on trouve encore dans le dépôt une certaine quantité de craie & de magnéfie efferve fcente. Ces deux fubftances falino-

---

(1) Nous appellons combuftion la combinaifon du foufre
avec l’air vital. *Voyez* mes Elémens de Chimie.

terreufes ceffent de refter diffoutes dans l'eau
en même temps que le foufre ; mais ce ne
peut être par la même caufe , puifque le gaz
hépatique ne contribue en rien à leur diffolubilité , comme nous nous en fommes affurés
par l'expérience ; il n'y a que l'air fixe ou acide
crayeux qui puiffe opérer la diffolution de ces
deux matières dans l'eau , & à mefure que cet
acide fe diffipe , la portion de craie qu'il y rendoit diffoluble doit s'en dépofer. Nous nous
fommes affurés que telle eft la caufe de la précipitation de ces terres , puifque l'air dans lequel cette eau a été décompofée , trouble l'eau
de chaux ; & puifque l'eau ainfi altérée par le
contaĉt de l'air ne donne plus la même quantité de précipité , foit par l'eau de chaux , foit
par l'alkali volatil cauftique , comme nous le
dirons dans un des chapitres fuivans. Auffi nous
eft-il conftamment arrivé d'obtenir plus ou
moins de précipité, fuivant que nous expofions
l'eau dans des vafes plus ouverts, & à un contaĉt de l'air plus ou moins multiplié. Trente
livres d'eau mifes dans une bouteille de grès ,
dont le goulot étroit eft refté ouvert pendant
quinze jours , fe font décompofées très-lentement , & n'ont donné que 9 grains de précipité
qui étoit prefque tout du foufre , & qui ne contenoit qu'un atôme de craie. Le gaz hépatique

eft

eſt donc plutôt décompoſé que l'acide crayeux n'eſt volatiliſé ; ou lorſqu'il n'y a que très-peu de contaɛt de l'air, le premier fluide élaſtique s'altère, & le ſecond reſte beaucoup plus long-temps diſſous dans l'eau.

CHAPITRE VI.

Obſervations générales ſur l'uſage des réaɛtifs dans l'examen de l'Eau d'Enghien.

L'Histoire de l'analyſe des eaux montre combien les Chimiſtes ont varié dans leurs opinions ſur l'uſage des réaɛtifs ; les anciens n'en connoiſſoient en aucune manière les effèts. Ce ne fut que vers la fin du dernier ſiècle, en 1663, que *Boyle* en indiqua pluſieurs dans ſon Traité des couleurs, & ſur-tout le ſyrop de violette & le ſuc de bluet, comme étant rougis par les acides, & verdis par les alkalis, la diſſolution d'argent ſuſceptible d'être précipitée par l'acide marin. En 1667, *Duclos* propoſa la noix de galle & ſon infuſion, le vitriol de mars & le tourneſol. *Boyle* publia en 1685, un ouvrage particulier ſur l'uſage des réaɛtifs dans l'analyſe des eaux ; il recommanda le foie de ſoufre volatil ou ſa liqueur fumante

pour reconnoître les vitriols. *Boulduc* se servoit de l'eau de chaux & du vinaigre de saturne,
au commencement de notre siècle. A cette
époque même le nombre des réactifs étoit très-
multiplié ; mais les conséquences que l'on tiroit
de leur action, n'étoient rien moins qu'exactes.
Cette action ne commença à être appréciée
avec quelqu'exactitude que dans les Ouvrages
de MM. Shaw, Cartheuser & Monnet. Cette
exacte appréciation conduisit à restreindre leur
usage, à faire douter des inductions qu'on tiroit sur les effets de plusieurs d'entr'eux, &
conséquemment à être très-réservé sur les résultats qu'ils pouvoient offrir. Bientôt on en
rejetta plusieurs, & peu-à-peu on en diminua
beaucoup le nombre. Les découvertes faites
depuis dix ans sur les fluides élastiques, sur les
sels & sur leur décomposition, ont augmenté
encore les difficultés sur l'emploi des réactifs,
en faisant connoître plusieurs effets qu'on n'a-
voit point appréciés auparavant dans leur action. On doit au célèbre Bergman une très-bonne
dissertation sur l'analyse des eaux, dans laquelle,
après avoir indiqué les effets de vingt-deux
substances différentes comme réactifs, il en choi-
sit douze qui peuvent suffire pour reconnoître
les différentes matières dissoutes dans les eaux ;
mais il observe qu'on peut en employer beau-

coup davantage, fuivant les objets que l'on a à remplir. En effet, les premières connoif-fances que fourniffent les propriétés phyfiques des eaux examinées avec foin, dirigent com-munément fur l'ufage des réactifs différens pour chacune d'elles. Quoique Bergman ait fait un grand nombre d'obfervations importantes fur la nature & les effets des réactifs, nous aurons occafion de faire voir qu'il lui en eft échappé plufieurs dont la connoiffance eft très-impor-tante pour l'analyfe des eaux.

L'intention où nous étions de faire des re-cherches très-étendues & très-exactes fur la nature de l'eau d'Enghien, nous a engagés à multiplier tous les moyens poffibles d'analyfe, & nous n'avons pas craint de les effayer par une très-grande quantité de réactifs de tous les genres. Nos expériences très-nombreufes & répétées plufieurs fois de fuite à la fource même, nous ont préfenté beaucoup de faits importans, & nous ont fur-tout éclairés en les comparant avec celles qui ont été faites par l'évaporation. Avant de les décrire, nous devons rendre compte des vues que nous nous étions pro-pofées dans l'ufage des réactifs.

Les caractères extérieurs de l'eau d'Enghien fuffifoient pour indiquer fa nature fulfureufe ; mais nous avions à décider entre deux analyfes faites par d'habiles chimiſtes , dont les réſultats ne s'accordoient pas. Les uns croyoient qu'il y avoit un véritable foie de foufre dans cette eau , & M. Deyeux y admettoit le foufre uni à un principe particulier, qu'il appelle *caufticum* avec Meyer. Aucun de ceux qui l'avoient ex minée n'en avoit féparé le foufre pur , & les diverfes analyfes de cette eau , ainfi que de toutes les autres eaux fulfureufes , avoient été faites avant que Bergman eût découvert & reconnu les propriétés du gaz hépatique. Nous defirons donc trouver des réactifs qui puffent nous fervir à déterminer la quantité de foufre contenue dans les eaux. Les diffolutions métalliques employées par M. Bayen & par M. Roux , pouvoient fixer le foufre, mais fans en indiquer la dofe. L'acide nitreux rutilant , recommandé par Bergman pour précipiter le foufre , peut bien indiquer la dofe de celui-ci ; mais il laiffe comme les autres procédés dans l'incertitude fur celle du gaz. Ce n'étoit donc qu'en multipliant & en variant les efpèces de réactifs que nous pouvions efpérer de trouver des moyens propres à remplir nos vues.

Il exifte dans l'emploi des réactifs en général une difficulté dont les chimiftes n'ont point affez tenu compte. Ces fubftances annoncent bien en effet, les unes les bafes terreufes & al-

kalines, les autres les acides, d'autres les métaux ; mais en démontrant comme cela a lieu
le plus fouvent, l'exiflence de deux ou trois
bafes & de deux acides, elles n'apprennent
point toujours à quel acide telle bafe eft combinée, & conféquemment la vraie nature des
matières diffoutes dans les eaux. Il eft vrai que
la connoiffance des attractions électives doubles,
répand aujourd'hui fur cet objet de grandes
lumières, & qu'elle peut fervir dans plufieurs
cas à déterminer l'union réciproque de deux
bafes & de deux acides. Par exemple, fup-
pofons que plufieurs réactifs indiquent dans une
eau de la chaux & de la magnéfie, tandis que
d'autres y démontrent la préfence des deux
acides vitriolique & muriatique, on doit deviner
promptement que le premier acide ne peut
exifter dans cette eau, uni à la magnéfie, en
même-temps que le fecond le feroit à la chaux ;
car on fait que le vitriol de magnéfie eft décompofé par le muriate calcaire ; mais malgré
cette donnée certaine, qui n'a cependant point
empêché que plufieurs chimiftes aient admis
dans la même eau ces deux combinaifons à-la-
fois, il refte encore des incertitudes ; en effet,
l'acide vitriolique pourroit être uni à de la magnéfie & à de la chaux en même-temps, & les
vitriols magnéfien & calcaire exifteroient en

même-temps dans l'eau , pourvu que l'acide muriatique ne fût combiné qu'avec la magnéfie, & point avec la chaux ; ou bien l'acide vitriolique peut n'être combiné qu'avec la chaux ; & alors l'acide muriatique pourroit l'être en même-temps à la chaux & à la magnéfie ; fi les découvertes modernes affurent que les deux acides ne peuvent point être unis chacun aux deux bafes terreufes dans la même eau, on voit donc que les réactifs n'apprennent rien fur l'un ou l'autre des deux cas indiqués ; & tel eft, comme nous le verrons par la fuite, l'embarras que préfente l'eau d'Enghien.

Cette eau offroit encore une autre difficulté. Relativement aux phénomènes qu'elle donne avec les réactifs , nous devions la confidérer comme un mêlange de deux eaux de nature différente , l'une hépatifée , en la fuppofant purement compofée de gaz hépatique , l'autre faline , en la concevant fans ce dernier principe & diffolvant fimplement quelque fel. Il nous falloit donc deux claffes de réactifs, les uns qui puffent agir pour ainfi dire fur la première eau , fans toucher à la feconde , & les autres qui fuffent fufceptibles de faire connoître la nature de l'eau faline , fans altérer l'eau hépatifée. Aucun des chimiftes qui nous avoient précédés dans l'examen des eaux fulfureufes n'avoit bien fenti l'importance de ces deux claffes de réactifs, & n'avoit eu l'idée de les employer, parce qu'on ne connoiffoit point la nature du gaz hépatique. La recherche affidue de ces efpèces de réactifs nous a occupés pendant long-temps ; nos expériences ont été à cet égard très-multipliées, & nous fommes enfin parvenus à diftinguer trois claffes de réactifs pour l'analyfe des eaux fulfureufes ; 1°. ceux qui n'agiffent que fur le gaz hépatique, comme quelques chaux métalliques ; 2°. ceux qui n'ont d'action que fur les fels, comme les réactifs alkalins & acides fimples ; & enfin 3°. ceux qui décompofent en même-temps & les fels & le gaz hépatique, comme la plupart des diffolutions métalliques. Nous avons découvert qu'il eft facile de commettre fur cet objet de grandes erreurs, fi l'on juge trop promptement de l'effet des réactifs ; plufieurs, comme nous l'expoferons, femblent détruire tout-à-coup l'odeur de l'eau d'Enghien, & altérer conféquemment le gaz hépatique, tandis qu'il n'arrive réellement rien de femblable, & que les propriétés de ce gaz ne font que mafquées pour quelques inftans par un véritable effet méchanique, & reparoiffent avec force quelque temps après. C'eft fur-tout dans l'analyfe des eaux fulfureufes qu'il eft important de conferver les mélanges pendant tout le temps néceſſaire, & d'obſerver les altérations ſucceſſives qu'ils ſont ſuſceptibles d'éprouver.

On ſent encore que c'eſt particulièrement dans l'examen de ces eaux, que la multiplicité des effets d'un ſeul réactif eſt difficile à apprécier ; telles ſont, comme on le verra, la plupart des diſſolutions métalliques, ſur leſquelles quatre genres de matières contenues dans l'eau d'Enghien agiſſent à-la-fois. Auſſi ce n'a été qu'en faiſant les expériences ſur de grandes quantités de cette eau, en les répétant dans différentes circonſtances, en les variant de toutes les manières, & ſur-tout en faiſant un examen ſuivi des précipités, que nous ſommes arrivés à des réſultats plus ſatisfaiſans que ceux qui ont été obtenus par d'autres chimiſtes.

Aucune des expériences par les réactifs n'a été faite qu'à grande doſe ; on a recueilli & peſé avec ſoin les précipités ; on en a enſuite reconnu la nature par une analyſe exacte ; ſouvent la moindre incertitude dans quelques réſultats, a exigé qu'on les répétât juſqu'à ce qu'on eût obtenu une ſolution ſatisfaiſante ; car on doit regarder l'examen des eaux comme une ſuite de problêmes à réſoudre. Ce n'a été ſur-tout, qu'après avoir frappé au même but, & obtenu un même réſultat par diverſes expériences, que nous nous sommes déterminés pour en tirer une induction générale. Cette manière d'opérer exigeoit de longs détails dans la description de nos recherches, & nous penfons qu'elle les fera excufer.

L'idée que nous avons expofée dans un autre temps, fur la poffibilité d'examiner la nature & de faire une analyfe complette des eaux minérales par les réactifs, nous a fpécialement guidés dans cette portion de notre travail. En lui donnant toute l'étendue poffible, nous avons mis à exécution une grande partie du projet que nous avions conçu il y a plufieurs années, & nous lui devons un affez grand nombre de réfultats généraux, applicables à l'analyfe des eaux en général, qui, d'après le vœu de la Société, devoit fixer particulièrement notre attention.

Enfin nous avons encore retiré de nos expériences, faites en grand avec les réactifs fur l'eau d'Enghien, un avantage dont nous devons faire mention. On fait qu'une des principales difficultés dans l'ufage de ces fubftances, c'eft que les précipités que beaucoup de réactifs donnent, fe reffemblent fi bien, qu'on a regardé jufqu'à préfent comme impoffible d'en affigner la différence d'après la vue. Bergman a fait, il eft vrai, quelques réflexions fur la manière diverfe dont plufieurs réactifs opèrent dans les eaux, & il a conçu la poſſibilité de diſtinguer, par les feules propriétés phyſiques, les effets de quelques-uns d'entr'eux. L'exactitude que nous avons miſe à obferver l'action de tous ceux que nous avons employés, nous a fait trouver, dans leurs effets, des différences propres à les caractériſer. C'eſt fur-tout fur les diverfes efpèces de précipités blancs, qu'il étoit important de trouver des caractères pour les faire diſtinguer à l'œil. On verra, dans les chapitres fuivans, que nous y fommes parvenus, en décrivant avec foin, & d'après des expériences conſtantes, la forme, le volume, le dépôt plus ou moins prompt, de ces divers précipités.

CHAPITRE VII.

De l'action des réactifs colorans & alkalins fur l'eau d'Enghien.

Lorsqu'on étend du firop de violettes récemment fait avec de l'eau d'Enghien, la couleur bleue eſt bientôt changée en vert, & cette nuance s'affoiblit au bout de quelques heures, mais fans fe détruire. On fait que cette propriété appartient à beaucoup de fubſtances, & qu'elle

ne défigne point la préfence d'un alkali fixe ,
comme on le penfoit autrefois. La craie, la
magnéfie , le gaz hépatique , & l'eau qui en
eft chargée , verdiffent également la teinture
bleue des violettes ; on verra par la fuite que
c'eft à l'exiftence de ces matières dans l'eau
d'Enghien qu'eft due cette altération.

Le papier teint avec le fernambouc perd
légèrement fa couleur rouge par le contaɗ de
cette eau, mais il ne paffe pas fenfiblement au
bleu , comme cela arriveroit fi cette eau contenoit un véritable alkali. Le papier coloré avec
la décoɗion de *terra merita* n'éprouve aucun
changement. Il en eft à-peu-près de même de
là teinture de tournefol , cependant lorfque la
quantité d'eau d'Enghien que l'on mêle à cette
dernière teinture eft voifine de celle qui eft
néceffaire pour l'éteindre tellement qu'elle ceffe
de paroître colorée , il femble qu'elle devienne
plus rouge , avant d'être entièrement affoiblie.
Cette eau n'eft donc pas du tout du genre de
celles dans lefquelles les matières colorantes végétales indiquent avec certitude la préfence de
quelques principes.

La noix de galle , les pruffiates alkalins , ou
les diverfes fubftances alkalines , faturées de la
matière colorante du bleu de Pruffe , nous ont
prouvé dans beaucoup d'expériences répétées ,

qu'elles ne contiennent point du tout de fer, & l'on verra en effet par la suite que ce métal ne pourroit pas rester uni avec les autres principes qu'elle tient en dissolution.

L'eau de chaux, l'alkali volatil caustique, les alkalis fixes purs, & ces mêmes sels unis à l'acide crayeux, mêlés dans des verres avec quelques onces d'eau d'Enghien, puisée au moment même de l'expérience, ont tous donné des précipités blancs, plus ou moins abondans ; ces réactifs indiquant dans les essais la présence des sels terreux, nous avons cru devoir faire des expériences plus en grand pour apprécier exactement l'effet de chacune de ces matières alkalines, & la nature des substances dissoutes dans l'eau d'Enghien sur lesquelles elles agissoient.

§. I. *L'eau de chaux.*

Après avoir essayé dans des verres le mélange de l'eau de chaux avec l'eau d'Enghien, pour déterminer à-peu-près la quantité de ce réactif nécessaire à la précipitation complette qu'il opère (1), on a versé sur 16 livres d'eau

---

(1) Nous avons pris cette précaution dans toutes les expériences de réactifs. Elles ont toutes été faites dans de grands bocaux de verre neuf, qui tenoient depuis 8 jusqu'à 16 liv d'eau. On en a souvent employé plusieurs pour le même mélange comme dans celui-ci.

puifée à la fource au moment même, 10 livres d'eau de chaux, quantité un peu plus que fuf-fifante, d'après nos tâtonnemens, pour opérer la précipitation complette. Il s'eft fait tout-à-coup un précipité blanc très-abondant, qui étoit diftribué également dans toute la liqueur, & on a obfervé que l'odeur hépatique difparoiffoit & étoit remplacée par cette efpèce d'odeur fade qui a lieu lorfqu'on mêle & qu'on délaye de la craie dans l'eau. Prefqu'au même inftant le précipité a formé des floccons qui fe dépofoient facilement, & laiffoient la partie fupérieure de la liqueur très-claire. En huit heures le précipité a été entièrement dépofé au fond du bocal ; alors l'odeur hépatique a reparu, mais elle eft reftée mêlée de celle de craie délayée pendant quelque temps. Cet effet conftant fur l'odeur de l'eau hépatifée, tient à ce que le précipité flocconeux recouvre & enveloppe, pour ainfi dire, la furface de l'eau, puifque le gaz s'exhale, à mefure que les floccons fe dépofent. Vingt-quatre heures après, le précipité étant tout-à-fait raffemblé & dépofé fur le fond du vafe, l'odeur hépatique étoit auffi forte que celle de l'eau pure, & il n'y avoit plus de traces de celle de craie délayée. On a décanté l'eau tranfparente à l'aide d'un fyphon, & filtré les dernières couches pour féparer le précipité ; on a effayé la liqueur filtrée avec de l'eau de chaux, elle ne l'a point troublée. Ce réactif avoit donc produit tout fon effet (1). Le précipité recueilli fur le filtre, & bien féché à l'air & au foleil, pefoit 2 gros 12 grains ; il étoit d'un gris blanc mêlé de quelques parcelles jaunâtres fur fes bords, & affez volumineux. Séche fur un bain de fable, il a perdu 18 grains. Obfervons ici que les poids des précipités ne font jamais fufceptibles de donner des réfultats d'une exactitude fans reproche, fur la quantité de matières décompofées par les réactifs qui les produifent, puifque leur deffication peut varier à l'infini. Auffi les calculs fondés fur ces expériences, ne doivent jamais être regardés que comme des approximations. Outre l'impoffibilité de recueillir tous les précipités fans en perdre, il manque deux chofes également difficiles à obtenir pour arriver à cette exactitude, l'une de connoître avec précifion la quantité d'eau que chaque matière précipitée peut retenir après une deffication graduée, l'autre d'avoir un moyen de deffé-

––––––––––––

(1) Cet effai de l'eau filtrée par le même réactif, a été auffi conftamment tenté dans toutes nos expériences, pour nous rendre certains que ces fubftances avoient exercé toute leur action fur l'eau d'Enghien.

cher uniformément, & toujours au même dé-
gré les différens dépôts que donnent ces expériences. L'art peut efpérer d'acquérir quelque jour ces deux moyens ; mais on n'a fait
que quelques travaux fur le premier ; & per-
fonne n'a encore dirigé fes recherches vers le
fecond, qui préfente de très-grandes difficultés.

Il falloit connoître la nature de ce précipité, & déterminer s'il étoit formé d'une feule
fubftance ou de plufieurs. Pour remplir cet
objet, on l'a partagé en quatre dofes d'à-peu-
près 36 grains chacune, & on a traité trois de
ces portions par les acides vitriolique, muriatique & acéteux, afin d'obtenir un réfultat auffi
exact qu'il étoit poffible. L'efprit de vitriol y a
produit une vive effervefcence, & quoiqu'il
fût en excès, il eft refté une très-grande quantité de félénite formée par cet acide & la craie
qui faifoit partie du précipité ; ce vitriol calcaire pefoit 55 grains après fa deffication ; la
liqueur avec excès d'acide vitriolique a été
mêlée avec de l'alkali volatil cauftique qui en a
précipité près d'un grain $\frac{1}{2}$ de terre reconnoiffable
pour de la magnéfie par toutes fes propriétés.

L'acide muriatique a diffous complettement
& avec vive effervefcence les 36 grains de la
feconde portion du précipité ; l'alkali volatil
en a également précipité environ un grain &

demi de magnéfie. Mais nous avons déjà fait
obferver dans un des chapitres précédens que
l'alkali volatil cauftique ne fépare point en entier
la magnéfie unie aux acides, qu'il n'en précipite
qu'environ la moitié , & que le fel ammoniacal
qu'il forme avec la partie de l'acide d'où il a
dégagé la magnéfie, s'unit avec la portion de
fel magnéfien non encore décompofée, & conftitue un de ces fels triples , c'eft-à-dire, à
deux bafes & à un feul acide, dont Bergman
a le premier parlé (1), & que M. de Morveau

---

(1) Je trouve fur mes journaux d'expériences, qu'ayant
précipité en Mai 1776, deux livres de fel d'Epfom bien
pur , avec fuffifante quantité d'alkali volatil cauftique, je
n'eus que quatre onces & quelques grains de magnéfie, tandis que la potaffe cauftique m'en a donné plus de fept
onces. La liqueur évapotée & criftallifée me fournit un
fel fingulier d'une forme très-différente de celle du vitriol
ammoniacal , qui n'étoit point fenfiblement déliquefcent,
ni effloreſcent, qui, diffous dans l'eau, me donna beaucoup de magnéfie par le fel de foude. C'étoit le *trifule
vitriol ammoniaco-magnéfien*, que je ne connoiffois pas
alors. Je le comparai à cette époque au fel alembroth.
Je trouve dans le même endroit de mes journaux, des
obfervations fur le fingulier état de la magnéfie précipitée du vitriol magnéfien par l'alkali volatil cauftique ; j'y
remarquois que cette terre forme une efpèce de mucilage
ou gomme , qu'elle prend en quelques endroits une couleur jaune de corne , qu'on ne l'a que très-difficilement
blanche & pulvérulente par le procédé. Depuis ce temps

appelle

appelle *Trifules*. 1 ½ grains de] cette magnéfie équivalent donc à 3 grains que les deux acides tenoient en diffolution. Auffi, dans la troifième expérience faite avec le vinaigre & 36 grains du même précipité de l'eau d'Enghien, la diffolution a été traitée par l'eau de chaux, qui a fourni près de 3 grains de magnéfie. On voit donc que les 2 gros de précipité par l'eau de chaux, contenoient, à très-peu de chofe près, 126 grains de craie & 12 grains de magnéfie. Effayons de déterminer, d'après cela, l'action que l'eau de chaux a produite fur l'eau d'Enghien.

On fait que la chaux a plus d'affinité avec les acides que n'en a la magnéfie ; elle a donc dû féparer cette terre , en fuppofant que celle-ci fût unie à des acides dans l'eau d'Enghien. Déjà l'examen du dépôt que cette eau forme par fon expofition à l'air, a démontré qu'une

---

j'ai fait plus de deux cens fois la même obfervation , & je la rappelle ici, parce qu'il arrive toujours dans l'examen des terres précipitées des eaux , que lorfqu'on les diffout dans les acides, & qu'on veut féparer de ces diffolutions la magnéfie par l'alkali volatil, la petite quantité qui fe précipite, prend la forme de floccons jaunes foncés , & fe defleche en fragmens comme muqueux & bruns fur le filtre. C'eft une propriété qui la rapproche de quelques chaux métalliques.

F

partie de la terre magnéfiene étoit diſſoute dans l'eau par l'acide crayeux , puiſqu'à meſure que cet acide ſe diſſipe , il ſe ſépare environ 3 grains de cette terre ſur 50 livres d'eau. Mais quand on ſuppoſeroit que par la décompoſition à l'air , il ne ſe dépoſe que la moitié de la magnéſie diſſoute par l'acide crayeux, on n'a encore que 6 grains de cette terre ſur 50 livres d'eau , ce qui ne feroit que 2 grains à-peu-près pour les 16 livres traitées par la chaux dans l'expérience que nous décrivons. Il eſt donc prouvé par cette ſeule comparaiſon , ou par ce rapprochement de deux expériences , que l'eau de chaux n'a pas ſeulement précipité la magnéſie unie à l'acide crayeux dans l'eau d'Enghien ; mais qu'elle en a encore ſéparé cette terre d'un ou de pluſieurs autres acides ; puiſqu'on en a eu 12 grains ſur 16 livres ; on peut donc déjà conclure avec certitude de cette expérience , comparée aux réſultats de la décompoſition opérée par l'air , 1°. que la magnéſie eſt unie à pluſieurs acides dans l'eau d'Enghien ; 2°. que l'un deux eſt l'acide crayeux, 3°. que cet acide eſt moins abondant que les autres , d'après le rapport de la quantité de magnéſie abandonnée par l'acide crayeux dans l'eau expoſée à l'air , à celle de la même terre précipitée par l'eau de chaux ; 4°. que cette magnéfie féparée des acides étoit cauftique dans le précipité , puifque la chaux a dû néceffaire- ment, d'après les loix des attractions électives , lui enlever ces acides.

Quant aux 126 grains de craie , cette dofe confidérable dépend de deux effets produits en même-temps fur l'eau d'Enghien par l'eau de chaux. La précipitation des 18 grains de craie de 50 livres de cette eau minérale , par fon expofition à l'air, démontre que cette terre y étoit diffoute à la faveur de l'acide crayeux , qui en fe dégageant l'a laiffé dépofer ; l'eau de chaux opère donc la même action ; car en s'em- parant de cet acide crayeux, elle détruit la dif- folubilité de la portion de craie de l'eau d'En- ghien qui étoit due à cet acide ; mais fi elle n'avoit que ce feul effet, la quantité de craie précipitée devroit correfpondre à celle qui eft féparée par l'air, ou au moins s'en rapprocher davantage , tandis qu'elle eft environ fept fois plus confidérable. Cela dépend de ce que la chaux diffoute dans l'eau, en abforbant l'a- cide crayeux contenu dans l'eau minérale , non-feulement opère la précipitation de la craie diffoute dans cette eau à la faveur de cet acide, mais encore a formé avec ce fel une grande quantité de craie qui s'eft dépofée en même- temps que la portion déjà indiquée. Il faudroit encore sçavoir combien de ces 126 grains de craie, il y en a qui appartiennent à l'eau elle-même, & combien la chaux en a formé en absorbant l'acide crayeux ; mais cette donnée est très-difficile à obtenir en ne considérant que les expériences déjà décrites sur l'eau, parce que la dose de craie précipitée par l'exposition à l'air qui pourroit servir de terme de comparaison n'est pas toute celle que l'eau contient ; car 50 liv. d'eau d'Enghien en ayant déposé 18 grains, les 16 livres n'en contiendroient que près de 6 grains, qui en laisseroient alors 120 grains produits par l'eau de chaux ; d'ailleurs il faudroit toujours s'en rapporter au poids de ces précipités, & l'on sait ce qu'il faut penser de l'exactitude de ce poids. En comparant dans un autre chapitre de cet ouvrage les effets des réactifs avec les résultats de l'évaporation de l'eau d'Enghien , on acquerra par la suite plus de certitude sur cet objet, & il suffit pour le moment de tirer de cette expérience les résultats suivans.

1°. L'eau de chaux a décomposé plusieurs sels neutres magnésiens dans l'eau d'Enghien.

2°. Elle y a démontré la présence d'une certaine quantité d'acide crayeux que nous apprécierons par la suite.

3°. Elle en a précipité en même-temps la

(85)

portion de craie qui y étoit diffoute à l'aide de
cet acide.

4°. Elle a donc agi fur quatre ou cinq principes de l'eau minérale dont elle a changé ou
la nature ou l'état ; favoir, deux ou trois fels
neutres magnéfiens , l'acide crayeux & la craie.

5°. Elle a enveloppé dans le moment de fon
action le principe de l'odeur de cette eau, mais
fans lui caufer d'altération, puifqu'il a reparu
quelques heures après avec tous fes caractères
& toute fa force.

§. II. *Alkali volatil cauftique.*

L'alkali volatil cauftique n'a point été compté
par Bergman au nombre des réactifs utiles pour
l'analyfe des eaux ; il n'a pas indiqué l'action,
qu'il eft fufceptible d'y produire , & en effet,
l'eau de chaux le remplace avec beaucoup d'a-
vantage. Cependant , pour ne rien négliger ,
nous l'avons employé dans nos recherches ,
& nous avons eu lieu de faire fur fon ufage,
quelques obfervations qui nous ont paru propres à contribuer aux progrès de l'hydrologie.

Sur 24 livres d'eau d'Enghien , on a verfé
6 gros d'alkali volatil cauftique récemment préparé & très-pur ; des effais préliminaires nous
avoient appris que cette dofe étoit plus que

fuffifante pour produire tout l'effet que nous
en attendions. Il s'eft formé dans l'inftant même
un nuage blanc qui s'eft bientôt difperfé dans
toute la liqueur. Ce précipité ne s'eft point
raffemblé en floccons ; mais il s'eft peu-à-peu
affaiffé en une feule maffe , & l'eau s'eft éclaircie ; fon odeur hépatique étoit mafquée par
celle de l'alkali volatil furabondant ; laiffée à
l'air pendant quarante-huit heures , & agitée
de temps en temps , elle n'a donné ni pellicule ,
ni dépôt , comme elle a coutume de le faire
avant cette opération ; cependant fon odeur
hépatique a reparu après cette époque , & elle
confervoit toutes fes propriétés fulfureufes. Le
précipité étoit alors raffemblé en une couche
très-mince fur le fond du bocal ; on l'a recueilli fur un filtre, après avoir enlevé par le
fyphon la plus grande quantité de la liqueur
furnageante. On l'a lavé avec de l'eau diftillée
fur le filtre. Séché à l'air pendant deux jours ,
il eft devenu très-blanc & d'une grande fineffe;
il pefoit un gros 10 grains ; mais il contenoit
encore une certaine quantité d'eau , puifque
pefé quelques mois après avoir été confervé dans
un bocal de verre , couvert d'un fimple papier , il avoit déjà perdu 4 grains. On peut donc
l'eftimer à-peu-près à un gros.

On l'a examiné par les mêmes procédés que

celui que nous avoit donné l'eau de chaux. On
en a diſſous des portions égales dans les acides
vitriolique , muriatique & acéteux , & on a
précipité ces diſſolutions par l'alkali volatil , &
par l'eau de chaux , qui n'ont donné que près
de deux grains de magnéſie. Le reſte étoit de
la craie ; d'après les principes que nous avons
rappelés dans les précédens chapitres , on peut
donc ſoupçonner que ces 24 livres d'eau contenoient au moins 4 à 5 grains de magnéſie ,
unie aux deux acides dont nous avons déjà annoncé l'exiſtence ; mais l'eau de chaux en avoit
annoncé davantage ; l'alkali volatil n'a donc pas
un effet auſſi certain pour démontrer la préſence de la magnéſie ; nous nous ſommes aſ-
ſurés par d'autres eſſais , que non-ſeulement ce
ſel ne précipite que la moitié de cette terre ,
mais encore que lorſqu'on en met en excès ,
il diſſout une portion de la demi partie qu'il
précipite (1). Nous avons encore trouvé une

____

(1) Pour prouver ce fait , il ſuffit de chauffer une
diſſolution de ſel d'epſom , précipité par l'alkali volatil
mis en excès , & dont on aura déjà ſéparé la magnéſie
par filtration. Lorſque l'excès d'alkali volatil ſe dégage
par la chaleur , la liqueur ſe trouble & dépoſe la portion
de magnéſie qui étoit diſſoute par l'alkali. Si on chauffe
aſſez long-temps , la magnéſie précipitée ſe rediſſout ; il pa-
roit que cela eſt dû à ce qu'elle ſe porte ſur l'acide du

autre source d'erreur dans l'usage de ce réactif. On a vu que pour reconnoître la présence & déterminer la quantité de magnésie contenue dans les précipités des eaux par les matières alkalines, on dissout ces précipités dans les acides, & on les précipite ensuite par l'alkali volatil qui doit en séparer la moitié à-peu-près de la magnésie, sans en précipiter la chaux. Ce phénomène indiqué par les meilleurs Chimistes, n'a pas toujours lieu ; il nous est arrivé très-souvent dans ces expériences d'observer que de la magnésie précipitée par l'alkali volatil caustique, & redissoute dans un acide, ne pouvoit plus ensuite en être séparée par le même alkali volatil. Nous sommes parvenus à découvrir que cela dépendoit d'un excès d'acide qu'il est impossible d'éviter lorsqu'on opère sur d'aussi petites doses. Voici une expérience qui prouve ce fait. En prenant une once de sel d'epsom

---

vitriol ammoniacal , dont l'alkali volatil se dégage. Bergman a en effet observé que la magnésie décomposoit en partie & même à froid les sels ammoniacaux. Ajoutons encore qu'il est si vrai qu'un excès d'alkali volatil rend la magnésie dissoluble, qu'une dissolution de sel d'epsom précipitée par cet alkali, & séparée par le filtre de la magnésie déposée se trouble en quelques minutes par son exposition à l'air, & à mesure que le gaz alkalin se volatilise.

bien pur & diffous dans l'eau diftillée, en partageant cette diffolution en deux, & verfant
dans l'une de l'alkali volatil cauftique, on a environ de 48 à 60 grains de magnéfie pure, fuivant l'état de concentration & la dofe de l'alkali volatil dont on fe fert ; en ajoutant dans
l'autre portion quelques gouttes d'acide vitriolique , on ne peut plus enfuite en précipiter
la même quantité de magnéfie ; & fi l'excès
d'acide eft plus fort, les liqueurs ne fe troublent même point. Ce phénomène, dont les
chimiftes n'ont pas fait mention, eft facile à
concevoir d'après ce que nous avons déjà expofé plus haut. On fait que l'alkali volatil cauftique ne précipite que la moitié de la magnéfie
combinée aux acides, parce que les fels ammoniacaux qu'il forme fe combinent avec l'autre moitié des fels magnéfiens , & conftituent
des efpèces de fels triples. Cela pofé, lorfque la
magnéfie eft diffoute dans un acide en excès ,
l'alkali volatil qu'on ajoute , fe combine d'abord
avec cet excès d'acide , & forme un fel ammoniacal qui en s'uniffant avec le fel magnéfien, dont l'acide eft le même, forme un fel
à trois parties ou à deux bafes, qui n'eft plus
décompofable par de nouvel alkali volatil (1).

____

(1) On fait que ce fel triple cu vitriol ammoniaco-magnéfien, eft fi criftallifable qu'en mêlant une diffolution

Il eft prouvé par ces recherches que cet alkali eft un réactif fort infidèle , pour indiquer dans les eaux & par-tout la préfence de la magnéfie , & que l'eau de chaux lui eft préférable.

Mais l'alkali volatil a produit encore fur l'eau d'Enghien un effet qu'il nous refte à apprécier. Les 72 grains de précipité qu'il a donnés , étoient prefque tous de la craie. Aucun chimifte n'a indiqué , ni cette précipitation de la craie diffoute dans les eaux par l'alkali volatil , ni la caufe qui la produit dans l'action de ce fel fur l'eau ; nous avons été d'abord très-embarraffés fur ce phénomène , & ce n'eft qu'à l'aide d'expériences comparatives , que nous en avons trouvé la caufe. La connoiffance exacte des attractions électives entre les diverfes matières falines , nous apprenoit que l'alkali volatil n'avoit pas pu décompofer de fels neutres calcaires , puifqu'il a moins d'affinité que la chaux avec prefque tous les acides , & certainement avec tous ceux qui exiftent neutralifés dans les eaux. Quoique celle d'Enghien ne donnât point dans fa faveur , fon ébullition , fon action fur les matières colorantes , de traces

---

un peu concentrée de vitriol ammoniacal , avec une diffolution de vitriol magnéfien , il fe précipite des criftaux de ce fel triple.

d'acide crayeux libre, fa précipitation par le contact de l'air & par l'eau de chaux, nous avoient
prouvé qu'elle en contenoit une certaine quantité;
nous favions , par d'autres expériences pofitives,
que lorfque cet acide fert à tenir la craie &
la magnéfie diffoutes dans une eau , il perd fes
caracteres , & femble n'être plus dans un état
de liberté ; c'eft ainfi , par exemple , qu'on détruit tout-à-coup le piquant de l'eau de Seltz,
en l'agitant légèrement avec un peu de craie
ou de magnéfie crayeufe en poudre très-fine ;
nous foupçonnâmes que quoique l'alkali volatil
ait moins d'affinité avec l'acide crayeux que
n'en a la chaux , il pourroit bien en avoir plus
avec cet acide que la craie ; nous nous empref-
fâmes de diffoudre de la craie dans de l'eau
acidulée artificielle , & d'effayer cette diffolution par l'alkali volatil cauftique , & nous vîmes
avec fatisfaction , que la craie en étoit fur-le-
champ précipitée. Cette expérience nous fit voir
que la craie féparée de l'eau d'Enghien par
l'alkali volatil cauftique , s'en dépofe , parce que
cet alkali s'empare de l'acide crayeux qui la
tenoit en diffolution. Ce phénomène eft analogue à l'obfervation de M. Bertholet , fur la
précipitation du phofphate calcaire ou de la bafe
des os tenue en diffolution dans l'urine , à
l'aide d'un excès d'acide phofphorique , par

l'alkali cauftique. Mais nous trouvâmes encore
une difficulté dans cette précipitation , relativement à la quantité de craie ; nous en avions
obtenu près d'un gros de 24 livres d'eau d'Enghien , tandis que 50 livres décompofées par
l'air ne nous en avoient donné que 18 grains,
dont la féparation étoit également due au dégagement de l'acide crayeux ; quoique dans
cette précipitation par l'air , nous fuffions por-
tés à croire que tout l'acide crayeux ne s'étoit
point diffipé , & qu'en conféquence toute la
craie diffoute par cet acide , ne s'étoit point
dépofée , la proportion de 18 grains fur 50 livres,
à celle de près d'un gros fur 24 livres , nous
paroiffoit beaucoup trop forte , pour penfer que
toute la craie précipitée de l'eau d'Enghien par
l'alkali volatil , eût été diffoute dans cette eau
par l'acide crayeux ; on verra en effet, par l'é-
vaporation , qu'il n'y en a pas une auffi grande
quantité. Il falloit donc qu'une partie de cette
craie eût été féparée d'un autre acide, que l'air
fixe. L'alkali volatil cauftique ne peut produire
cet effet, mais à l'aide de l'acide crayeux qu'il
trouve dans l'eau , il devient capable de l'opérer par une affinité double.

Nous n'infifterons pas plus long-temps fur
ce réactif, ce que nous en avons dit, prouve
qu'il eft poffible d'en apprécier les diverfes

actions ; mais qu'il est bien difficile , pour ne pas dire presque impossible de déterminer l'énergie de chacun de ses effets sur les différens principes salins d'une eau ; & que la complication des phénomènes qu'il fait naître, rend son usage fort incertain pour l'analyse ; aussi nous contenterons-nous d'observer ici , sans chercher la précision des calculs dans ces phénomènes , que ce sel a produit quatre principaux effets sur l'eau d'Enghien ; 1°. il a masqué son odeur hépatique , sans agir cependant sur le principe de cette odeur ; 2°. il a absorbé l'acide crayeux , qui tenoit la craie en dissolution , & il a séparé cette craie ; 3°. uni à cet acide il a décomposé , par une affinité double , une portion des autres sels neutres calcaires contenus dans cette eau ; 4°. enfin il a précipité une petite partie de la magnésie qui y est aussi combinée avec des acides.

§. III. *Alkalis fixes saturés d'acide crayeux.*

Bergman avertit ici , avec raison , que les alkalis fixes caustiques ne forment point de bons réactifs , parce qu'ils retiennent en dissolution une partie des terres qu'ils précipitent des eaux , & il recommande l'usage de la potasse effervescente , ou de l'espèce de sel neutre que nous défignons par le nom de craie de potaſſe, pour reconnoître la préſence & la quantité des ſels terreux. Nous verrons tout-à-l'heure que ce réactif n'eſt pas à l'abri de tout reproche.

Il n'eſt pas ſi facile qu'on le dit dans la plupart des ouvrages de chimie, de ſe procurer la craie de potaſſe bien pure, & exempte des ſeuls neutres, ainſi que des terres qui lui ſont ſouvent mêlées ; pour avoir ce réactif dans ſon état de pureté, nous avons ſaturé une diſſolution de ſel fixe de tartre expoſée long-temps à l'air de tout l'acide crayeux qu'elle a pu abſorber ; nous l'avons enſuite évaporée à une chaleur très-douce, après l'avoir bien filtrée. Par ce moyen, qui nous a toujours réuſſi, nous avons obtenu ce ſel en criſtaux très-tranſparens, qui ont été diſſous dans l'eau diſtillée. Cette liqueur verſée ſur 24 livres d'eau d'Enghien, a diminué tout-à-coup ſon odeur en y produiſant un précipité abondant d'un gris blanc qui s'eſt dépoſé en un quart-d'heure ſous la forme de floccons, & qui paroiſſoit former deux zônes ou deux couches de couleur & de tiſſu différens. La couche la plus baſſe & la plus peſante étoit blanche & d'un tiſſu plus rapproché. La couche ſupérieure étoit au contraire en petits floccons légers ſéparés les uns des autres & d'un

gris un peu jaune. Après deux heures l'eau éclaircie & décantée, a repris une forte odeur hépatique. Le précipité féché fur un filtre confervoit
encore fes deux caractères diftincts, il pefoit 88
grains ou un gros 16 grains. Examiné par les
acides comme les précédens, on l'a reconnu
pour un mêlange de 74 grains de craie & de
14 grains de magnéfie.

Il réfulte de cette expérience, 1°. que la
craie de potaffe, donne, avec l'eau d'Enghien,
un peu plus de précipité que l'alkali volatil,
& moins que l'eau de chaux; 2°. que la quantité de magnéfie qu'elle fépare de cette eau eft
un peu moindre que celle qui a été précipitée
par la chaux; 3°. qu'elle paroît en féparer moins
de craie; ce dernier réfultat ne peut être qu'apparent & non réel, puifqu'on fait que l'alkali
fixe décompofe les fels calcaires, tandis que
la chaux ne produit point cet effet; auffi en
fe rappelant que la craie fournie par l'eau de
chaux étoit, en grande partie, donnée par la
chaux elle-même combinée avec l'acide crayeux
de l'eau minérale, on concevra facilement la
caufe de cette différence. En effet la craie de
potaffe, étant à peu de chofe près, faturée d'a-
cide crayeux, n'a précipité de l'eau d'Enghien
qu'une très-petite quantité de la craie diffoute
à l'aide de cet acide, & elle n'a pu décom-

poser complettement qu'un autre fel calcaire.
Ainfi il y a cette différence entre l'action de
l'eau de chaux, de l'alkali volatil & de la craie
de potaffe fur l'eau d'Enghien, que la première
n'a réellement féparé de cette eau que la craie,
dont l'acide crayeux opéroit la diffolution ;
tandis que l'alkali volatil, en précipitant de
même cette craie, a féparé une petite portion
de la chaux unie à un autre acide (1), & que
la potaffe, fans prefque toucher à cette portion de craie, n'a précipité que la chaux qui
étoit unie à l'acide vitriolique. Comme la quantité de craie obtenue par ce réactif, eft un peu
plus grande que celle qui en a été précipitée par

____

(1) Pour qu'un alkali fixe, uni à l'acide crayeux, ne
précipite point du tout la craie diffoute dans l'eau à l'aide
de cet acide, il faut que l'alkali en foit entiètement
faturé, & rien n'eft plus rare que ce point de faturation
complette. Pour l'obtenir au point que cette précipitation
foit nulle, il faut diffoudre la craie de potaffe criftallifée
& non déliquefconte dans de l'eau acidulée, & verfer
cette diffolution dans celle de la craie par le même acide ;
alors il n'y a pas un atôme de cette terre qui fe précipite.
On fent bien que dans l'expérience fur l'eau d'Enghien,
que nous décrivons ici, la craie de potaffe n'étoit pas auffi
parfaitement faturée qu'il le faut, pour ne point précipiter
de craie ; mais la dofe au moins n'en devoit être que
très-peu confidérable, comme nous l'avons dit.

l'alkali

l'alkali volatil ; on peut en inférer que la chaux, unie à l'acide vitriolique , est en quantité un peu plus confidérable que celle qui y est combinée à l'acide crayeux.

Obfervons encore que la chaux précipitée en craie par la potaffe, n'eft fans doute pas toute celle qui étoit unie à l'acide vitriolique, puifque, fuivant la judicieufe remarque de M. de Morveau , une portion de cette terre peut être diffoute dans l'eau par l'acide crayeux qui abandonne l'alkali fixe. Il eft vrai que cette variation dans les réfultats ne doit être que très-peu confidérable ; mais elle fuffit pour faire juger combien il eft difficile d'obtenir dans ces expériences des réfultats d'une exactitude à l'abri de tout reproche.

Quant à la magnéfie , elle eft auffi un peu moins abondante que par la chaux ; ce qui dépend fans doute de ce que la potaffe n'a point, ou que très-peu agi fur celle que l'acide crayeux rendoit diffoluble, & qu'elle n'a précipité que la portion qui étoit unie à d'autres acides.

Nous avons auffi employé de la même manière la craie de foude, ou la diffolution de fel de foude bien pure dans l'eau diftillée. Elle a préfenté les mêmes phénomènes & la même précipitation ; le précipité étoit également di-

visé en deux espèces de zones dont la supérieure plus légère & plus colorée paroît appartenir à la magnésie. Ce précipité recueilli & séché
sur un filtre pesoit 89 grains ; & cette ressem-
blance presque exacte dans le poids, très-rare
dans les expériences de cette nature, en indiquoit une frappante dans l'action de ces deux
alkalis aérés. L'examen de ce nouveau précipité par les acides, nous a prouvé qu'il contenoit la même proportion de craie & de
magnésie, & que la craie de soude avoit produit sur l'eau d'Enghien absolument les mêmes
effets que la craie de potasse. Cette observation nous porte à préférer l'usage du sel
de soude à celui de la potasse, parce qu'il est
plus facile d'obtenir le premier sel bien pur &
bien saturé d'acide crayeux.

§. I V. *Alkali volatil crayeux, ou craie
ammoniacale.*

Nous avons aussi traité l'eau d'Enghien par
l'alkali volatil concret très-pur, ou craie ammoniacale, dissoute à la dose d'une once dans 7
onces d'eau distillée. Vingt-quatre livres d'eau
d'Enghien, ont été mêlées avec deux onces de
cette dissolution ; il ne s'est formé d'abord qu'un
léger nuage, qui est resté suspendu dans le haut
de la liqueur. En l'agitant, il a presque disparu ;

mais bientôt il a augmenté, & s'est dispersé uniformément dans l'eau. Il a été près de trois jours à se rassembler. On a décanté la liqueur surnageante, on a recueilli le précipité sur un filtre, & on l'a fait sécher ; on a obtenu 60 grains d'une poudre tirant sur le gris. Ce précipité, conservé dans un bocal, pendant plusieurs mois, s'est réduit à 40 grains, quantité plus foible de moitié que celle qui a été obtenue par les alkalis fixes, quoique la craie ammoniacale soit susceptible de décomposer complettement les sels calcaires. Ce précipité a été traité par l'acide muriatique ; on en a séparé la magnésie par la chaux, & la craie par la potasse. Nous avons trouvé 5 grains de la première, & 34 grains de la seconde. Il falloit connoître la cause de cette quantité de terres moins abondantes de près de moitié que celles qui avoient été précipitées par les alkalis fixes crayeux. Elle ne pouvoit être due à l'action même de l'alkali volatil employé, si l'on en excepte une portion de la magnésie avec laquelle les sels ammoniacaux formés dans l'eau, ont dû se combiner ; mais cette portion étoit trop petite pour pouvoir être regardée comme la seule cause de cette différence dans le précipité. En réfléchissant à l'état de la craie ammoniacale, & à la quantité d'acide crayeux qu'elle contient, nous avons découvert la caufe de ce phénomène. Bergman a trouvé dans fes analyfes exactes des trois alkalis faturés d'acide crayeux & criftal-lifés (1), que les proportions de leurs principes ne font point égales, & que 100 parties d'al-kali volatil concret ou de craie ammoniacale, tiennent plus du double d'acide crayeux, que 100 parties des deux alkalis fixes faturés de cet acide. Il eft donc certain qu'à mefure que l'al-kali volatil s'eft uni à l'acide qui tenoit la chaux diffoute dans l'eau d'Enghien, l'acide crayeux qui fe féparoit en même-temps de l'alkali volatil étoit beaucoup plus abondant qu'il ne falloit pour fa-turer la chaux & la magnéfie, qui en exigent bien moins ; & cet excès au-deffus de leur faturation a dû les rendre diffolubles dans

---

(1) 100 parties de craie de potaffe criftallifée, tien-nent, fuivant *Bergman*,

      20 parties d'acide crayeux,

      48 —— de potaffe,

      32 —— d'eau.

100 —— de craie de foude criftallifée , tiennent,

      16 —— d'acide crayeux.

      20 —— de foude.

      64 —— d'eau.

100 ——. de craie ammoniacale criftallifée, tiennent,

      45 parties d'acide crayeux ,.

      43 —— d'alkali volatil ,

      12 —— d'eau.

l'eau (1). Pour nous affurer de cette théorie,
nous avons précipité de la félénite par une
diffolution ammoniacale, en ayant foin de ne
point mettre un excès de ce dernier fel ; &
après avoir filtré la liqueur, nous avons verfé
dans une moitié de l'eau de chaux, & dans
l'autre de l'alkali volatil cauftique ; ces deux
réactifs ont donné chacun un précipité, & en
réuniffant ces précipités avec la première
portion obtenue par la craie ammoniacale,
nous avons eu une quantité de craie, à très-
peu de chofe près, égale à celle qu'une
pareille dofe de diffolution de félénite nous
avoit donnée par la potaffe efferyefcente. Ces
expériences prouvent que la craie ammoniacale, en féparant la chaux de la félénite,
par une attraction élective double, ne précipite pas complètement cette terre, parce que
l'acide crayeux dégagé de l'alkali volatil étant furabondant à la faturation de la chaux, rend une
portion de la craie foluble dans l'eau. Si l'on
vouloit avoir toute cette terre précipitée, il

____

(1) Cent parties de fpath calcaire contiennent, fuivant
Bergman,

      34 parties d'acide crayeux,

      55 de chaux,

      11 d'eau.

faudroit dégager cet excès d'acide crayeux par
la chaleur. Telle eſt donc la raiſon de la difficulté qu'a en apparence la craie ammoniacale ou l'alkali volatil concret pour précipiter
l'eau d'Enghien, du louche léger qu'il produit
d'abord dans cette eau, de la diſſolubilité que
ſemble avoir ce précipité lorſqu'on l'agite, &
de la lenteur avec laquelle il ſe raſſemble. On
conçoit d'après cela qu'il eſt bien difficile d'é-
tablir un calcul de quantité dans cette expérience, & que les deux alkalis fixes ſaturés d'a-
cide crayeux, & ſur-tout la craie de ſoude, dé-
compoſant complettement les ſels calcaires ;
on doit s'en tenir à ce réactif, & renoncer à
l'uſage de l'alkali volatil concret. Bergman,
en parlant de ce réactif, le recommande ſur-
tout pour reconnoître la préſence du cuivre,
& il n'inſiſte pas particuliérement ſur la manière
dont il agit ſur les ſels terreux. L'attention que
nous avons miſe à obſerver ſes effets, étoit donc
d'autant plus néceſſaire pour éclaircir l'art d'a-
nalyſer les eaux, qu'aucun chimiſte ne les avoit
encore appréciés convenablement.

CHAPITRE VIII.

De l'action des réactifs acides sur l'Eau d'Enghien.

Les acides n'ont point été employés dans les premières époques de l'analyse des eaux. La connoissance de leurs différens effets n'étoit point alors assez exacte, pour qu'on pût en retirer quelques avantages. Les plus savans chimistes n'en avoient tiré aucun parti avant Bergman. M. Monnet avoit remarqué que les eaux d'Aix-la-Chapelle faisoient effervescence avec les acides , mais il n'avoit indiqué cet effet que par rapport à la soude que les eaux contiennent. Bergman a considéré l'action des acides sur les eaux d'une manière absolument nouvelle ; il recommande l'acide vitriolique , pour y reconnoître la baryte ou terre pesante , l'acide de sucre , pour en précipiter la chaux , & l'acide nitreux fumant , qu'il appelle *phlogistiqué* , pour en obtenir le soufre. L'objet que nous avions à remplir dans nos recherches sur l'eau d'Enghien , exigeoit que nous fissions usage de plusieurs acides , & l'on verra , par les détails contenus dans ce chapitre , que cette par-

G iv

tie de notre travail, a donné naiffance à quelques découvertes, & fur-tout à plufieurs obfervations importantes pour l'hydrologie.

§. I. *Acide vitriolique.*

Sur huit livres d'eau d'Enghien, on a verfé deux gros d'huile de vitriol très-pure & rectifiée par la diftillation. L'odeur hépatique s'eft développée, & eft devenue très-fétide ; l'eau ne s'eft pas troublée dans l'inftant du mêlange, & même par une forte agitation ; on n'y a point apperçu de bulles. Quelques minutes après il s'eft formé une couleur blanche un peu louche qui peu à peu a donné à la liqueur un afpect d'opale ; elle coloroit fortement en rouge le papier bleu. Vingt-quatre heures après ce qui troubloit l'eau étoit dépofé au fond du bocal & y formoit une couche extrêmement légère, & qu'il falloit regarder avec attention pour la reconnoître. En agitant l'eau & en y ajoutant deux gros d'acide vitriolique, ce léger dépôt a difparu & a été complettement rediffous. Ce n'étoit donc pas du foufre, comme on auroit pu le foupçonner, mais une petite quantité de félénite. Trois jours après l'expérience on a encore trouvé fur le fond du bocal un très-léger dépôt blanchâtre, malgré le grand excès d'acide, qui étoit dans la liqueur; l'eau avoit plus d'odeur hépatique. On a décanté l'eau & recueilli ce précipité fur un filtre, il a pris, en féchant, une couleur jaune verdâtre, il a été impoffible de le féparer du papier, & fa quantité pouvoit aller à $\frac{1}{8}$ de grain. On n'a pas pu en reconnoître la nature; mais il eft vraifemblable que c'étoit du foufre, foit en raifon de fa couleur, foit parce que la félénite devoit être diffoute dans l'excès d'acide vitriolique. D'ailleurs on fait par toutes les expériences précédentes que l'eau expofée à l'air fe trouble & dépofe un mélange de craie, de foufre & de magnéfie. L'action de l'acide vitriolique prouve donc que l'eau d'Enghien ne contient point d'hépar, car il y auroit eu un précipité de foufre très-abondant, & la petite quantité de ce corps précipité feul & fans craie eft due à l'action de l'air. On voit même que cet acide s'oppofe à ce que le foufre du gaz hépatique fe fépare de l'eau & fe précipite, comme cela a lieu dans l'eau pure expofée à l'air, puifque celle-ci auroit dû en donner plus d'un grain. Cet effet dépend de ce que l'acide vitriolique dégage une portion de ce gaz, comme le prouve l'odeur forte que prend l'eau lorfqu'on y verfe cet acide, & la difparition prefque totale de cette odeur, qui a lieu dans ce mélange, beaucoup plus vîte que dans l'eau expofée feule à l'air. Les autres effets de cet acide font faciles à concevoir ; il a féparé l'acide crayeux, qui tenoit la craie en diffolution, & celui qui conftituoit la craie elle-même avec la bafe de laquelle il a formé de la félénite. Il a opéré la même action fur la magnéfie unie à l'acide crayeux & à l'acide muriatique. Tous ces effets n'ont point été fenfibles, parce que 1°. les fels vitrioliques qui en ont été les réfultats font reftés diffous fur-tout à l'aide de l'excès d'acide ; 2°. l'acide crayeux dégagé n'a point préfenté d'effervefcence, parce que fa quantité eft trop peu confidérable relativement à celle de l'eau, & parce qu'il y eft refté diffous. Nous obferverons encore que quoique le gaz hépatique foit féparé de l'eau par l'huile de vitriol, ce dégagement n'eft fenfible que par l'odeur très-fétide, & par l'abfence du précipité fulfureux que l'eau formeroit feule à l'air. Bergman dit que l'acide vitriolique n'a aucun effet fur l'eau hépatifée ; mais il ne parle que de la décompofition du gaz hépatique & de la précipitation du foufre, qui en effet n'ont pas lieu par cet acide ; il eût été plus exact de dire que l'acide vitriolique facilite a volatilifation & la féparation de ce gaz, & conféquemment diminue dans l'eau qui en eft faturée, la propriété de fe troubler à l'air. Enfin nous remarquerons que la petite portion de soufre dépofé dans cette expérience, avoit une couleur verdâtre. Cette couleur qui eft quelquefois beaucoup plus foncée, tient à l'exiftence du gaz hépatique. Nous avons déjà annoncé ce phénomène ; mais nous nous en occuperons beaucoup plus en détail par la fuite.

§. II. *Acide nitreux ordinaire.*

On a verfé dans huit livres d'eau d'Enghien une demi-once d'acide nitreux non-fumant, & affez foible, puifque fon poids n'excédoit que de 48 grains celui de l'eau diftillée fur le volume d'une once. L'odeur hépatique s'eft développée à l'inftant , mais moins fortement que par l'acide vitriolique. Il n'y eut aucun effet fenfible dans la couleur de l'eau pendant le mélange ; quelques minutes après , la liqueur eft devenue un peu louche, mais encore moins que par l'acide vitriolique. Comme l'eau n'étoit point fenfiblement acide , & ne rougiffoit point le papier bleu, on a ajouté deux gros de la même eau forte. Le trouble de l'eau a été fenfiblement augmenté par cette addition, mais fans préfenter l'afpect, les floccons, & toutes les apparences d'un vrai précipité. Auffi vingt quatre heures après la matière légère qui formoit

le nuage, n'étoit-elle en aucune manière séparée de la liqueur, & elle paroiſſoit même
n'y être point du tout diſpoſée. L'eſprit de vitriol
verſé dans cette eau de couleur d'opale n'en a pas
éclairci l'opacité; ainſi la ſubſtance qui occaſion-
noit ce trouble n'étoit ni terreuſe, ni ſaline. Au
bout de trois jours elle étoit dépoſée au fond
du vaſe, & n'occupoit qu'un volume très-peu
ſenſible. Il a été impoſſible de la recueillir &
de la peſer, on l'a eſtimée à $\frac{1}{8}$ de grain comme celle de la précédente expérience. Sa couleur jaune verdâtre, & l'odeur qu'elle répan-
doit en frottant fortement le papier ſur lequel
elle avoit été deſſéchée, annonçoit que c'étoit
du ſoufre.

On voit donc que l'acide nitreux ordinaire
& pur agit ſur l'eau d'Enghien abſolument
comme l'acide vitriolique. Il paroît même n'en
pas ſéparer auſſi promptement le gaz hépatique,
mais il ôte auſſi-bien à cette eau la propriété
de ſe troubler à l'air. Quant aux terres contenues dans cette eau, il les diſſout, & forme
des nitres calcaire & magnéſien, en dégageant
l'acide crayeux ; mais ces effets ne ſont point
apperçus, ni par la précipitation, parce que
ces ſels ſont très-ſolubles, ni par l'efferveſcence, parce que l'acide crayeux dégagé ſe
trouve noyé dans une très-grande quantité

d'eau. La feule différence qui exifte entre l'action comparée de ces deux acides , c'eft que le nitreux donne un peu moins d'opacité à l'eau que le vitriolique , parce que celui-ci forme beaucoup de félénite , dont une portion fe dépofe d'abord ; auffi un grand excès d'acide rediffout-il cette portion de vitriol calcaire , tandis que ce phénomène n'a point lieu dans le mélange de l'acide nitreux , où il n'y a que du foufre de précipité.

§. III. *Acide nitreux rouge & fumant.*

Bergman , en examinant les propriétés du gaz hépatique , qu'il a le premier bien diftingué des autres fluides élaftiques , a découvert que l'acide nitreux fumant a la propriété de le décompofer , & d'en féparer le foufre. Il n'avoit fait cette expérience que fur de l'eau hépatifée artificielle , & il étoit d'autant plus important de la répéter fur une eau hépatifée naturelle , qu'aucun chimifte n'avoit encore employé ce moyen fur ces eaux , & que les plus célèbres avoient défefpéré de pouvoir trouver un procédé pour en féparer le foufre, dont quelques-uns même avoient nié l'exiftence dans ces fluides.

Sur neuf livres d'eau d'Enghien , puifée à

l'inftant même , on a verfé goutte à goutte un gros d'acide nitreux très-rouge & très-fumant , pefant 2 gros de plus par once que l'eau diftillée. Les premières gouttes ont développé l'odeur hépatique ; mais elle a bientôt été confidérablement diminuée & remplacée par celle de l'efprit de nitre. L'eau a été fur-le-champ troublée dans toute fon étendue ; elle a pris la blancheur & l'opacité du lait ; en la regardant au foleil on y obfervoit des reflets jaunes & verts dorés. L'odeur hépatique étoit complettement détruite , & la liqueur aigre lorfque l'on eut mis le gros d'acide. On laiffa ce mélange dans un bocal bien bouché pendant vingtquatre heures. Après ce temps l'eau étoit toujours trouble & laiteufe ; la matière qui la troubloit ne paroiffoit point s'en féparer & reftoit très-également fufpendue dans tous fes points. Trois jours de repos n'ont offert aucune apparence de précipitation. On a effayé de la filtrer , mais la liqueur paffoit trouble & laiteufe à travers deux papiers. L'évaporation étoit le feul moyen qui parût propre à faire obtenir ce précipité. Deux livres de liqueur ayant été chauffées dans un évaporatoire de verre fur un bain de fable , à peine eut-elle pris une chaleur de 45 degrés, qu'elle a exhalé une odeur tout-à-fait semblable à celle du soufre qui se sublime, & qu'elle est devenue claire & transparente. La matière blanche qui la troubloit s'est rassemblée au fond de l'évaporatoire sous la forme de petits pelotons d'un gris jaunâtre arrondis & semblables à des grains de millet. En ajoutant de l'eau trouble, livre par livre, afin de séparer tout le dépôt par ce procédé, les floccons se divisoient & se disperfoient dans toute la liqueur ; mais ils se réunissoient bientôt au fond du vase par l'action de la chaleur. On a suivi cette expérience jusqu'à ce qu'il ne restât plus des 9 livres d'eau précipitées par l'acide nitreux, qu'environ 12 onces de liqueur. Alors la liqueur étoit très-transparente, d'une couleur légèrement citrine ; on l'a décantée ; mais, en l'agitant, le précipité a perdu tout-à-coup sa forme globuleuse, & a pris celle d'une poussière grise & plus foncée en dessous qu'en dessus. On en a filtré quelques onces , pour bien séparer ce dépôt, qui s'est réduit à un très-petit volume en se séchant, & qui a conservé une couleur grise tirant un peu sur le vert. Il pesoit 5 grains ; mais en évaluant ce qu'on n'a pas pu séparer du papier, & ce qui s'est évaporé pendant 8 heures, comme l'annonçoit l'odeur forte de soufre sublimé, on peut estimer ce précipité au moins à 7 grains, ce qui fait à-peu près $\frac{1}{6}$ de grain par livre d'eau. Il a été facile de reconnoître cette matière pour du foufre tout pur.

Si nous n'avions point employé l'évaporation, nous n'aurions pas pu raffembler ce précipité , & nous aurions toujours eu de l'incertitude fur la quantité de foufre contenu dans l'eau d'Enghien. Bergman n'a point fait mention de cette difficulté , & n'a conféquemment indiqué aucun moyen pour la lever. Celui que nous avons décrit eft fi utile , qu'il nous a fervi dans plufieurs autres circonftances analogues , & nous l'avons déjà annoncé dans le chapitre qui traite des phénomènes de l'eau expofée à l'air.

En examinant les 12 onces d'eau décantée de deffus ce précipité , nous avons reconnu qu'elle ne contenoit plus rien de fulfureux , & que tout le gaz hépatique en avoit été décompofé. Nous pouvons donc conclure de cette expérience que l'eau d'Enghien contient, à très-peu de chofe près , $\frac{1}{6}$ de grain de foufre par livre.

Bergman croit que cette décompofition du gaz hépatique par l'acide nitreux eft dûe à ce que cet acide eft avide du phlogiftique , & qu'il l'enlève au gaz. Alors, fuivant lui le lien qui uniffoit le foufre à la matière de la chaleur,

eft

eſt détruit, & le ſoufre reparoît ſous la forme ordinaire. Les chimiſtes françois, plus avancés que Bergman ſur la nature & la compoſition du gaz hépatique, expliquent autrement cette précipitation du ſoufre. Le gaz inflammable qui tient ce corps en diſſolution aériforme, ſe porte ſur l'oxigène ou l'air pur de l'acide nitreux, s'y unit & forme de l'eau ; alors le ſoufre, qui ſeul n'eſt point ſoluble dans l'eau, ſe ſépare & ſe précipite. A la vérité il eſt ſingulier que deux corps que l'eau ne diſſout point, lorſqu'ils ſont iſolés, le ſoufre & le gaz inflammable, y deviennent très-diſſolubles, lorſqu'ils ſont combinés ; mais on doit être accoutumé à ce phénomène, lorſqu'on étudie les loix des combinaiſons.

§. IV. *Acide ſulfureux.*

La théorie de la décompoſition du gàz hépatique par l'acide nitreux rutilant n'indiquoit en aucune manière l'effet que l'acide ſulfureux nous a préſenté ſur l'eau d'Enghien (1), & nous ne nous attendions point au réſultat que nous

---

(1) M. Senebier, dans ſon Traité de l'Air inflammable, & M. Kirwan dans ſes Recherches ſur le Gaz hépatique ont connu & indiqué ſa décompoſition par l'acide ſulfureux ; mais ils n'en ont pas apprécié exactement les effets.

avons obtenu. Il entroit dans le plan de nos recherches d'essayer l'action des principaux acides sur cette eau, & de chercher tous les
moyens possibles d'arriver au but que nous nous
étions proposé, celui de connoître très-exactement les principes de ce fluide, en multipliant assez les expériences pour qu'elles s'é-
tayassent réciproquement. C'est en faisant un
essai qu'aucun chimiste n'avoit encore indiqué,
que nous avons fait la découverte dont nous allons rendre compte dans cet article.

Sur 24 livres d'eau d'Enghien, puisée à l'inftant, on a versé peu-à-peu 4 onces & demie
d'acide sulfureux fait immédiatement avant
l'expérience, & pesant 2 gros 18 grains plus
que l'eau distillée sous le volume d'une once de
cette dernière (1). Cette quantité étoit néces-

---

(1) Pour préparer cet acide, nous avons employé un procédé très-utile, & qui donne un produit bien pur. On a mis
dans une cornue de verre 8 onces d'huile de vitriol très-
blanche & rectifiée par la distillation, avec une demi-once
de paille hachée. On a adapté à cette cornue placée sur un
bain de sable, un petit ballon d'où partoit un tube recourbé
qui plongeoit dans un flacon contenant quatre onces d'eau
distillée. La chaleur opère la décomposition de l'acide vitriolique par la matière végétale, & l'acide sulfureux qui se
dégage dans l'état de gaz, va se noyer dans l'eau qui s'é-
chauffe beaucoup. Lorsque celle-ci en est saturée, on la met

faire pour donner à l'eau une faveur acide. A l'inftant du mêlange, il s'eft formé un précipité très-abondant d'une couleur blanche mêlée de reflets bleus dorés comme certaines opales ; bientôt il étoit fi abondant, que toute l'eau avoit la blancheur & l'opacité du lait. L'odeur hépatique exiftoit encore, mais mêlée de celle de l'acide fulfureux qui dominoit ; vingt-quatre heures après l'odeur hépatique étoit entièrement détruite, & le précipité raffemblé au fond du bocal. On a décanté la plus grande partie de l'eau, & filtré le fond qui contenoit le précipité. Celui-ci qui paroiffoit fort abondant, tant qu'il étoit fufpendu dans l'eau, avoit perdu la plus grande partie de fon volume, & il n'occupoit que très-peu d'étendue fur le filtre. Après avoir été deffèché, on l'a enlevé très-facilement de deffus le filtre, il avoit une couleur grife jaunâtre, & il pefoit 11 grains. L'eau décantée & filtrée ayant été chauffée, a exhalé une odeur de foufre qui fe fublime, & il s'en eft dépofé pendant l'évaporation, de petits grains femblables à ceux qu'avoit offerts l'eau mêlée d'acide nitreux & traitée par le même procédé. On

---

promptement dans un flacon de criftal qui bouche bien. On voit combien l'ingénieux appareil de M. Woulfe eft utile pour les expériences exactes.

les a recueillis & féchés ; ils pefoient un grain & demi. Cette expérience a donc fourni $12\frac{1}{2}$ grains de précipité qui avoit toutes les propriétés du foufre pur. Cette quantité eft à-peu-près correfpondante à celle qui a été dégagée par l'acide nitreux ; car 9 livres en ont fourni 5 grains, & fi nous eftimons ici la perte du foufre volatilifé pendant l'évaporation, on trouvera que les $2\frac{1}{4}$ livres en contenoient environ 18 grains, ce qui donne à-peu-près $\frac{5}{6}$ de grain pour chaque livre, comme dans la précédente expérience.

Ce rapport, affez exact, prouve que l'acide fulfureux peut être employé comme l'acide nitreux rutilant pour décompofer le gaz hépatique des eaux fulfureufes, & pour en dégager le foufre. Il a même un avantage fur l'efprit de nitre fumant, c'eft qu'il précipite le foufre en molécules plus groffes, & fufceptibles de fe raffembler en 24 heures, tandis que comme on l'a vu, l'acide nitreux rouge le fépare en molécules fi tenues, qu'il ne fe précipite qu'au bout d'un temps très-long. D'ailleurs il eft beaucoup plus aifé de préparer l'acide fulfureux comme nous l'avons indiqué, que d'extraire l'acide nitreux fumant. Mais fi la pratique de l'analyfe des eaux gagne à cette découverte, la théorie chimique n'en eft pas facile à ap-

précier. En effet , que l'on admette l'hypo-
thèfe de Bergman fur la décompofition du gaz
hépatique par l'acide nitreux phlogiftiqué , ou
la doctrine beaucoup plus probable des modernes , comment l'acide fulfureux qui n'eft que
de l'acide vitriolique , chargé de phlogiftique ,
fuivant la première opinion , ou de l'acide vitriolique qui a perdu une partie de fon air ,
fuivant la feconde , peut-il ou enlever le phlogiftique du gaz hépatique , ou donner de l'air
au gaz inflammable. L'explication de ce phénomène eft tout auffi embarraffante dans l'une
ou l'autre doctrine. L'acide fulfureux eft-il décompofé par le gaz hépatique ? la portion d'air
qu'il contient encore , & qui , unie au foufre ,
conftitue cet acide , eft-elle enlevée par le gaz
inflammable ; fi l'acide vitriolique lui-même
n'eft pas décompofé par ce gaz , comme l'acide
fulfureux , n'eft-ce pas parce que dans ce dernier , la portion d'air encore unie au foufre ,
n'y eft que très-peu adhérente ? Cette explication nous paroiffoit affez naturelle , mais elle
préfentoit une difficulté dont il falloit chercher
la folution. En effet , il fembloit , d'après cette
théorie , qu'on auroit dû obtenir une quantité
de foufre bien fupérieure à celle qu'avoit fournie l'acide nitreux , puifque non feulement celui
du gaz hépatique devoit fe féparer de l'eau ;

H iij

mais il devoit être mêlé de celui de l'acide fulfureux abandonné par l'air pur. Cependant la quantité de foufre recueilli dans cette expérience, étoit un peu moins abondante que celle qui avoit été fournie par l'acide nitreux fumant. Nous pensâmes d'abord que l'excès d'acide fulfureux rediffolvoit la petite portion de foufre abandonnée par l'air pur de cet acide qui fe reportoit fur le gaz inflammable de la vapeur hépatique ; mais cette idée fut démentie par nos expériences d'effai, car de l'eau hépatifée artificielle très-pure & très-tranfparente, mêlée avec 6 & même 12 parties d'acide fulfureux très-concentré, nous donna un précipité fort abondant, que l'excès de cet acide ne put point rediffoudre.

Les diverfes tentatives que nous fîmes pour trouver la caufe de ce phénomène, nous prouvèrent-toutes que l'acide fulfureux décompofoit complettement le gaz hépatique, & en précipitoit tout le foufre, fans paffer lui-même à l'état de ce corps combuftible ; c'eft-à-dire, qu'il reftoit, malgré cette décompofition, dans fon état d'acide fulfureux. Lorfqu'une fois nous arrivâmes à ce réfultat conftant, par nos effais multipliés, tant fur l'eau d'Enghien que fur l'eau hépatifée artificielle, il ne nous parut plus difficile d'expliquer la décompofition du gaz

hépatique par cet acide, & de trouver la raifon pour laquelle l'acide fulfureux ne laiffe point
dépofer fon foufre. Voici quelles font les réflexions qui nous ont conduits à cette explication. L'acide vitriolique eft un compofé d'une
partie de foufre, & de près de deux parties
d'air vital ou de fa bafe oxigène. Lorfqu'un corps
combuftible, comme le charbon, enlève une
portion de cet air à l'acide vitriolique, il fe
forme de l'acide fulfureux, qui ne diffère de
ce dernier, que parce qu'il contient moins d'air,
mais il en tient encore affez pour être acide
& foluble dans l'eau. On fait, d'après toutes
nos expériences précédentes, qu'il ne faut pas
une très-grande quantité d'air pour décompofer
le gaz hépatique contenu dans l'eau d'Enghien.
L'acide fulfureux paroît en contenir encore beaucoup plus qu'il n'en faut, puifqu'après avoir
donné celui qui eft néceffaire pour décompofer
ce gaz, il en retient affez pour refter toujours
acide, & conféquemment pour ne point laiffer
féparer le foufre qui le forme. On voit donc
ici que l'effet de la précipitation de l'eau d'Enghien par l'acide fulfureux, tient aux attractions électives de l'air pur, comme le plus grand
nombre des phénomènes chimiques. Si la fcience
poffédoit des connoiffances encore plus précifes
que celle qu'elle a fur la quantité d'oxigène con-

tenue dans tous les acides & dans les divers
corps qui l'abforbent, nous aurions été beaucoup moins embarraffés pour trouver la caufe
du phénomène qui nous occupe. Il paroît, d'a-
près ce fait, que l'acide fulfureux contient plus
d'air qu'il n'en faut pour rendre le foufre acide
& foluble, & que, quoiqu'il en ait moins que
l'acide vitriolique, on doit le regarder relativement à fon odeur & à fa volatilité, comme une
efpèce d'acide furchargé d'air. Il y a toujours,
à la vérité, une chofe très-difficile à concevoir
dans cette expérience. Les découvertes modernes ont prouvé que le gaz inflammable a une
attraction élective plus forte pour s'unir à l'air
vital, que celui-ci n'en a pour fe combiner avec
le foufre, & que c'eft pour cela que ce corps
combuftible ne décompofe point l'eau, tandis
que le gaz inflammable décompofe l'acide vitriolique. Cependant cette différence d'attraction élective n'eft que très-foible, puifque, dans
beaucoup d'expériences, comme, par exemple,
les vitriolifations & l'hépatifation, l'eau paroît
être décompofée par le foufre, aidé d'un métal ou d'une matière alkaline. Comment donc
l'acide vitriolique ne décompofe-t-il pas le gaz
hépatique ? Comment fon air pur ne fe porte-
t-il point fur le gaz inflammable, tandis que cet
effet a lieu avec l'acide fulfureux. On ne peut

concevoir ce phénomène fans admettre dans ce dernier acide une portion d'air prefque à nud & très-peu adhérente au foufre, portion qui eft excédente à celle qui peut tenir le foufre fufpendu & diffous, & qui donne à l'acide fulfureux fes propriétés odorante, volatile, décolorante, que l'on retrouve également dans l'acide muriatique furchargé d'air, de forte que ces deux fels ont entr'eux une analogie très-remarquable.

§. V. *Acide muriatique oxigéné* (1).

Bergman & Schéele ont dit, dans plufieurs endroits de leurs ouvrages, que l'acide muriatique déphlogiftiqué ou aéré décompofe le gaz hépatique & en fépare le foufre. Nous avons répété un grand nombre de fois cette expérience fur l'eau d'Enghien, & nous avons eu des réfultats très-différens les uns des autres, dont nous allons rendre compte.

Sur huit livres de cette eau on a verfé deux onces d'acide muriatique oxigéné pefant 12 grains plus que l'eau diftillée par once, & préparé très-récemment. Il ne s'eft fait aucun précipité. Huit autres livres d'eau d'Enghien, expofées à l'air dans un vafe de même forme,

____

(1) C'eft l'acide marin déphlogiftiqué de Schéele.

& à côté de celle où l'on avoit mis cet acide,
pour pouvoir faire une comparaison exacte,
étoient légèrement troubles quelques heures
après, tandis que celle qui contenoit l'acide ne
préfentoit rien de fenfible & reftoit toujours
claire. Deux jours après, cette eau, mêlée avec
l'acide furchargé d'oxigène, n'étoit pas plus altérée que dans le moment de l'expérience, tandis que celle qui étoit pure, offroit la pellicule
& le précipité qu'elle a coutume de donner par
le contact de l'air. La première, quoique non
troublée, n'étoit pas hépatique.

Un phénomène auffi éloigné en apparence
de ce qu'avoient annoncé deux favans très-
exacts, nous a d'autant plus furpris, que la théorie fembloit indiquer abfolument le contraire.
En effet, l'oxigène, dont l'acide muriatique
eft furchargé par fa diftillation fur la chaux na-
tive de manganèfe, paroiffoit devoir décompofer avec beaucoup d'énergie le gaz hépatique, qui eft fi altérable par ce principe. D'ailleurs il eft très-vrai que l'acide muriatique oxigéné décompofe l'eau hépatifée artificielle, en
précipite tout le foufre en poudre jaune, & détruit entièrement & fur-le-champ fon odeur (1).

____

(1) Dans une de ces expériences d'effai, nous avons
employé l'acide muriatique aéré dans l'état de gaz, & nous
avons fait une obfervation fingulière fur ce gaz. On le

Il falloit donc qu'il y eût quelque erreur dans notre expérience fur l'eau d'Enghien, & pour la découvrir, nous avons fait une grande quantité d'effais fur l'eau hépatifée artificielle. On a d'abord mêlé du gaz hépatique avec du gaz muriatique oxigéné ; ces deux fluides élaftiques fe font troublés tout-à-coup , ont formé un nuage de foufre extrêmement épais, & l'eau eft remontée au haut de la cloche. Il fuffit même, pour obferver ce fingulier effet, d'ouvrir l'un à côté de l'autre, deux flacons pleins , l'un de gaz hépatique, l'autre de gaz muriatique oxigéné. Ces deux fluides élaftiques fe décompofent mutuellement , & il fe forme dans l'air entre les deux flacons un nuage très-opaque & d'un blanc jaunâtre. Le foufre fe dépofe tout-à-coup fur le goulot du flacon qui contient le gaz hépatique.

---

confervoit dans un flacon de criftal, depuis le mois de juillet jufqu'à la fin d'octobre 1786 , époque de cette expérience. Ce mois étoit affez froid & le thermomètre ne montoit qu'à 8 degrés dans le lieu où ce flacon étoit confervé. En l'examinant avant d'y verfer l'eau hépatifée, nous vîmes qu'une partie de cet acide, qui étoit refté aériforme jufqu'à cette époque, avoit changé d'état. Une portion étoit liquide & jaunâtre ; une autre étoit criftallifée en petits prifmes fur les parois du flacon. Cet acide, dans fon état fluide élaftique, eft donc fufceptible de fe criftallifer par le froid , fans doute à l'aide de l'eau qu'il tient en diffolution.

Quant à l'eau hépatisée artificielle , nous avo s observé beaucoup d'effets différens , suivant la quantité de gaz hépatique qu'elle contient & suivant celle de l'acide muriatique oxigéné qu'on y mêle. L'eau distillée, saturée de tout ce qu'elle peut abforber de gaz hépatique, a une faveur très-amère & une odeur fuffoquante & qui est même fufceptible de produire l'afphixie , fi on la refpire fans précaution. L'acide muriatique oxigéné , verfé fur cette liqueur , y produit une précipitation très-abondante , & le foufre qui fe dépofe a toujours une couleur jaune citrine. Nous avons même obfervé que dans l'instant où l'on va verfer l'acide muriatique oxigéné dans cette eau furchargée de gaz , la portion de ce fluide élastique qui s'en dégage, forme tout-à-coup , par le contact de la vapeur muriatique , un nuage épais au-deffus de l'eau, & qui fe dépofe en partie à fa furface.

Une autre eau chargée de beaucoup moins de gaz hépatique que la première donne avec l'acide muriatique oxigéné, un précipité de foufre moins abondant , & qui n'a qu'une couleur blanche. Nous ne pouvons donc pas douter que la couleur jaune de celui qui est précipité d'une eau très chargée de ce gaz par le même acide , ne foit due à une portion du gaz hépatique qui s'attache à ce foufre, & qui y adhère même affez fortement, comme nous l'avons déjà dit, & comme nous le dirons encore par la fuite. Une preuve de cette coloration du foufre par le gaz hépatique, c'eft que lorfqu'on précipite une diffolution très-chargée & très-chaude de foie de foufre barytique par l'acide muriatique ordinaire, il fe dépofe moins de foufre, il fe dégage une extrême quantité de gaz hépatique, & le foufre qui fe précipite eft coloré en rouge brun, tandis qu'une diffolution moins chargée de cet hépar, & froide, donne beaucoup de foufre blanc par le même acide, & n'exhale point, à beaucoup près, une auffi grande quantité de gaz hépatique.

. Toutes ces expériences ne nous apprenoient encore rien de bien fatisfaifant fur l'abfence du précipité dans l'eau d'Enghien par l'acide muriatique aëré ; & ce n'a été qu'en prenant une diffolution très peu chargée de gaz hépatique, que nous avons obtenu le réfultat que nous cherchions. Dans cette dernière circonftance, ayant eu foin de modérer affez la diffolution de gaz hépatique dans l'eau, pour imiter, autant qu'il étoit poffible celle d'Enghien, l'acide muriatique oxigéné n'y opéra pas de précipité fenfible, & nous trouvâmes bientôt que cette non-précipitation dépendoit toujours de la quantité d'acide que l'on employoit ; nous fommes même parvenus à n'avoir point de précipité dans l'eau furchargée de gaz hépatique, en verfant à la vérité cette eau hépatifée goutte à goutte dans une grande quantité d'acide muriatique oxigéné. Nous avons encore remarqué que malgré cette propriété qu'a l'acide muriatique oxigéné de rediffoudre le foufre (car nous prouverons tout-à-l'heure que c'eft à une véritable diffolution du foufre par l'excès d'acide muriatique oxigéné qu'eft due la non précipitation), cette diffolution n'a pas lieu lorfque le foufre a déjà été précipité en floccons par une premièr: portion d'acide muriatique, quelque quantité excédente de cet acide que l'on ajoute, le foufre une fois dépofé en poudre, ne fe rediffout plus.

Nous avons donc trouvé la caufe pour laquelle, dans nos premières expériences fur l'eau d'Enghien, l'acide muriatique oxigéné ne la précipite point. Nous nous fommes convaincus que la petite quantité de foufre contenue dans cette eau eft rediffoute en même-temps qu'elle eft précipitée par cet acide. Auffi nous avons obfervé que la quantité d'acide muriatique oxigéné qui avoit été employée dans ces expériences, étoit toujours trop confidérable.

Quant à la théorie de cette diffolution du foufre par l'excès d'acide muriatique oxigéné, elle eft auffi facile à faifir qu'à démontrer par l'expérience. En effet l'oxigène excédent, qui adhère peu à l'acide muriatique, fe porte fur le gaz inflammable du gaz hépatique avec lequel il forme de l'eau, & le foufre fe dépofe ; mais comme il eft féparé en molécules extrêmement tenues, fi la quantité d'acide muriatique que l'on a verfé dans l'eau hépatifée eft excédente à celle qui eft feulement néceffaire pour s'emparer du gaz inflammable, le furplus de l'oxigène de cet acide s'unit tout-à-coup aux molécules du foufre, le brûle, quoiqu'au milieu de l'eau, & le convertit en acide vitriolique ; ce qui eft prouvé par le précipité abondant que nous a donné le muriate barytique dans les liqueurs hépatifées que l'acide muriatique oxigéné avoit décompofées. On conçoit très-bien que le foufre une fois dépofé en molécules groffières, ne fe diffout plus dans l'excès d'oxigène de l'acide muriatique, & ne forme plus d'acide vitriolique, parce que cette efpèce de combuftion demande la divifion & l'atténuation la plus grande dans le corps combuftible.

§. VI. *Acide muriatique ordinaire.*

Les effets de l'acide muriatique dans fon état ordinaire, ou fans furabondance d'air vital fur l'eau d'Enghien, reffemblent à ceux des autres acides minéraux. Sur huit livres de cette eau on a verfé peu à peu une demi-once d'acide muriatique très-pur & très-fumant, pefant un gros plus que l'eau, fous le volume d'une once de ce dernier fluide. La liqueur s'eft légèrement troublée fur-le-champ, & a pris l'afpect de l'opale ; fon odeur étoit hépatique & mêlée de celle de l'acide, qui d'ailleurs étoit en excès, puifque le mélange rougiffoit fortement le papier bleu. Deux jours après l'odeur étoit encore fétide, l'eau fans pellicule à fa furface, étoit prefqu'éclaircie & contenoit un précipité léger, dépofé au fond du vafe en floccons, ou plutôt en filamens, qui devenoient encore plus fenfibles par l'agitation. Pour recueillir le précipité on a fait chauffer l'eau comme dans les expériences précédentes ; dès les premiers degrés de chaleur elle s'eft tout-à-fait éclaircie, & a dépofé des floccons inégaux, qui ne prenoient point la forme grenue, comme dans les expériences décrites ci-deffus. Pendant cette évaporation il s'exhaloit une odeur hépatique, & qui n'étoit point du tout femblable à celle du foufre fublimé, comme on l'avoit obfervé dans les mélanges de l'eau avec les acides fulfureux & nitreux fumant. Lorfque l'eau a été évaporée jufqu'à 2 livres environ, & à une chaleur très-douce, comme il ne fe dépofoit plus rien, & que le précipité étoit bien raf-

femblé

femblé au fond du vafe, on a décanté la portion de liqueur claire, & on a fait fécher le
précipité. Celui-ci étoit d'un gris cendré, mais
fi peu abondant qu'on n'a pu en recueillir qu'un
demi-grain qui étoit un mêlange d'un atôme
de foufre & de terre calcaire.

On ne peut donc pas comparer l'action de
l'acide muriatique ordinaire à celle des acides
fulfureux & nitreux fumant. Nous avons déjà
vu que l'acide vitriolique avoit produit un effet
à-peu-près femblable , & qu'il avoit paru faciliter la décompofition de l'eau par l'air , ou
avancer un peu l'époque de cette décompofition, quoiqu'il ne l'ait pas produite, ni même
laiffé produire complette, comme l'air a coutume de l'opérer dans un temps fuffifant. C'eft
à cela que fe borne auffi l'action de l'acide muriatique ordinaire ; & nous penfons que tous
les acides affez forts doivent en avoir une femblable, en favorifant la féparation du gaz hépatique d'avec l'eau. Cette féparation plus
prompte donne naiffance à deux phénomènes ;
le premier , c'eft qu'une portion du gaz mis
en contact avec l'air plutôt que lorfque l'eau
eft feule expofée à l'atmofphère, fe décompofe
plus vîte , & donne un peu de foufre, qui fe
dépofe & qui trouble légèrement l'eau ; l'autre,
c'eft que la plus grande partie de ce gaz fe dé-

gageant plus librement & fe diffipant dans l'atmofphère, ce qu'indique l'exaltation de l'odeur
de l'eau d'Enghien mêlée aux acides fimples,
cette eau ne fe trouble pas tant qu'elle le fait
feule par le contact de l'air, & le léger précipité fulfureux qu'elle donne, eft environ huit
fois moins abondant, ou n'eft que le huitième
de ce qu'il feroit fans ce dégagement du gaz.
Enfin ces acides fimples influent encore fur
cette précipitation fpontanée moins abondante,
en abforbant les terres, en formant avec elles
des fels plus ou moins diffolubles, & en les
empêchant de fe précipiter, comme elles le
ont à mefure que l'acide crayeux fe dégage.
г   On va voir que ces principes doivent également s'appliquer à l'action de plufieurs autres
acides, que nous avons effayés comme réactifs
fur l'eau d'Enghien.

§. V I I. *Acide arfénical.*

Sur huit livres de cette eau puifée exprès
on a verfé goutte à goutte une diffolution d'a-
cide arfénical très-foible, & ne donnant que
huit grains de plus que l'eau diftillée fous le
volume d'une once de ce fluide. Chaque goutte
de cet acide formoit en tombant dans l'eau
un précipité jaune & pefant qui fe dépofoit au
fond du vafe. La couleur de ces floccons fe

fonçoit à mesure que l'on ajoutoit de l'acide arsénical. La liqueur ayant rougi sensiblement le
papier bleu , après qu'on y eut versé quatre
onces 32 grains de dissolution acide , le précipité d'un beau jaune y paroissoit également dispersé , mais en quelques minutes il s'est déposé
très-sensiblement & au bout de deux heures ,
il étoit presqu'entièrement rassemblé au fond du
vase ; il y formoit une couche de six à sept
lignes d'épaisseur ; on a laissé le mélange se
séparer complettement pendant vingt-quatre
heures. Alors la liqueur étoit très-claire , le précipité bien déposé, excepté quelques floccons
qui s'étoient élevés à sa surface , où ils formoient une couche légère & remplie de petites
bulles d'un fluide élastique ; cette observation
annonce qu'il se dégageoit de ce précipité une
certaine quantité de gaz hépatique , dont le
mélange retenoit encore un peu l'odeur. On a
décanté la liqueur claire & filtré une petite partie. Le précipité séché & recueilli avec soin, pesoit près de 6 grains, c'étoit du véritable orpiment.

Il est aisé d'expliquer l'action de l'acide arsénical. Cette chaux d'arsenic surchargée d'oxigène qui lui donne le caractère acide , est décomposée par le gaz hépatique qu'elle décompose en même-tems. Le gaz inflammable un des

principes de ce fluide élastique, s'unit à la bafe de l'air pur ou oxigène de l'acide arfénical, qui, paffant à l'état de chaux, fe combine avec le foufre abandonné par le gaz inflammable, & forme de l'orpiment qui fe précipite. Mais il y a un phénomène fingulier dans cette expérience, c'eft la petite quantité du précipité qui ne pèfe pas plus que le foufre feul contenu dans ces 8 livres d'eau, quoiqu'il contienne au moins 2 ou 3 grains de chaux d'arfenic, fur les 6 grains. Tout le gaz hépatique de l'eau n'a donc point été décompofé, quoiqu'on eût mis dans l'eau un excès d'acide, & qu'il y eût conféquemment une portion de ce fel encore à nud. Il paroît difficile de rendre une raifon bien fatisfaifante de ce phénomène ; cependant on l'obferve fouvent dans l'analyfe des eaux fulfureufes, & nous croyons pouvoir en annoncer la caufe. Nous avons fait remarquer qu'une portion de l'orpiment précipité s'étoit élevée à la furface de la liqueur, & que la couche remplie de bulles & comme favonneufe qu'elle y formoit avoit une odeur hépatique. Nous penfons qu'une partie de ce gaz eft enlevée à l'eau par les floccons de ce précipité, & nous adoptons cette opinion, fur-tout après avoir bien des fois obfervé, dans des expériences analogues, que les floccons précipités font d'abord très-peu colorés au haut de la liqueur où ils se forment par le premier contact du réactif, & se colorent à mesure qu'ils traversent la liqueur, pour se déposer au fond. Ce phénomène a également lieu dans la précipitation des soufres dorés, & nous l'avons décrit dans nos recherches sur le kermès. Il paroît donc qu'il y a une portion de gaz hépatique qui est enlevée à l'eau sans être décomposée par l'acide arsénical, & telle est la raison pour laquelle le précipité n'est pas aussi abondant qu'il devroit l'être. Ainsi, quoique l'acide arsenical soit très-propre à indiquer la nature des eaux sulfureuses, & à y démontrer la présence du soufre, par l'orpiment qu'il y forme sur-le-champ, ce nouveau réactif n'est pas susceptible de servir pour déterminer la quantité de ce corps combustible.

§. VIII. *Acide saccharin.*

La découverte de l'acide saccharin est une des plus précieuses pour l'analyse des eaux. Elle a fourni un réactif très-utile pour reconnoître la présence de la chaux unie aux acides. Bergman a indiqué cet acide comme enlevant la chaux à tous les autres, & ayant pour cette base une attraction élective si forte qu'aucun alkali ni aucune autre terre ne peuvent l'en séparer. Ce réactif a donc des avantages que la plupart des autres ne préfentent point.

On a verfé fur huit livres d'eau d'Enghien une diffolution d'acide du fucre très-blanc & bien criftallifé dans l'eau diftillée. Cette diffolution ne pefoit que 12 grains de plus que l'eau diftillée fous le volume d'une once de cette dernière, il en a fallu une once & quelques grains pour faturer ces huit livres d'eau. A mefure qu'on le verfoit lentement, il fe formoit dans l'eau des ftries blanches, qui font devenues très-abondantes, & qui ont pris bientôt une couleur grife argentée & comme brillante. En même-temps l'odeur de l'eau a été fort exaltée, & a pris une fétidité infupportable ; aucun autre acide libre n'avoit produit un effet auffi marqué fur ce principe odorant. Deux jours après cette fétidité étoit la même, mais la liqueur qui rougiffoit le papier bleu & avoit une faveur acide immédiatement après l'expérience, avoit perdu ces propriétés. Le précipité raffemblé par la filtration & defféché pefoit 36 grains. Bergman a trouvé que 100 parties de chaux fucrée ou de faccharte calcaire, contiennent 48 parties d'acide faccharin, 46 de chaux & 6 d'eau. Ces 36 grains contenoient donc à-peu-près 17 $\frac{1}{2}$ grains de chaux, ce qui fait un peu plus de 2 grains par livre. Obfervons que cette chaux étoit unie à plufieurs autres acides dans l'eau

d'Enghien ; l'examen du réfidu de l'évaporation, démontrera ailleurs qu'elle y eft combinée avec les acides vitriolique & crayeux.

§. I X. *Acides acéteux, tartareux & phofpho-rique.*

Pour ne rien laiffer à defirer fur l'action des acides dans l'eau d'Enghien, nous avons cru devoir la traiter par quelques-uns de ces fels pris dans les règnes végétal & animal.

I. Trois onces de vinaigre diftillé très-pur, ont été verfées par parties fur huit livres de cette eau ; il n'y a eu abfolument aucun précipité, mais au bout de quelques heures, l'eau a pris une odeur extrêmement fétide, analogue à celle de plufieurs matières animales pourries, & furtout des matières que l'on rend dans quelques efpèces de dyffenteries. Il eft remarquable que cette fétidité eft produite par les acides végétaux, & que ceux du règne minéral n'ayent rien offert de femblable. L'eau confervée quelques jours à l'air, s'eft troublée un peu plus lentement que celle qui étoit pure.

II. Une demi-once de vinaigre radical très-fort mêlée à huit livres d'eau d'Enghien, en a rendu l'odeur d'une fétidité infupportable, fans y produire de précipité. Vingt-quatre heures après, l'eau n'étoit point troublée ; on voyoit à fa furface une pellicule abfolument comme dans celle qui eft expofée feule à l'air. Ainfi l'acide du vinaigre foit pur , foit furchargé d'air par la chaux de cuivre , c'eft-à-dire , dans l'état de vinaigre radical , n'a produit aucun effet fenfible fur l'eau d'Enghien. Le vinaigre radical n'a pas produit plus d'effet fur l'eau hépatifée artificielle , ni fur le gaz hépatique ; ainfi l'air vital , ou fa bafe oxigène adhère plus à l'acide acéteux , qu'aux acides fulfureux , nitreux & muriatique , puifque ceux-ci décompofent , comme nous l'avons vu , le gaz hépatique & en précipitent le foufre. On peut en conclure que cette même bafe oxigène a une attraction élective plus forte pour l'acide acéteux que pour le gaz inflammable.

III. Une diffolution de crême de tartre , verfée dans la même quantité d'eau d'Enghien, n'en a point altéré l'odeur , ni féparé du foufre ; il s'eft formé quelques légers nuages de tartre calcaire par l'union de cet acide avec la craie de l'eau.

IV. L'acide phofphorique a développé l'odeur de cette eau , fans en altérer la nature. Après quelques inftans il a paru un peu de trouble formé par le tranfport de cet acide fur la craie ; mais la quantité de ce précipité étoit inappréciable, comme celle du précédent, & d'ailleurs il n'étoit pas plus important de le recueillir que celui qui avoit été produit par l'acide tartareux.

Le réfultat de ces expériences confirme celui que nous ont donné les acides minéraux purs. Il prouve que l'eau d'Enghien ne contient point de foie de foufre, & que la plus grande partie de ces fels facilite le dégagement du gaz hépatique, en exalte l'odeur, mais fans en altérer la nature & fans en féparer les principes.

CHAPITRE IX.

De l'action de quelques fels neutres alkalins & terreux fur l'Eau d'Enghien.

LA chimie moderne a découvert entre les fels neutres alkalins & terreux, un grand nombre de réactions qui peuvent jetter beaucoup de jour fur l'analyfe des eaux. Bergman a fpécialement recommandé le muriate ou fel marin calcaire, & le muriate barytique ou fel marin à bafe de terre pefante.

Il a bien diftingué les deux principales actions du premier de ces fels dans les eaux ; l'une qui eft la précipitation de la craie par la foude qui peut être contenue dans ces fluides, l'autre la précipitation de la félénite par le fel d'Epfom ou vitriol de magnéfie que le muriate calcaire décompofe. Nous ajouterons à cela que tous les fels vitrioliques, excepté la félénite, produifent le même effet avec le muriate calcaire. Cette obfervation eft fur-tout applicable au fel de Glauber qui exifte fréquemment dans les eaux.

Quant au muriate barytique, il indique aufli la préfence de l'acide vitriolique dans quelque bafe que cet acide foit engagé. Ainfi tous les vitriols alkalins terreux ou métalliques, & fur-tout la félénite, le fel de Glauber, le fel d'Ep-fom & le vitriol martial donnent un précipité très-abondant avec le muriate barytique, parce que l'acide vitriolique, en fe portant fur la baryte ou terre pefante, forme du fpath pefant la plus infoluble de toutes les matières falines.

L'alun eft aufli indiqué par Bergman comme fufceptible d'être précipité par les alkalis libres, la craie, & même par le nitre & le muriate calcaire.

C'eft fur-tout par ces trois fels neutres que nous avons traité l'eau d'Enghien ; mais nous n'avons pas négligé de l'effayer aufli par quelques autres dont Bergman n'a pas parlé & qui nous ont paru fufceptibles de fournir quelques réfultats utiles.

Les sels végétaux, formés par les acides tartareux & acéteux avec les alkalis fixes, les sels ammoniacaux, ne nous ont préfenté aucun effet fenfible, & nous n'infifterons ici que fur ceux de quelques vitriols à bafes alkalines & terreufes, du muriate calcaire, de l'alun, & du muriate barytique, qui feuls nous ont conduits à des réfultats importans fur les principes de l'eau d'Enghien.

§. I. *Vitriols de potaffe, de foude, & de magnéfie, ou Tartre vitriolé, fel de Glauber, fel d'Epfom.*

Les fels neutres vitrioliques à bafe alkaline n'ont été employés comme réactifs par aucuns chimiftes. Cependant ils ont une propriété très-utile pour la connoiffance des eaux. On fait que le nitre & le muriate calcaire les décompofent par une double affinité, & qu'ils doivent indiquer par le vitriol de chaux qui fe forme & qui fe précipite promptement, la préfence de ces fels. On verra par la fuite qu'il étoit très-important de décider fi l'eau d'Enghien contenoit du muriate calcaire. Nous avons donc traité cette eau par les diffolutions de vitriols de potaffe & de foude. Elle ne nous a préfenté aucune précipitation ni dans l'inflant de l'expérience, ni quelque-temps après. Expofée à l'air, elle ne s'est troublée & couverte d'une pellicule qu'à la même époque, & de la même manière que l'eau seule. Une dissolution de vitriol de magnésie bien pur, n'a pas produit plus d'effet. Ces expériences ont été faites à grande dose comme toutes les précédentes, & recommencées plusieurs fois de suite. Elles indiquent donc que l'eau d'Enghien ne contient point de muriate calcaire, puisque ce sel auroit décomposé les vitriols alkalins & magnésien, & auroit donné naissance à un précipité de sélénite. On verra par la suite combien un pareil précipité de sélénite nous a été utile, & de quel avantage sont les réactifs d'un effet certain, pour éviter quelques erreurs que d'autres expériences peuvent faire naître, sur-tout dans l'examen des eaux sulfureuses dont l'analyse est la plus difficile & la plus compliquée.

§. II. *Du Muriate calcaire.*

Le muriate calcaire nous a donné avec l'eau d'Enghien un résultat qui auroit pu nous conduire à l'erreur, si nous n'avions pas eu recours à d'autres expériences, comme on le verra par la suite. Essayé à plusieurs doses différentes, ce sel n'a donné aucune précipitation avec l'eau d'Enghien ; ainsi cette eau ne paroissoit contenir ni alkali libre, ni sel vitriolique autre que

le vitriol calcaire ou la félénite ; on fait aujour-
d'hui que le muriate calcaire décompofe tous les
vitriols, excepté la félénite , & que le fel de
Glauber & le fel d'Epfom , qui fe trouvent très-
fréquemment dans les eaux, donnent avec ce
réactif un précipité de vitriol calcaire , par la
loi des attractions électives doubles. Si nous
nous en étions uniquement rapportés à l'expérience qui vient d'être décrite , nous en aurions
conclu que l'eau d'Enghien ne contenoit ni
vitriol de foude ou fel de Glauber , ni vitriol
de magnéfie ou fel d'Epfom. Mais on verra par la
fuite que ce réfultat eût été une erreur , & que
l'abfence d'un précipité fenfible par le muriate calcaire , ne dépendoit que de la petite
quantité de vitriol de magnéfie diffous dans
cette eau.

§. III. *De l'Alun.*

Dans un vafe conique plein d'eau d'Enghien ,
on a mis un criftal très-régulier d'alun. Au bout
d'un quart-d'heure il s'eft formé , à deux lignes
au-deffus de ce fel, une zône trouble & ayant
l'afpect de l'opale. Bergman qui parle de cette
expérience , dit que fon effet n'eft pas encore
connu ; il eft dû à un commencement de précipitation de la terre argileufe, & fi ce précipité très-léger forme ainfi une zône horizon-

tale fufpendue à quelques diftances de l'alun , & qui y refte même quelque-temps après que ce fel eft diffous, cela nous paroît tenir à ce que la diffolution qui fe fait couche par couche ne précipite qu'en un feul point l'eau minérale. Au refte cette zône difparoît au bout de quelques heures , & fait place à un précipité qui fe difperfe également dans toute la liqueur.

Sur huit livres d'eau d'Enghien on a verfé peu à peu une diffolution d'un gros d'alun dans quatre onces d'eau diftillée. Il s'eft formé tout-à-coup un précipité qui a d'abord donné à toute la liqueur la légère opacité de l'opale, & qui, augmentant peu-à-peu, l'a entièrement troublée. Il s'eft bientôt raffemblé en floccons , qui fe font dépofés après quelques minutes , mais fans laiffer à l'eau une parfaite tranfparence , ce qui annonce la légéreté du précipité. Vingt quatre heures après il étoit tout-à fait dépofé au fond du vafe , l'eau étoit très-claire & avoit l'odeur hépatique très-forte. On a décanté & filtré pour obtenir le dépôt. Celui-ci, après avoir été defféché pefoit 34 grains. Il a été complettement diffous par l'acide muriatique , & précipité par la chaux ; on l'a traité encore humide par l'acide vitriolique , avec lequel il a formé de véritable alun. Cette terre avoit donc été précipitée par la craie contenue dans l'eau d'Enghien.

§. **IV.** *Muriate barytique , ou Sel marin à base de terre pesante.*

Sur huit livres d'eau d'Enghien on a versé une demi-once de dissolution de muriate barytique pesant un demi-gros de plus que l'eau par once (1). Il s'est formé tout-à-coup des stries abondantes blanches, qui ont pris bientôt une couleur grise argentée. Cette couleur s'est foncée jusqu'au gris noirâtre ; cette circonstance imprévue nous a engagés à répéter cette expérience à une plus grande dose.

Dans 24 livres d'eau d'Enghien on a mêlé une once de la même dissolution de muriate barytique. Dans l'instant du mélange il s'est exhalé une odeur d'une fétidité extrême ; le précipité a été très-abondant ; il paroissoit noir dans un endroit obscur, & d'un verd d'olive très-foncé en le plaçant entre l'œil & la lumière. Quoique ce précipité fût bien rassemblé après 24 heures, l'eau conservoit la même fétidité , & le gaz hépatique , sans être entièrement détruit, ce que le muriate barytique n'a pu faire en quelque quantité qu'on l'ait ajouté , avoit cependant subi une singulière modification. On a décanté la liqueur claire , & filtré celle où étoit

---

(1) Cette dissolution avoit été faite avec du muriate barytique cristallisé régulièrement & de l'eau distillée.

mêlé le précipité ; celui-ci desséché avoit une couleur presque noire , & pesoit 60 grains. C'étoit du vitriol barytique ou spath pesant , mêlé de gaz hépatique.

Le muriate barytique avoit donc été décomposé par l'acide vitriolique , & indiquoit la présence de cet acide combiné dans l'eau d'Enghien.

Mais ce sel avoit produit sur l'eau d'Enghien un autre effet dont Bergman n'a point parlé, parce qu'il n'a pas eu occasion de l'observer sur l'eau de Medvi , la seule eau hépatique qu'il a analysée,& dans laquelle il n'a trouvé aucun sel vitriolique ; c'est la couleur noire qu'a prise le précipité , & qui étoit due manifestement à l'absorption d'une certaine quantité de gaz hépatique. Le célèbre chimiste Suédois a parlé, dans sa Sciagraphie , d'une pierre hépatique d'Andrarum en Scanie , qui contenoit beaucoup de vitriol barytique ou spath pesant, dont l'odeur hépatique devient très-sensible par le frottement. Il paroît que ce sel terreux contenoit dans cet état une certaine quantité de gaz hépatique ; il a donc la propriété d'absorber ce gaz , sur-tout dans le moment où il se forme par l'union de l'acide vitriolique avec la terre pesante. M. Gahn, médecin Suédois, & élève de Bergman , est le seul qui soit parvenu , dit-on , à obtenir un

régule

régule de cette terre, qui paroît être une chaux
métallique. Déjà ce dernier caractère étoit
indiqué par la propriété dont jouit la baryte
d'être précipitée de ses dissolutions acides par
les alkalis phlogistiqués, & celle d'être colorée
par le gaz hépatique , ajoute une nouvelle
preuve de ce caractère.

CHAPITRE X.

De l'action des Substances métalliques sur l'Eau d'Enghien.

ON sait que l'argent est noirci par la vapeur du
foie de soufre , & que les eaux qui sont chargées
de cette vapeur, produisent le même effet sur
ce métal : mais on n'a point décrit ce phénomène dans toutes les circonstances qui l'accom-
pagnent, & on ne l'a point observé sur toutes
les matières métalliques. Bergman a indiqué
le changement de couleur de quelques métaux
par l'eau hépatisée artificielle, mais il n'a fait
que l'annoncer d'une manière générale. Nous
avons cru qu'un examen attentif des effets de
l'eau d'Enghien sur les diverses matières métalliques & sur leur chaux, devoit faire partie du
travail étendu que nous avions entrepris sur cette

K

eau, & nous verrons qu'il nous a préfenté des phénomènes affez intéreffans.

Le bifmuth, le zinc, le régule d'antimoine, l'étain, l'or & la platine pure n'ont éprouvé aucun changement de couleur par l'eau d'Enghien ; foit qu'on les ait laiffés plongés pendant plufieurs jours, & jufqu'à l'entière décompofition de l'eau par l'air, foit qu'on les ait expofés à la vapeur qui s'en dégage, & qui a plus d'action que l'eau elle-même fur les fubftances métalliques. Bergman avoit fait mention de ce phénomène.

Le mercure, le plomb, le cuivre, le fer & l'argent ont été altérés par cette eau ou par la vapeur d'une manière très-remarquable.

§. I. *Mercure.*

Quelques globules de mercure mis dans une capfule plate avec plufieurs onces d'eau d'Enghien, fe font couverts d'une efpèce de pellicule ridée, irifée & comme dorée. En agitant ce métal liquide avec une certaine quantité d'eau fulfureufe dans un flacon de criftal plein & bien bouché, le mercure a noirci très-promptement, & a été en partie changée en une poudre noire femblable à de l'éthiops. La même expérience faite avec l'eau de l'étang voifin, n'a rien préfenté de femblable.

Pour en affurer davantage le réfultat, nous avons rempli d'eau d'Enghien huit bouteilles de verre, nous avons mis dans chacune un demi-gros de mercure coulant, nous les avons bouchées exactement avec des bouchons de liége, & avec l'attention de les faire toucher l'eau, afin qu'il ne reftât point d'air dans ces vafes. On a garni le bouchon de réfine. Ces préparatifs faits, on a attaché ces huit bouteilles à la roue d'un moulin fitué à quelques pas de la fource, & que l'eau de l'étang fait tourner. On en a fixé deux autres à la même machine, l'une contenoit de l'eau minérale feule, & l'autre de l'eau de l'étang avec un demi gros de mercure. Ces deux bouteilles étoient deftinées à fervir de comparaifon, l'une pour juger de l'effet d'une longue agitation fur l'eau d'Enghien enfermée, l'autre pour déterminer l'action de l'eau ordinaire fur le mercure. La roue du moulin qui nous a fervi pour cette expérience, avoit 11 à 12 pieds de diamètre, & l'eau la faifoit tourner à-peu-près dix fois par minute. Les bouteilles qui ont refté pendant huit jours ainfi attachées à cette roue, ont donc éprouvé environ 400 mille fecouffes ; car dans chaque tour de roue l'eau étoit agitée deux fois en fens contraire, & le mercure traverfoit conféquemment deux fois ce fluide hépatique. Boerhaave a,

comme on fait, attaché à la roue d'un moulin
un flacon, avec une certaine quantité de mercure, & il a découvert par cette expérience,
que l'agitation continuelle de ce fluide métallique en avoit changé une partie en une poudre noire, qu'on a appelée *éthiops per se*. Il
étoit donc nécessaire de savoir si c'étoit par un
mécanisme semblable, ou par la simple agitation avec l'eau, que le mercure prenoit la forme de poudre noire dans cette expérience,
ou si ce phénomène étoit dû au gaz hépatique
de l'eau d'Enghien.

Après huit jours d'agitation on a retiré les
bouteilles & on les a examinées. Celle qui contenoit l'eau seule n'avoit éprouvé aucune altération ; ce fluide étoit aussi clair & aussi hépatique qu'auparavant ; l'agitation & le mouvement ne sont donc pas susceptibles d'altérer
cette eau, pourvu qu'elle n'ait pas le contact
de l'air, & que les vases en soient exactement
remplis, comme nous l'avons déjà dit ailleurs.
La bouteille remplie de l'eau de l'étang & du
mercure, offroit celui-ci divisé en globules,
mais avec tout son brillant, & sans aucune altération. Celles au contraire dans lesquelles le
mercure avoit été agité avec l'eau minérale,
contenoient une partie de ce métal changé,
en une poudre noire assez volumineuse ; mal-

gré le volume de cette poussière noire , il a été impossible d'en recueillir plus de deux grains; la plus grande partie est restée tellement adhérente au papier qu'on n'a pas pu l'en détacher. Il a été facile de reconnoître cette poudre noire pour de véritable éthiops minéral , ou pour une combinaison de soufre & de mercure. Ce métal a donc la propriété de décomposer une partie du gaz hépatique , car l'eau étoit encore d'une fétidité insupportable, il en sépare une petite portion de soufre , & il paroît que c'est dans cette séparation , ou dans la proportion de gaz inflammable augmentée relativement à celle du soufre que consiste cette modification qu'acquiert le gaz hépatique , lorsqu'il devient d'une fétidité différente & presque toujours plus forte que celle qu'il a naturellement.

Nous verrons dans un autre lieu que cette décomposition du gaz hépatique par le mercure, dont M. Sennebier a fait mention dans ses recherches, est un des obstacles que présente la séparation exacte de ce gaz par l'action du feu.

§. II. *Plomb.*

Une lame de plomb trempée dans l'eau d'Enghien , a été ternie en quelques minutes.

Vingt-quatre heures après elle préfentoit une couleur plus foncée, & avoit perdu prefque tout fon brillant métallique, mais fans être entièrement noire ; la portion qui étoit au-deffus de l'eau, & qui n'avoit que le contact de fa vapeur, offroit les nuances variées de l'air. Bergman a vu la couleur du plomb fe ternir par le gaz hépatique.

§. I I I. *Cuivre.*

Une lame de cuivre plongée dans cette eau, a commencé par prendre, en quelques fecondes, une couleur rouge plus fombre, & tirant un peu fur le violet. Bientôt il s'y eft formé des nuances variées fombres, imitant affez bien la couleur de quelques mines de cuivre changeantes. Enfin, après 24 heures d'immerfion, fa furface étoit matte uniforme, d'une couleur prefque noire, & beaucoup plus foncée que celle du plomb. La portion de la lame qui étoit hors de l'eau, n'avoit qu'une couleur rouge femblable à celle que lui avoit donnée la première action de l'eau.

§. I V. *Argent.*

Il y a long-temps que les hommes ont obfervé l'action des eaux fulfureufes fur l'argent. On a toujours dit que les eaux de cette efpèce noircissoient ce métal. Le P. Cotte avoit remarqué que la vapeur de celle de Montmorency altéroit plus sensiblement l'argent que ne le faisoit l'eau elle-même. Nous avons voulu observer les nuances de cette altération avec beaucoup de soin, & voici ce que nous avons eu occasion de voir dans ce phénomène.

Une lame d'argent de coupelle bien polie, exposée au-dessus & à quelques lignes de l'eau d'Enghien, prend sur-le-champ une nuance jaune dorée à sa surface inférieure; cette nuance se fonce & devient brune après quelques minutes, mais il faut beaucoup de temps pour qu'elle passe à une couleur presque noire.

Une autre lame d'argent également bien polie, plongée dans l'eau, a jauni dans le moment même de l'immersion, & cette couleur s'est foncée très-promptement. Mais en retournant cette lame après quelques secondes, nous avons reconnu que sa surface supérieure étoit seule altérée, tandis que sa surface inférieure ne présentoit qu'un changement très-léger & à peine sensible. Cette différence a lieu dans tous les changemens successifs de couleur que ce métal parfait éprouve. Il paroît donc que la partie de la lame qui est altérée la première doit cette prompte altération à la lumière qui la frappe, & que celle-ci paroît contribuer à ce chaugement. Auffi avons-nous vu que le contact des rayons du foleil accéléroit auffi ces changemens, & favorifoit la décompofition fpontanée de l'eau. Après que la couleur jaune s'eft foncée uniformément, les bords de la lame ou de la pièce d'argent commencent à prendre les nuances de l'iris ; ces nuances paffent peu-à-peu de la circonférence au milieu, & il fe forme des taches violettes & rougeâtres azurées qui font mêlées inégalement fur toute la furface. Ce n'eft qu'après plufieurs heures, & même quelquefois plufieurs jours, fuivant la température & l'expofition de l'eau dans des lieux plus ou moins éclairés, que l'argent devient d'un violet ou d'un bleu foncé & uniforme ; car ce qu'on a dit être du noir, n'eft qu'un mélange de ces deux couleurs, l'une & l'autre extrêmement foncée.

La vapeur de l'eau agit à la longue de la même manière & même à d'affez grandes diftances. Les boucles & la montre du meûnier qui travaille au moulin fitué à quelques toifes de la fource font tellement bleuies qu'on les prendroit pour de l'acier, & ce changement s'opère fi facilement par le gaz hépatique qui pénètre fans ceffe dans le moulin, que cet homme a pris le parti de laiffer fes boucles & fa montre dans cet état & fans les nettoyer.

(153)

La théorie de cette coloration de quelques matières métalliques par le gaz hépatique n'eſt pas très-difficile à concevoir , lorſqu'on ſait que ces métaux ainſi colorés & expoſés long-temps au contact de ce gaz , finiſſent par former des mines ſulfureuſes , comme cela eſt arrivé à l'aſſiète de vermeil qui avoit long-temps ſéjourné dans une foſſe contenant des matières animales en putréfaction (1). Cette décompoſition du gaz hépatique par les métaux , eſt l'inverſe de celle qui eſt opérée par l'air & les acides. Ces derniers abſorbent le gaz inflammable , & laiſſent précipiter le ſoufre ; les métaux au contraire abſorbent le ſoufre , & rendent le gaz inflammable libre. Il eſt vrai que cette décompoſition n'eſt jamais complette comme celle qui a lieu par l'air & les acides , & que , quelque grande que ſoit la quantité de métal plongé dans l'eau d'Enghien , ce n'eſt , à ce qu'il paroît , qu'une petite portion du gaz hépatique détruit , puiſque cette eau conſerve toujours ſon odeur preſqu'auſſi fortement que s'il n'arrivoit aucune altération dans le gaz qui la minéraliſe.

____

(1) Acad. année 1764.

CHAPITRE XI.

De l'action des Chaux métalliques sur l'Eau d'Enghien.

L'ACTION de plusieurs chaux métalliques est bien plus marquée encore que celle des métaux eux-mêmes, & paroît s'opérer par un mécanisme différent. Nous avons essayé presque toutes les chaux métalliques sur l'eau d'Enghien ; & excepté celles de manganèse, de zinc, d'étain & de fer, toutes les autres ont éprouvé des changemens remarquables.

§. I. *Chaux d'Arsenic.*

Trente-six grains de chaux d'arsenic jettés dans quatre onces de cette eau & agités, n'ont pas agi sur-le-champ ; mais après quelques secondes on a vu cette chaux prendre une légère teinte jaune. Vingt-quatre heures après cette couleur étoit bien plus marquée, & la surface de l'arsenic précipité au fond de la liqueur avoit le jaune de l'orpiment. Cette matière ayant été mêlée à l'eau par l'agitation, celle qui étoit colorée restoit plus long-temps suspendue dans la liqueur, tandis que la chaux blanche se précipitoit promptement. L'eau n'avoit plus d'odeur hépatique. En recueillant sur un filtre la chaux d'arsenic ainsi altérée, on n'en a retrouvé que 16 grains ; la portion qui n'avoit point été changée en orpiment, s'étoit dissoute dans l'eau. La chaux d'arsenic décompose donc le gaz hépatique, elle lui enlève son soufre avec lequel elle forme de l'orpiment ; elle ne paroît point absorber son gaz inflammable, puisqu'elle ne prend point une couleur noire. L'eau ainsi altérée n'avoit plus aucun caractère hépatique. La dissolution aqueuse de chaux d'arsenic précipite très-promptement l'eau d'Enghien, & donne de même de l'orpiment qui est d'un jaune très-pâle & très-peu abondant.

§. II. *Chaux de Bismuth.*

Quatre onces d'eau minérale, mêlées avec un demi gros de chaux blanche de bismuth, précipitée par l'eau de la dissolution nitreuse de ce demi-métal, ont donné tout-à-coup à cette chaux une couleur noire, & ont perdu toute leur odeur hépatique. La liqueur filtrée n'avoit plus rien de sulfureux ; la chaux noircie n'a point donné d'odeur sulfureuse, lorsqu'on l'a fortement chauffée ; sa couleur s'est fort affoiblie par l'exficcation, & confervée un an, elle n'étoit plus que grisâtre.

La promptitude avec laquelle l'odeur hépatique eft détruite par la chaux de bifmuth, la couleur noire qu'elle acquiert fur-le-champ, la perte de cette couleur à l'air, & l'abfence de l'odeur fulfureufe par la chaleur, annoncent que cette chaux métallique n'enlève point le foufre à l'eau d'Enghien, ne décompofe point véritablement le gaz hépatique, mais l'abforbe en entier & fans altération. Un acide verfé fur cette chaux quelques minutes après qu'elle a été noircie par l'eau d'Enghien, en a dégagé en effet une odeur de foie de foufre très-forte. Nous infifterons en traitant de l'action des chaux de plomb, fur cette abforption du gaz hépatique.

§. III. *Chaux d'Antimoine.*

Trente-fix grains de chaux parfaite d'antimoine ou matière perlée de Kerkringius, jettés dans quatre onces d'eau d'Enghien, n'ont point agi fur-le-champ. Mais en quelques heures l'odeur hépatique a diminué & a difparu tout-à-fait. La furface de la chaux antimoniée avoit une couleur rougeâtre pâle comme certains foufres dorés. Après vingt-quatre heures, l'eau n'étoit plus du tout hépatique, le précipité rafsemblé conservoit sa couleur rose. On l'a trouvé diminué de plus d'un tiers de son poids après cette expérience. Cette perte doit être attribuée en partie à la dissolubilité de la chaux d'anti-moine.

§. I V. *Chaux de Mercure.*

En jettant dans huit onces d'eau d'Enghien un demi-gros de turbith minéral, cette chaux de mercure a pris sur-le-champ une couleur brune qui a passé très-promptement au noir ; malgré cette coloration l'eau retient beaucoup de son odeur qui ne disparoît tout-à-fait que quelques heures après le mélange. Le précipité noir mis sur un charbon ardent a exhalé une odeur très-vive d'acide sulfureux ; c'étoit donc de l'éthiops minéral, formé par la décompo-sition du gaz hépatique due à la chaux de mer-cure. Cette expérience prouve l'énergie qu'a le métal dans ses différens états pour se combiner au soufre.

§. V. *Chaux de Plomb.*

Les chaux de plomb nous ont aussi présenté de grandes altérations, & comme elles nous ont offert des résultats encore plus intéressans que les premières pour l'analyse des eaux, il nous paroît nécessaire de décrire avec soin les phé-

noménes que nous avons observés. Quatre onces d'eau d'Enghien, dans lesquelles on a jetté
un demi-gros de blanc de plomb, ont donné
sur-le-champ à cette chaux métallique une couleur noire ; l'odeur a été tout-à coup affoiblie &
presque détruite. Examinée par d'autres réactifs,
cette eau n'a plus rien préfenté d'hépatique. Le
blanc de plomb décompofe donc avec une
très-grande énergie le gaz hépatique. Auffi la
vapeur de cette eau que nous avions expofée
à l'air à la dofe de 300 livres dans une chambre dont les murs étoient peints au blanc de
plomb, a-t-elle donné une couleur grife très-
fenfible à cette peinture. La planche de notre
thermomètre peinte avec la même couleur quoique couverte de vernis, a été noircie par l'eau
de la fource dans laquelle nous l'avons plongé
pour connoître la température de cette eau.

Le minium mêlé dans les mêmes proportions
avec l'eau d'Enghien, a été bruni fur-le-champ
& en a d'abord rendu l'o leur extrêmement fétide ; nous avons remarqué qu'il en falloit plus
que de blanc de plomb, pour décompofer la
même quantité d'eau hépatifée.

La litharge produit abfolument le même effet, & avec une égale promptitude. Ainfi la
vitrification n'empêche point cette chaux de décompofer le gaz hépatique. C'eft avec cette

dernière chaux de plomb que nous avons fait des expériences fuivies fur cette altération de l'eau d'Enghien. On a jetté dans 24 livres de cette eau 12 onces de litharge en poudre fine. A l'inftant cette chaux eft devenue toute noire, & l'odeur hépatique, qui fembloit d'abord être exaltée par cette matière, a été promptement détruite, lorfqu'on a agité & diftribué également la litharge dans toute la liqueur ; on a obfervé qu'une portion de cette chaux métallique noircie, reftoit fufpendue long-temps au haut de la liqueur, & même à la furface, & que quelques parties qui n'étoient pas tout-à-fait noires, avoient pris l'afpect & le brillant métallique. Vingt-quatre heures après on a décanté l'eau & recueilli la litharge noircie fur un filtre. Il n'a pas été poffible, malgré tous les foins qu'on a pris, de s'affurer fi elle étoit augmentée de poids.

Cette litharge noircie par l'eau d'Enghien, préfente des propriétés remarquables. Jettée fur une brique bien chaude, elle exhale une odeur d'acide fulfureux, & donne une petite flamme bleue qui ne s'apperçoit bien que dans l'obfcurité. Expofée à l'air, elle perd bientôt fa couleur noire, & redevient, après quelques femaines, parfaitement femblable à la litharge ordinaire. Chauffée dans une cornue avec l'appareil pneumato-chimique, elle ne donne qu'un peu d'acide crayeux, quelques gouttes d'eau, & des fleurs de foufre. Si l'on a pris pour défoufrer une eau hépatifée de la litharge long-temps expofée à l'air, on en retire par la diftillation beaucoup plus d'acide crayeux, & l'on fait aujourd'hui que cette chaux en abforbe de l'atmofphère. L'acide vitriolique un peu concentré, & furtout l'acide muriatique en dégage du gaz hépatique qu'on peut recueillir dans des appareils pneumato-chimiques. Nous penfâmes d'abord, d'après cette première expérience, que les chaux de plomb abforboient le gaz hépatique entier & fans décompofition, & qu'il feroit peut-être poffible de le dégager tout entier de cette chaux, & de connoître ainfi par un moyen facile la quantité de ce gaz contenue dans l'eau d'Enghien. Mais notre efpérance fut trompée, car nous n'obtînmes par ce procédé qu'une quantité de gaz hépatique beaucoup moins confidérable que celle que nous avions retirée de l'eau d'Enghien par la diftillation, quoique cette dernière nous ait auffi préfenté de grandes difficultés, comme nous le dirons par la fuite. Cependant la promptitude de la décompofition de l'eau d'Enghien par la litharge, l'abfence de la chaleur dans cette expérience, l'eau qu'elle forme enfuite à la diftillation, la

couleur

couleur noire qu'elle acquiert, & fur-tout les changemens, la décoloration qu'elle éprouve à l'air, l'effervefcence avec les acides, font autant de faits qui nous portoient à croire qu'elle avoit abforbé du gaz hépatique. Nous ne pouvons douter qu'elle en contient en effet quelques portions, non-feulement d'après les faits énoncés, mais encore d'après toutes nos obfervations fur l'abforption de ce gaz par beaucoup de corps. Ainfi la litharge abforbe une partie du gaz fans le décompofer, mais elle en décompofe la plus grande partie comme les autres chaux métalliques ; fon air pur fe porte fur le gaz inflammable, le foufre fe précipite & s'unit au plomb, en entraînant avec lui & en fixant dans ce métal une portion de gaz hépatique non décompofée. Lorfqu'on chauffe cette litharge, la chaleur favorife la décompofition totale de ce gaz, & on n'en obtient point par la diftillation. L'acide nitreux un peu concentré le décompofe également ; l'air feul l'enlève ; auffi une portion du foufre même paroît fe brûler par le contact de l'air, car cette litharge noircie par l'eau d'Enghien, & décolorée enfuite par l'air, donne des traces d'acide vitriolique dans la leffive qu'on en fait. Enfin cette chaux de plomb produit encore un autre effet fur l'eau d'Enghien ; elle en abforbe l'a-

L

cide crayeux qu'on en retire enfuite par la chaleur.

Toutes ces obfervations prouvent que les chaux de plomb font très-propres à défoufrer l'eau d'Enghien, & à en féparer le gaz hépatique, foit en le décompofant, foit en l'abforbant, mais qu'elles ne font point fufceptibles d'indiquer la quantité de ce gaz contenu dans cette eau fulfureufe, quoique fon action rapide nous en eût d'abord fait concevoir l'efpérance.

CHAPITRE XII.

De l'action des diffolutions métalliques fur l'Eau d'Enghien.

QUELQUES diffolutions métalliques ont été recommandées par les premiers chimiftes qui fe font occupés de l'analyfe des eaux fulfureufes pour y démontrer la préfence du foufre. M. Monnet n'en avoit point connu l'effet, puifque dans fon analyfe des eaux d'Aix-la-Chapelle, il affure que la diffolution mercurielle lui a donné un précipité blanc, il en conclut qu'elles ne contiennent point de foufre. MM. Bayen & Roux font les deux premiers, qui en employant les diffolutions d'arfenic & de mercure pour précipiter les eaux de

(163)

Bagnères de Luchon & de Montmorency , re-
connurent l'effet du foufre dans ces précipitations , & y démontrèrent la préfence de ce
corps combuſtible. Les expériences multipliées
que nous avons faites ſur cet objet prouvent
que preſque toutes les diſſolutions métalliques
peuvent ſervir au même uſage , & indiquer également le foufre contenu dans les eaux ſulfureuſes. Parmi tous les eſſais que nous avons
faits nous ne décrirons ici que ceux qui nous ont
offert des réſultats intéreſſans.

§. I. *Beurre d'arſenic.*

On a verſé dans huit livres d'eau d'Enghien
quelques gouttes de beurre d'arſenic fait avec
le ſublimé corroſif & le régule d'arſenic. Il
s'eſt formé , à meſure que cette liqueur touchoit l'eau , un précipité très-abondant d'un jaune
citron qui ſe dépoſoit d'abord au fond du vaſe ,
& qui peu à peu s'eſt mêlé également dans tout
le fluide. L'odeur de l'eau a été promptement
détruite. Quoique le précipité jaune ſe fût raſ-
femblé au fond du vaſe , il a préſenté après
une heure un phénomène aſſez ſingulier. La
maſſe qu'il formoit au bas du bocal s'eſt ſoule-
vée en entier , & a quitté le fond de ce vaiſ-
feau. Quelques floccons qui s'en détachoient ,
montoient avec rapidité au haut du vaſe. Bien-

tôt une grande partie du précipité s'eſt élevée tout-à-fait au haut de la liqueur ; on voyoit des floccons defcendre & monter alternativement. Il faut obferver que le vafe où l'on faifoit cette expérience étoit expoſé au ſoleil. En examinant avec attention la portion de précipité raſſemblée dans le haut de l'eau, on la voyoit remplie de bulles & formant une eſpèce d'écume. La liqueur a été filtrée , le précipité ſéché a pris une couleur plus foncée preſque orangée, & malgré ſon grand volume apparent, il n'a peſé que 8 grains (1). C'étoit de véritable orpiment formé par l'arſenic qui avoit abandonné l'acide marin, & le ſoufre enlevé au gaz hépatique de l'eau. La légèreté qu'il avoit priſe & l'expanſion de ſes molécules paroiſſent être dûes à une portion du gaz hépatique abſorbé, & furtout au gaz inflammable dégagé.

L'eau qui avoit été précipitée par le beurre d'arſenic n'avoit plus aucun caractère hépatique ; elle étoit abſolument fans odeur ; elle ne coloroit plus l'argent, ni les diſſolutions de plomb. Roux qui a fait cette expérience fur l'eau d'Enghien avoit penſé qu'en examinant ce fluide après l'avoir précipité par le beurre d'arſenic ,

____

(1) Ce poids du précipité d'orpiment eſt parfaitement d'accord avec le réſultat obtenu par Roux dans ſon Analyſe de l'eau d'Enghien.

il trouveroit la fubftance qui étoit unie au foufre dans cette eau ; mais cet effai ne lui a point
réuffi, & rien n'a pu le conduire, à l'époque
où il faifoit cette analyfe, aux réfultats que nous
fourniffent les découvertes modernes.

§. I I. *Beurre d'antimoine.*

Quatre-vingts gouttes de beurre d'antimoine
très-blanc & très-pur, verfées dans huit livres
d'eau d'Enghien, ont donné fur-le-champ un
précipité très-abondant, d'une belle couleur
orangée claire, & ont détruit en même-temps
l'odeur hépatique de l'eau. En vingt-quatre heures ce précipité s'eft bien raffemblé au fond du
vafe. Après avoir filtré la liqueur, il paroiffoit
n'occuper que très-peu de volume fur le filtre ;
mais en fe féchant il en a pris un plus confidérable, & il s'eft détaché du papier en plaques, dont la couleur étoit devenue plus foncée & prefque rouge ; quand il a été fec on
y voyoit beaucoup de points blancs ; il n'é-
toit point doux & uni au toucher, mais rude
comme du fable. Il pefoit 36 grains. C'étoit un
foufre doré brillant & très-coloré, mêlé d'une
certaine quantité de poudre d'algaroth, ou de
chaux blanche d'antimoine, parce que, malgré l'exactitude qu'on avoit mife à cette expérience, la quantité de beurre d'antimoine

étoit plus abondante qu'il ne falloit pour décompofer le gaz hépatique, & une portion
avoit été précipitée par l'eau défoufrée.

Le beurre d'antimoine décompofe donc le
gaz hépatique, & en abforbe le foufre. Cette
décompofition eft beaucoup plus forte que par
la chaux d'antimoine pure, & il paroît que
l'acide muriatique y contribue ; mais il y a dans
cette expérience deux difficultés. 1°. Le précipité eft toujours mêlé de poudre d'algaroth,
& on ne peut point favoir la quantité qui eft
dûe au gaz hépatique. 2°. La féparation du
foufre d'avec la chaux d'antimoine eft très-difficile. Nous en avons donné un grand nombre de preuves dans nos recherches fur le kermès ; ces deux obftacles s'oppofent à ce qu'on
puiffe déterminer par cette expérience la quantité de gaz hépatique & de foufre contenue
dans l'eau d'Enghien. Elle indique donc feulement que le beurre d'antimoine eft une des
diffolutions métalliques, qui pourroit être employée comme réactif pour prouver la préfence
du foufre dans les eaux fulfureufes.

§. I I I. *Nitre mercuriel.*

Un gros de diffolution nitreufe de mercure
qui ne précipitoit point par l'eau diftillée, a
été verfé dans huit livres d'eau d'Enghien

cette quantité de réactif fuffifoit pour opérer toute la précipitation de cette eau , puifque quelques gouttes ajoutées après dans la liqueur éclaircie n'y produifirent aucun effet. Les premières portions de cette diffolution métallique occafionnèrent un précipité jaune , qui paffa bientôt au brun & prit même une couleur prefque noire à fa furface. Ce précipité s'eft raffemblé promptement au fond de l'eau ; en 24 heures la liqueur étoit parfaitement claire , & tout le dépôt en étoit bien féparé. Recueilli fur un filtre, le précipité paroiffoit très-volumineux , mais il s'eft beaucoup refferré fur lui-même en fe defféchant , il pefoit 64 grains. Ce précipité traité par les acides nitreux & muriatique a été reconnu pour un mélange d'à-peu-près 6 grains de foufre , 8 grains de mercure doux , 20 grains de turbith minéral , 20 grains de précipité mercuriel ordinaire. Une portion de précipité a refté diffoute dans l'eau à l'aide de l'acide crayeux qu'elle contient , puifque , comme on le verra plus bas, la même diffolution de mercure en donne plus avec l'eau dégazée.

Nous avons employé comparativement , & dans les mêmes proportions, une feconde diffolution nitreufe de mercure, différente de la première , en ce qu'elle avoit été faite à chaud ,

& précipitoit par l'eau diſtillée (1) , & nous avons obtenu un précipité également coloré , & peſant 66 grains. Bergman aſſure cependant que la diſſolution de mercure faite à chaud donne un précipité blanc dans l'eau hépatiſée artificielle ; par différens eſſais nous avons reconnu que cela n'arrive qu'en mettant beaucoup plus de cette diſſolution qu'il n'en faut pour décompoſer les ſels vitrioliques , muriatiques & le gaz hépatique ; la portion ſurabondante précipite en blanc jaunâtre par l'eau décompoſée ; encore dans ce cas le précipité qu'on obtient, eſt de deux couleurs très-diſtinctes , l'un brun , & l'autre d'un gris verdâtre, & jamais uniquement blanc , comme Bergman l'a avancé.

§. I V. *Muriate mercuriel, Sublimé corroſif.*

Nous ferons la même remarque ſur ce que dit ce célèbre chimiſte de l'action du ſublimé corroſif ſur l'eau hépatiſée. Il aſſure qu'il y forme un précipité blanc , qu'il attribue à ce que la chaux de mercure eſt ſi déphlogiſtiquée que le phlogiſtique qu'elle rencontre dans cette eau ne ſuffit pas pour la colorer.

____

(1) Voyez la différence de ces deux diſſolutions mercurielles dans mes Elémens de Chimie , 4 vol. in-8°. Paris, chez Cuchet , 1786.

Quelques gouttes de diſſolution de ſublimé corroſif verſées dans un verre d'eau d'Enghien, ont bruni preſque tout-à-coup cette liqueur ; on voyoit des floccons noirâtres flotter au milieu d'un liquide rouge foncé , ſemblable à une forte décoction de racine ou de bois. Quoique le précipité ſe raſſemblât promptement, l'eau conſervoit cette couleur rouge , qui ne s'affoibliſſoit que très-lentement. Ce phénomène, fort différent de ce qu'avoit avancé Bergman , nous engagea à faire cette expérience plus en grand.

Quatre onces 24 grains d'une diſſolution de ſublimé corroſif peſant 12 grains plus que l'eau par once , verſées dans huit livres d'eau d'Enghien, ont formé ſur-le-champ des nuages qui étoient d'abord d'une couleur orangée foncée , mais qui en augmentant peu-à-peu ont pris une couleur preſque noire ; l'eau placée entre l'œil & la lumière paroiſſoit rouge brune ; ſon odeur eſt reſtée fétide pendant quelque temps , & n'a diſparu que deux heures après l'expérience. Le précipité a été trois jours à ſe raſſembler. Alors la liqueur étoit claire & ſans couleur, ce qui prouve que celle qu'elle a dans la précipitation ne dépend que d'une portion de précipité qui y eſt ſuſpendue en molécules extrêmement fines. Celui-ci étoit en effet entièrement dépoſé au fond du vaſe, & il y formoit une couche très-noire. On a décanté la plus grande partie de l'eau, qui n'a plus donné de précipité par la diſſolution du ſublimé corroſif, & qui contenoit même un excès de ce ſel, comme l'ont prouvé quelques gouttes de foie de ſoufre. Le précipité ſéché ſur le filtre conſervoit ſa couleur noire foncée, il peſoit 12 grains. C'étoit de véritable éthiops minéral ; examiné par les moyens connus, on a trouvé qu'il contenoit $5\frac{1}{2}$ grains de mercure & $6\frac{1}{2}$ grains de ſoufre.

Cette expérience eſt donc une de celles qui peut donner le plus de lumières ſur la quantité de ſoufre contenue dans les eaux ſulfureuſes. Le ſublimé corroſif doit être préféré à beaucoup d'autres diſſolutions métalliques, parce qu'il n'agit preſque point ſur les ſels neutres contenus dans ces eaux ; il n'y a que la craie & la magnéſie qui puiſſent en précipiter une petite portion de la chaux de mercure, mais celle-ci n'empêche point que l'on ne puiſſe déterminer la quantité de ſoufre enlevé au gaz hépatique par le muriate mercuriel corroſif, ſur lequel ce gaz eſt celui de tous les principes de l'eau d'Enghien qui a le plus d'action.

§. V. *Vitriols de zinc, de fer & de cuivre.*

Une diſſolution de vitriol de zinc, verſée juſ-

qu'à faturation dans huit livres d'eau d'Enghien,
a formé des nuages blancs, qui ont bientôt pris
une couleur jaune, mêlée enfuite d'une teinte
de rofe. L'eau a perdu fon odeur, mais elle
eft revenue en partie lorfque le précipité s'eft
dépofé. Celui-ci, recueilli fur un filtre bien leffivé & féché, pefoit 18 grains. L'acide nitreux
foible en a diffous 12 grains, en dégageant du
gaz hépatique & de l'acide crayeux, il eft refté
3 grains de foufre pur, quantité affez confidérable, puifque l'eau n'avoit point été entièrement privée de fon odeur par le vitriol de
zinc, à laquelle d'ailleurs il faut ajouter une
autre portion qui s'en étoit déjà diffipée en gaz
hépatique par la réaction de l'acide nitreux fur
le précipité entier.

La même expérience fur une égale quantité
d'eau faite avec une diffolution de vitriol martial
a préfenté un précipité noir comme de l'encre; l'o-
deur n'a point été affoiblie dans le moment, mais
elle a difparu quelques minutes après, ce qui
prouve plus d'action de la part du vitriol de fer
que de celle du vitriol de zinc. Le précipité a été
deux jours à fe raffembler, l'eau étoit claire & d'un
jaune verdâtre ; elle étoit recouverte d'une pellicule brifée ; elle contenoit un excès de vitriol,
comme l'a prouvé de l'eau minérale qu'on y a
verfée, & qui a pris tout-à-coup une couleur

noire ; le précipité recueilli fur un filtre , & bien lavé, eft refté très-noir, tant qu'il a été humide ; mais en fe defféchant il a perdu une partie de fon intenfité , & il eft devenu brun verdâtre à-peu-près comme la terre d'ombre. Il pefoit 15 grains ; fa couleur eft devenue brune au bout de quelque temps , & on y remarquoit la forme d'écailles très-minces. Il s'eft diffous dans l'acide muriatique , en exhalant du gaz hépatique. Il eft refté 3 grains de foufre. Il contenoit environ 11 grains de chaux de fer.

Une diffolution de vitriol de cuivre verfée jufqu'à faturation dans huit livres d'eau minérale, a donné un précipité brun noirâtre ; il s'eft formé à la furface de la liqueur une pellicule métallique très-fenfible de la couleur du cuivre & un peu irifée. En 24 heures l'eau n'avoit plus d'odeur hépatique, elle contenoit un excès de vitriol de cuivre qui lui donnoit une foible nuance de bleu. Le précipité raffemblé fur un filtre , & bien lavé , avoit une couleur pourpre très-foncée ; en fe féchant à l'air il eft devenu prefque auffi noir que du charbon, il s'eft réduit à un très-petit volume, il pefoit 21 grains. Confervé pendant plufieurs mois dans un bocal mal bouché , il a perdu fa couleur noire & eft devenu verdâtre , il a augmenté de poids & pefoit 28 grains ; une partie s'est dissoute dans l'eau , & avoit tous les caractères du vitriol de cuivre ; le soufre uni au cuivre dans l'état de mine ou de pyrite artificielle, s'est brûlé lentement, & ce précipité a éprouvé une véritable vitriolisation.

Voilà donc trois sels métalliques qui nous ont présenté comme le sublimé corrosif, la propriété d'agir sur le gaz hépatique de l'eau d'Enghien, sans altérer les sels contenus dans cette eau ; on peut donc les employer indifféremment & avec le même avantage pour déterminer la quantité de soufre contenu dans les eaux sulfureuses.

Quoique les quatre dissolutions de muriate mercuriel, & de vitriols de zinc, de fer & de cuivre, n'ayent paru agir que sur le seul gaz hépatique, & qu'elles ayent été employées sur la même quantité d'eau d'Enghien, elles ont fourni des précipités de poids très-différens. Le mercure a donné 12 grains, le zinc 18 , le fer 15 grains & le cuivre 21. L'exsiccation qu'il est si difficile de faire également comme nous l'avons déjà dit , est réellement une des causes qui a fait varier les poids. Mais il est aisé de voir que cette différence est trop considérable pour ne tenir qu'à cette seule cause. Aussi pensons-nous qu'elle est spécialement due à la diversité des combinaisons de ces chaux métalliques avec le foufre , & aux proportions que les combinaifons fuivent dans leur faturation réciproque.

Ajoutons à ces obfervations qu'une partie des précipités de ces vitriols eft due à la craie contenue dans l'eau d'Enghien , & que ce troifième effet très-difficile à calculer exactement dans la feule action des réactifs , doit auffi entrer pour quelque chofe dans les caufes de la différence de poids de ces précipités. On conçoit que la même obfervation eft applicable à toutes les diffolutions métalliques employées dans l'analyfe de l'eau d'Enghien.

§. V I. *Acète de plomb.*

Le fel de faturne ou l'acète de plomb a été rejetté de l'analyfe des eaux par M. Monnet , parce qu'il n'indique point avec certitude la préfence de l'acide vitriolique comme on l'avoit cru jufqu'à lui , & parce que l'eau pure en fuffifante quantité en précipite la chaux de plomb. Mais on n'a pas le même inconvénient à craindre dans les eaux fulfureufes , puifque le foufre y eft démontré par un phénomène qui ne peut laiffer aucun doute fur fon exiftence. D'ailleurs on peut ajouter à l'obfervation de M. Monnet , que lorfqu'on met un peu de vinaigre en excès dans la diffolution de fucre de faturne faite par l'eau diſtillée , on empêche ce ſel d'être décompoſé par l'eau ; enfin nous remarquerons que même ſans cet excès d'acide acéteux , il eſt poſſible d'avoir une diſſolution d'acète de plomb qui ne précipite point par l'eau, en diſſolvant d'abord ce ſel dans une grande quantité d'eau diſtillée récente. La portion de la chaux de plomb la plus calcinée , la ſeule que l'eau ſépare d'avec l'acide du vinaigre eſt précipitée dans cette préparation , & celle qui reſte diſſoute dans l'eau n'eſt plus ſuſceptible d'être décompoſée même par de très-grandes quantités d'eau , à moins que ce fluide ne contienne beaucoup d'air, ou qu'on ait laiſſé la diſſolution de plomb expoſée pendant long-temps au contact de l'atmoſphère. On verra par la ſuite que l'eau d'Enghien ne contient pas & eſt même de nature à ne pas pouvoir contenir d'air atmoſphérique , & la diſſolution de plomb dont nous nous ſommes ſervis avoit été préparée par le procédé indiqué.

Une très-grande quantité d'eſſais faits en petit & dans beaucoup de circonſtances différentes , nous avoit prouvé que cette diſſolution étoit une des plus ſenſibles , & qu'elle indiquoit avec préciſion la plus petite quantité de gaz hépatique contenue dans l'eau. Pour reconnoître ſi celle d'Enghien étoit privée de ce gaz, foit par la chaleur, foit par l'air, foit par différens réactifs, nous nous fervions de celui-ci avec fuccès ; mais il étoit néceffaire de fuivre avec foin l'action de ce fel métallique fur cette eau, pour en apprécier exactement les effets.

On a verfé dans huit livres de cette eau, puifée à la fource au moment même, fuffifante quantité de diffolution acéteufe de plomb, pour en opérer la précipitation complette. A l'inftant il s'eft exhalé une odeur extrêmement fétide, qui a diminué peu-à-peu, quoique l'eau en ait confervé long-temps des traces ; cependant une portion de cette liqueur filtrée ne donnoit plus de précipité, & ne fe coloroit plus par le même réactif. Il s'eft formé un précipité brun foncé très-abondant qui s'eft divifé trois heures après en deux portions ; l'une brune foncée placée au haut de la liqueur, & y formant une couche de cinq pouces d'épaiffeur environ fur un diamètre de quatre pouces & demi qu'avoit le vaiffeau ; l'autre qui occupoit le fond du bocal, & qui étoit très-noire. L'eau étoit claire & fans couleur entre les deux couches. Vingt-quatre heures après ce précipité avoit confervé la même forme, & la portion légère occupoit toujours le haut du vafe. On a filtré, l'eau a paffé très-claire, & confervoit

encore

encore une odeur légèrement fétide , quoiqu'elle ne colorât plus l'argent. Le précipité raffemblé fur le filtre a beaucoup diminué de volume en fe féchant , fa couche fupérieure expofée à l'air eft devenue plus grife & moins colorée, que celle qui touchoit immédiatement le filtre, & qui étoit très noire. Il pefoit 2 gros 10 grains. On a examiné ce précipité par l'acide nitreux qui en a diffous 80 grains ; la portion non diffoute a exhalé du foufre par l'action du feu, & étoit enfuite un mêlange de vitriol & de muriate de plomb. Quoiqu'il foit très-difficile de féparer ces deux fels , une chaleur forte a fondu 6 à 8 grains de plomb corné ; le refte étoit du vitriol de plomb. Ces différens effais ont fait voir que ces 2 gros 10 grains de précipité contenoient ,

   80 grains de craie de plomb ,
   6 grains de foufre ,
   8 grains de muriate de plomb ,
   30 grains de vitriol de plomb ,

en tout 124 grains ; il y a eu 20 grains de perte.

Il eft clair que dans cette expérience l'acète de plomb a porté fon action fur quatre principes de l'eau d'Enghien ; 1°. fur le gaz hépatique ; 2°. fur l'acide vitriolique ; 3°. fur l'acide muriatique ; 4°. fur la craie qui en a précipité une partie. Ce précipité devoit donc contenir du vitriol de plomb , du muriate de plomb ou plomb corné , de la chaux de ce métal unie à une portion d'acide crayeux , & enfin une autre portion de cette chaux combinée avec le foufre ; & c'eft ce que l'analyfe y a démontré. On ne doit pas fe flatter d'en déterminer très-exactement la quantité. Quant à la portion de chaux de plomb unie au foufre, nous ferons encore remarquer ici , qu'elle avoit abforbé en même temps une portion de gaz hépatique , fans le décompofer , & que ce fait déjà annoncé dans d'autres expériences , eft prouvé , 1°. par la légèreté & l'élévation d'une partie du pré-cipité dans la liqueur; 2°. par fon changement de couleur à l'air ; 3°. par l'odeur très-fétide qui s'exhale pendant cette précipitation , & qui a fur-tout lieu lorfqu'une portion des préci-pités métalliques refte fufpendue au haut de la liqueur , & offre l'afpect écumeux & comme favonneux, qui y annonce la préfence d'un fluide élaftique.

Il fuit de toutes ces obfervations , que l'on peut apprécier les divers effets de l'acète de plomb fur l'eau d'Enghien , mais qu'il eft pref-que impoffible de déterminer exactement la quantité de chacun des principes de cette eau , qui agiffent en même-temps fur cette diffolu-lution métallique.

§. V I I. *Nitre d'argent.*

La diffolution nitreufe d'argent eft commu=
nément employée dans l'analyfe des eaux pour
y reconnoître la préfence des acides vitrioli-
lique & muriatique. On verra qu'elle a une
action de plus fur celle d'Enghien.

Huit livres de cette eau ont été précipitées
par fuffifante quantité d'une diffolution de criftaux de lune très-purs dans l'eau diftillée, il
s'eft formé des floccons très-abondans d'un brun
verdâtre, dont la cou'eur eft devenue peu-à-
peu très noire, & qui fe font raffemblés au
fond du vafe en quelques heures. La furface de
l'eau étoit recouverte d'une pellicule brillante
& métallique manifeftement dûe à un peu d'argent révivifié. Quoique le précipité parût bien
dépofé 24 heures après l'expérience, la liqueur
claire avoit une couleur rouge brunâtre, qu'elle
a confervée malgré la filtration ; il a fallu quinze
jours pour lui faire perdre cette couleur, il s'en
eft féparé pendant ce temps quelques grains de
précipité, qui réunis avec le premier dépôt
recueilli fur le filtre, faifoient en tout 40
grains. C'étoit un compofé de chaux d'argent
foufrée, de vitriol & de muriate du même métal. L'acide nitreux en a diffous 12 grains. La
portion non diffoute & pefant 28 grains, a

perdu 5 grains de foufre par l'action du feu ; elle étoit mêlée de vitriol & de muriate d'argent.

Nous avons effayé auffi l'effet de la diffolution d'or & de platine non purifiée dans l'eau régale fur l'eau d'Enghien. La dernière nous a donné d'abord un précipité d'un blanc un peu gris qui s'eft dépofé très-promptement, & a laiffé la liqueur claire ; quelques minutes après cette portion d'eau éclaircie s'eft troublée tout-à-coup & eft devenue brune noirâtre par la formation d'un fecond précipité en floccons noirs qui s'eft dépofé fur le premier. L'eau avoit perdu entièrement fon odeur. On reconnoît ici les effets fucceffifs de la chaux de platine & de celle de fer. La diffolution d'or a donné avec l'eau d'Enghien un précipité pourpre foncé, qui s'eft raffemblé très-promptement, l'eau avoit perdu toute fon odeur, & on voyoit à fa furface une pellicule brillante , ou une couche légère d'or revivifié. Les diffolutions des métaux parfaits ont donc la propriété de décompofer le gaz hépatique , comme celles des autres fubftances métalliques.

§. VIII. *Comparaifon des effets des diverfes diffolutions métalliques fur l'eau d'Enghien.*

En comparant toutes les diffolutions métal-

liques par lesquelles l'eau d'Enghien a été précipitée, on voit que toutes ont agi sur le gaz
hépatique de cette eau, & ont été en partie
précipitées par la craie qu'elle contient, mais
qu'elles ont outre cela des actions différentes,
suivant leur nature particulière. Considérées
sous ce dernier point de vue, on peut les diviser en trois classes.

En effet, 1°. les unes ont de plus la propriété d'être précipitées par l'eau, comme les
beurres d'arsenic & d'antimoine, de sorte qu'unies aux eaux sulfureuses, elles doivent donner
des précipités d'autant plus abondans qu'on en
met davantage. Il faut donc n'employer ces
dissolutions qu'avec précaution, & jusqu'au
point où les floccons qui s'en séparent cessent
d'être colorés ; sans cette attention, tout l'excès qu'on en ajoute au-delà de la saturation
du gaz hépatique donne des chaux blanches
qui augmentent la quantité & altèrent la qualité du premier précipité ; aussi Roux, après
avoir obtenu 10 grains d'orpiment de huit livres
d'eau d'Enghien, eut-il un précipité blanc en versant une nouvelle dose de beurre d'arsenic dans
cette eau filtrée. Dans une autre expérience neuf
livres de cette eau ne lui ont donné que 9 grains
d'orpiment avec cette dissolution métallique,
tandis que huit autres livres du même fluide en

M iij

ont donné 23 grains ; dans ce dernier cas, comme ce chimiſte l'a remarqué lui-même, la plus grande partie du précipité étoit de la chaux blanche d'arſenic. Nous avons fait la même obſvation ſur le beurre d'antimoine.

2°. D'autres diſſolutions métalliques ſont ſuſceptibles d'être décompoſées par les acides vitriolique & muriatique unis à quelques baſes que ce ſoit ; les précipités qu'elles donnent avec l'eau d'Enghien, ſont donc des mélanges de chaux métalliques ſéparées par la craie & colorées par le ſoufre, & d'une petite portion de vitriol & de muriate de ces mêmes chaux. Telle eſt la manière d'agir du nitre mercuriel, du nitre d'argent & de l'acète de plomb. Il en réſulte que les précipités formés par ces diſſolutions, ſont plus abondans, plus peſans & plus difficiles à examiner que ceux des précédentes, en raiſon des divers mélanges qui les forment ; auſſi n'eſt-ce pas d'après ces précipités que nous avons jugé avec le plus de certitude de la quantité de ſoufre contenue dans l'eau qui nous occupe.

3°. Enfin il eſt pluſieurs diſſolutions métalliques qui diffèrent des deux claſſes précédentes, & qui ne ſont décompoſées ni par l'eau, ni par les ſels vitrioliques & muriatiques ; les précipités que ces dernières donnent avec l'eau d'Enghien , ne font donc que le produit de l'action du gaz hépatique & de la craie contenus dans cette eau. Le fublimé corrofif, & les trois vitriols que nous avons employés , font de cette claffe. On conçoit , d'après cela, pourquoi les précipités que nous en avons obtenus étoient les plus légers , & ceux dont la nature a été la plus facile à connoître. C'eft donc fpécialement de ces diffolutions que nous recommandons l'ufage pour l'analyfe des eaux fulfureufes. On peut s'affurer que le fublimé corrofif & les vitriols n'agiffent prefque que fur le gaz hépatique , & point du tout fur les fels vitrioliques & muriatiques contenus dans l'eau d'Enghien. En mêlant cette eau déjà précipitée par ces diffolutions & filtrée, avec celles des nitres mercuriel & lunaire, & de l'acète de plomb, on obtient alors un fecond précipité qui n'eft plus coloré, & qui eft formé de vitriols & de muriates métalliques dûs à l'action des acides diffous en état de fels neutres dans cette eau.

M iv

CHAPITRE XIII.

De l'action du Savon, de l'Esprit-de-Vin, & de plusieurs Substances végétales & animales, mêlées à l'Eau d'Enghien.

QUELQUE nombreux que soient les réactifs employés jusqu'ici pour l'examen de l'eau d'Enghien, il nous restoit encore à connoître l'action de plusieurs substances, les unes propres à répandre du jour sur ses principes, les autres destinées à nous éclairer sur leurs usages & leur administration. Tels sont particulièrement le savon, l'esprit-de-vin, les sucs des végétaux, & le lait, dont il étoit nécessaire d'apprécier la manière d'agir sur cette eau.

§. I. *Savon.*

Le savon ne se dissout point du tout dans l'eau d'Enghien. Une dissolution de cette substance mêlée avec cette eau, y forme à l'instant un précipité en floccons blancs très-abondans, qui ressemblent à une espèce de caillé, comme on l'a déjà observé pour toutes les eaux séléniteuses. Le savon solide produit, en précipitant cette eau, un phénomène assez singulier pour l'apparence.

Un demi-gros de favon blanc, coupé en petites tranches, jetté fur huit livres d'eau d'Enghien, refte quelque temps fufpendu à fa furface. Bientôt & à mefure que ces lames exercent leur action fur l'eau, elles s'enfoncent dans ce fluide, & fe portent lentement vers le bas du vafe. En fe dépofant ainfi, & avec beaucoup de lenteur, le précipité qu'elles forment, femble conferver de la ductilité, & fe tire en autant de filamens blancs plus larges au haut de la liqueur, & plus étroits au bas, & du côté où ils tiennent encore aux fragmens de favon. Ces filamens très-multipliés en raifon des lames qui les produifent, à mefure qu'elles defcendent, fe croifent dans toutes fortes de fens, & imitent affez bien des plexus formés par les nerfs du bas-ventre ou de la poitrine. En obfervant ce phénomène fans en connoître la caufe, on croiroit voir des floccons de fils de chanvre fufpendus dans l'eau. Cette apparence fubfifte tant qu'il refte des portions de favon non décompofé au haut & au bas de la liqueur. L'obfervation attentive de ce phénomène prouve qu'il a lieu de la manière fuivante. La furface inférieure des lames favonneufes placées fur l'eau, fe décompofant à mefure que la diffolution s'opère par cette furface, & le favon calcaire qui fe forme par cette décompofition étant plus pefant que le premier, ces lames font peu-à-peu entraînées vers le bas de la liqueur. La portion de favon calcaire formée avant cette chûte des lames faifant une efpèce de couche contenue fur la furface inférieure de chacune d'elles, à mefure que les lames fe plongent dans l'eau les unes après les autres, leur décompofition augmente, & le favon calcaire adhérent d'abord à celles qui reftent encore au haut, file pour ainfi dire jufqu'au bas de la liqueur, en confervant une forte de folidité dûe à fon indiffolubilité dans l'eau. Mais bientôt la décompofition augmentant toujours, toutes les lames fe précipitent, entraînent & replient avec elles les filamens qu'elles tenoient comme accrochés au haut de la liqueur, en détruifent le tiffu, & peu-à-peu tous ces filets fe mêlent, fe confondent & ne forment plus que des pelotons ou floccons irréguliers qui fe raffemblent à la manière de tous les précipités. Au refte ce phénomène qui tient uniquement à l'état lamelleux & folide, ainfi qu'à la fufpenfion du favon, fe préfente de même, lorfqu'on mêle ce corps par un procédé analogue à toutes les eaux qui tiennent des fels calcaires en diffolution.

Ce précipité formé par un demi-gros de favon dans huit livres d'eau d'Enghien, n'eft dû

qu'aux fels terreux qu'elle tient en diffolution ;
car après l'avoir filtrée, elle avoit l'odeur auffi
hépatique qu'auparavant, & elle coloroit de
même les métaux & leurs diffolutions. Ce précipité féché fur le filtre, & bien lavé avec de
l'eau diftillée, a pris la forme de petites écailles
blanches en fe féchant. Il pefoit 26 grains après
fa déficcation. On a traité ce précipité par l'a-
cide nitreux, qui n'y a point produit d'effervefcence ; l'huile féparée avoit la confiftance de
la cire & étoit grife. L'eau de chaux & la potaffe employées fucceffivement ont précipité de
l'acide nitreux un grain de magnéfie, & 15
grains de craie, qui ne doivent être eftimés
qu'à 8 ou 9 grains de chaux exiftante dans le
favon calcaire.

§. I I. *Efprit-de-vin.*

Boulduc eft le premier chimifte qui ait propofé dans les mémoires de l'Académie, l'efprit-
de-vin pour précipiter les fels des eaux. Ce
procédé n'a point été employé dans l'analyfe
de ces fluides, parce qu'il eft très-difpendieux &
très-embarraffant, parce que d'ailleurs il n'eft pas
auffi exact que ce chimifte l'avoit penfé. En effet
il y a dans la plupart des eaux des fels neutres
qui font diffolubles dans l'efprit-de-vin ; tels

font fur-tout les muriates calcaire & magnéfien qui ont été trouvés d'abord par *Leroi* &
Margraf , & depuis par tous les chimiftes qui
fe font occupés de ces recherches. Tel eft encore le muriate de foude ou fel marin , comme
nous le démontrerons dans un des chapitres fuivans.

Comme le mélange de l'efprit-de-vin à grande
dofe avec l'eau d'Enghien , ne nous avoit fourni
que quelques atômes de précipité terreux ,
nous avons négligé cette expérience , & nous
l'avons répétée d'une autre manière & fous un
autre point de vue.

Nous avions obfervé en mêlant une once
d'efprit-de-vin très-fec & très-rectifié avec 4
onces d'eau minérale, qu'il fe produifoit de la
chaleur, qu'il fe formoit par l'agitation du
mélange une grande quantité de bulles , que
cette expérience ayant été faite dans un flacon
bien bouché , mais contenant environ un quart
de fon volume d'air , il s'étoit fait un vuide
très-fenfible , & enfin qu'après ce mélange &
cette agitation , l'eau un peu louche exhaloit
une odeur fétide différente de celle du gaz
hépatique pur , & qui annonçoit conféquemment une altération dans ce dernier, nous avons
cru devoir examiner avec foin ce phénomène ,
pour déterminer ce qui fe paffoit dans l'action

réciproque de ces deux corps. Comme c'étoit fpécialement fur le gaz hépatique de l'eau d'Enghien que nous cherchions à apprécier l'effet de l'efprit-de-vin, nous avons mêlé une livre & demie de cette eau avec deux onces de ce dernier fluide, afin de faturer la liqueur fpiritueufe de tout ce qu'elle pouvoit diffoudre de gaz hépatique. Les circonflances déjà décrites, bulles très abondantes & tenaces, légère opacité, odeur fétide & femblable à celle de l'efprit-de-vin fulfuré, ont eu lieu dans cette feconde expérience. On a mis enfuite ce mélange en diftillation dans une cornue placée fur un bain de fable. L'eau a bientôt pris une couleur jaune verdâtre, la liqueur qui fe condenfoit dans le bec de la cornue avoit la forme de ftries femblables à celles des huiles effentielles ou de l'éther. On a remarqué que le feu ayant tout-à-coup diminué, la couleur verte d'émeraude que l'eau avoit acquife a pâli & eft devenue femblable à celle de l'aigue-marine. Le feu ayant été augmenté, l'eau a repris fa couleur verte qui s'eft diffipée par la continuité de la chaleur, comme on l'obferve dans l'eau d'Enghien chauffée feule. La première once de produit recueilli de cette diftillation, étoit d'abord claire ; elle s'eft troublée en re roidiffant & eft devenue prefqu'entièrement laiteufe ;

c'étoit de l'esprit-de-vin ayant une odeur très-fétide, analogue à celle qu'il acquiert lorsqu'on le charge de soufre par le procédé de **M.** de Lauraguais, mais beaucoup plus forte. Cela dépendoit manifestement de ce qu'il tenoit une plus grande quantité de soufre, puisqu'un autre mélange de quatre onces d'eau d'Enghien avec une once d'esprit-de-vin, a donné par la distillation un produit moins fétide, & qui ne s'est point, à beaucoup près, autant troublé. Le second produit qui pesoit une once comme le premier, présentoit les mêmes propriétés, mais elles étoient moins sensibles. Ces deux produits spiritueux, mêlés à l'eau distillée, se sont troublés & ont déposé près d'un grain de soufre très-pur.

Si l'on n'avoit pas d'autre moyen pour reconnoître la présence du soufre dans les eaux sulfureuses, leur mélange & leur distillation avec l'esprit-de-vin pourroit donc servir à la faire reconnoître ; mais on a aujourd'hui plusieurs procédés préférables à celui-ci, sur-tout les acides nitreux fumant, sulfureux & muriatique oxigéné, qui ont l'avantage d'en déterminer la quantité. Il est plus intéressant pour l'analyse de ces espèces d'eaux de connoître l'action que l'esprit-de-vin y produit. Il paroît que cette liqueur lui enlève le gaz hépatique, & qu'elle a une attraction élective plus forte que l'eau avec le gaz. On peut encore conclure de notre expérience que l'esprit-de-vin, qui tient du gaz hépatique en dissolution, laisse décomposer ce gaz par le contact de l'air avec un peu moins d'énergie que l'eau hépatisée.

M. Kirwan, dans ses recherches sur le gaz hépatique, a trouvé que l'esprit-de-vin absorbe trois fois son volume de gaz hépatique, que cette dissolution est colorée & qu'elle laisse précipiter une partie du soufre par l'eau. Il a aussi remarqué que l'on peut dissoudre le soufre dans cette liqueur plus facilement que par le procédé de M. le comte de Lauraguais. Nous avons déterminé par nos expériences que l'esprit-de-vin a plus d'affinité avec le gaz hépatique que n'en a l'eau. Cette propriété est analogue à celle que présente le même dissolvant avec le principe ou l'esprit recteur odorant des végétaux, qu'il enlève à l'eau par le moyen de la distillation.

§. III. *Sucs des Plantes.*

Occupés pendant plusieurs mois de toutes les expériences que nous avons déjà décrites & de celles que nous décrirons encore sur l'eau d'Enghien, nous n'avons pas pu nous procurer un assez grand nombre de plantes différentes, pour multiplier à cet égard nos eſſais comme nous l'aurions deſiré. Nous n'avons pu préparer que les ſucs de bourrache, de creſ-ſon, de cochlearia, d'ortie, d'oſeille & de joubarbe. Ces ſucs purifiés & ſéparés de leurs feuilles, ont été mêlés en différentes propor-tions à l'eau d'Enghien. Ceux d'ortie & de bour-rache ne l'ont point précipitée, mais en ont abſolument détruit l'odeur dans le moment du mélange ; elle a reparu quelques inſtans après, mais modifiée & rendue plus fade par celle qui eſt propre à ces ſucs. Celui de joubarbe ne lui a fait éprouver aucune altération, ni dans ſa tranſparence, ni dans ſon odeur. Le ſuc d'oſeille a augmenté beaucoup ſa fétidité & l'a précipité en ſtries aſſez abondantes, ce que nous avons attribué à l'acide oxalin con-tenu dans cette plante, & à ſon action ſur les ſels calcaires de l'eau. Ceux de creſſon & de cochlearia ont auſſi modifié ſon odeur, & en ont répandu une mixte très-difficile à dé-crire, mais ſans y former de précipité. En gé-néral, tous ces ſucs, excepté celui d'oſeille, qui précipite ſur-le-champ l'eau d'Enghien, favoriſent ſa décompoſition & en diminuent l'o-deur après quelques inſtans. Tous ces mélanges ſe troublent plutôt que l'eau ſeule, & ce phé-nomène a lieu même dans des vaiſſeaux fermés,

lorſqu'on

lorsqu'on mêle partie égale des fucs & d'eau minérale. Nous penfons que cette action eft due à l'air contenu dans les fucs. En broyant les plantes qui les fourniffent, pour brifer leurs vaiffeaux & en obtenir facilement le fluide par expreffion, on multiplie fingulièrement le contact de ces fucs avec l'air, ils en abforbent une certaine quantité, & ils deviennent par-là plus fufceptibles de décompofer l'eau d'Enghien. Auffi les plantes qui contiennent des extraits favonneux, & dont le fuc eft d'une nature vifqueufe, & lie plus étroitement les molécules de l'air qu'il abforbe, comme celui de bourrache, décompofent-elles l'eau avec plus d'énergie & de promptitude.

Nous concluons de ces expériences que l'on peut mêler les fucs de la plupart des plantes à l'eau d'Enghien, & l'adminiftrer ainfi aux malades, excepté ceux d'ofeille & vraifemblablement des autres végétaux acides, mais qu'il faut avoir l'attention de ne préparer ces mélanges que dans le moment où les malades doivent les prendre, afin qu'il n'y ait point encore de décompofition.

§. IV. *Lait.*

On a mêlé du lait en différentes dofes avec l'eau d'Enghien. Ces deux fluides fe font unis

ſans préſenter aucune altération ; le lait a conſervé ſon opacité & ſa fluidité ordinaire ; l'o-
deur de l'eau a été légèrement affoiblie, mais
ſans être changée, & le mêlange avoit une
ſaveur mixte dans laquelle on diſtinguoit celle
de ces deux liqueurs.

Le petit lait forme, en quelques minutes ,
un léger nuage dans l'eau d'Enghien, mais ſans
altérer en aucune manière ſon caractère hépatique. Le trouble qu'il y produit dépend de
la craie de l'eau avec laquelle s'unit la petite
quantité d'acide phoſphorique contenu dans le
ſerum du lait. Le phoſphate calcaire qui naît
de cette union, eſt, comme on ſait, un des
moins ſolubles de tous les ſels , & il ſe dépoſe
aſſez promptement dans les liqueurs où il ſe
forme. Telle eſt la raiſon pour laquelle l'eau de
chaux eſt troublée aſſez fortement par le petit
lait ; mais l'eau d'Enghien ne l'eſt pas à beaucoup près avec la même énergie , parce que la
craie qu'elle contient, & qui eſt ſaturée d'acide crayeux n'eſt pas ſi avide de ſe combiner avec
l'acide phoſphorique, qui d'ailleurs eſt en petite quantité dans le petit lait, & maſqué par
les autres principes qui ſont tenus en diſſolution dans cette liqueur animale.

CHAPITRE XIV.

De l'action des Réactifs sur l'Eau dégazée.

ON a vû que l'eau d'Enghien expofée à l'air perd, au bout de quelque temps, fes propriétés fulfureufes, que le gaz hépatique auquel elle les doit, fe décompofe par l'action de l'air vital contenu dans l'atmofphère, qu'une portion du foufre fe dépofe avec de la craie abandonnée par l'acide crayeux qui fe dégage. Cette décompofition réduit l'eau d'Enghien prefque à l'état d'eau commune, ou au moins d'une eau légèrement faline. Il nous a paru intéreffant & utile pour la connoiffance des principes de cette eau minérale de l'examiner dégazée, & de comparer l'effet que les réactifs y produifent après cette altération, à celui qu'ils y opèrent dans fon état naturel. Ces expériences étoient feules propres à bien faire diftinguer les changemens dûs au gaz hépaique, de ceux dont la caufe tient aux fubftances falines. Mais il étoit inutile d'employer tous les réactifs qui avoient été mis en ufage pour l'eau hépatifée, fur-tout après avoir bien reconnu par les métaux, les chaux & quelques diffolutions métalliques, que l'eau ne contenoit plus du tout de gaz hépatique.

Pour faire ces expériences on a pris 100 liv. d'eau d'Enghien qu'on a laissé décomposer à l'air dans des capsules de grès neuves & recouvertes d'une gaze double. Elles y sont restées exposées pendant trois semaines ; on les agitoit de temps en temps. On a filtré cette eau lorsqu'elle n'a plus présenté de propriétés hépatiques, on a recueilli sur le filtre 80 grains de dépôt d'un gris blanchâtre, formé pendant la décomposition de ces 100 livres d'eau. On y a trouvé la même proportion de soufre, de craie ordinaire & de craie de magnésie, que dans celle qui a été indiquée dans le cinquième Chapitre. On a traité cette eau dégazée par l'eau de chaux, la craie de potasse, l'acide du sucre, le muriate barytique, le nitre mercuriel, & le nitre d'argent. Ces réactifs suffisoient pour connoître les principes salins de l'eau, & pour déterminer si l'exposition à l'air y avoit apporté quelques changemens.

§. I. *Eau de Chaux.*

Huit livres de cette eau désoufrée par l'air, mêlées avec suffisante quantité d'eau de chaux ont donné un précipité en floccons, qui sont restés quelque temps séparés, comme cela arrive à la magnéfie ; ce précipité s'eft dépofé en vingt-quatre heures ; recueilli fur un filtre, il a pris en fe féchant une couleur un peu rofée ou gris de lin ; il pefoit, bien fec, 64 grains.

On l'a traité par les acides , & on y a trouvé 57 grains de craie & 5 $\frac{1}{2}$ grains de magnéfie.

Cette expérience ne diffère que très-peu de celle qui a été faite fur l'eau hépatifée avec le même réactif. En effet, dans celle-ci, la même quantité d'eau a donné environ un gros de précipité, qui étoit formé de 66 grains de craie & de 6 grains de magnéfie ; il n'y a eu ici que quelques grains de moins fur la première de ces terres, & très-peu fur la feconde. Ainfi quoique l'eau d'Enghien perde de l'acide crayeux par fon expofition à l'air, & que ce foit la caufe de la précipitation de la craie, il paroît qu'elle retient encore affez de cet acide & de craie diffoute, même après la décompofition du gâz hépatique, puifqu'elle fournit encore un précipité affez abondant en craie par l'eau de chaux.

L'alkali volatil cauftique nous a fourni un réfultat analogue ; car nous en avons obtenu fur 8 livres de cette eau défoufrée, un précipité à très-peu de chofe près auffi pefant que de celle qui étoit dans fon état naturel. On doit en conclure que l'acide crayeux eft fort adhérent

à cette eau , & que le gaz hépatique eſt beaucoup plutôt décompoſé , que cet acide n'eſt
dégagé. On verra même par la ſuite que la plus
grande partie de cet acide n'en peut être ſéparée que par l'action du feu continué même
uqelque temps. Nous obſerverons ici que ce
phénomène eſt très-différent de celui que préſente l'eau ſurchargée d'acide crayeux ou acidule ; la craie que celle-ci contient s'en ſépare très-vîte, & il ſemble que l'acide excédent entraîne avec lui & rende plus légère la
portion de celui qui tient la craie en diſſolution ; au contraire les eaux qui ne contiennent
que la quantité de cet acide néceſſaire pour
diſſoudre la craie, ne laiſſent dégager l'un &
l'autre qu'avec peine. Ce réſultat eſt parfaitement d'accord avec la petite quantité de terres
calcaire & magnéſiene qui ſe ſéparent de l'eau
d'Enghien par ſon expoſition à l'air , puiſque 50
liv. n'ont donné que 18 grains de la première
& 3 grains de la ſeconde, ce qui ne fait que
3 grains & demi de moins ſur huit livres , &
nous verrons par l'évaporation que l'eau d'Enghien en contient beaucoup davantage. Concluons donc de cette expérience que la ſéparation de l'acide crayeux & des terres, eſt le
moindre des changemens que cette eau minérale
éprouve par le contact de l'air.

§. I I. *Alkali fixe effervescent ou crayeux.*

On a versé quantité suffisante de dissolution de craie de potasse dans huit livres d'eau d'Enghien dégazée, pour en opérer la précipitation complette. Il y a eu un précipité aussi abondant que dans l'eau non altérée ; il étoit en floccons un peu colorés qui se sont rassemblés très-promptement. On a décanté l'eau claire après 36 heures, & on a eu un peu plus de 30 grains de précipité séché qui contenoit les mêmes proportions de craie & de magnésie, que celui qu'on avoit obtenu de l'eau dans son état naturel par le même réactif. Cette expérience prouve ce que nous avons déjà exposé ailleurs sur l'action de l'alkali fixe ; savoir, que ce sel précipite la chaux combinée à l'acide vitriolique, mais ne sépare point celle qui est unie à l'acide crayeux.

§. I I I. *Acide saccharin.*

Une once de dissolution d'acide du sucre, pesant 12 grains plus que l'eau par once, a été versée dans huit livres d'eau d'Enghien dégazée. On observa la même précipitation & les mêmes stries que dans l'eau hépatisée, mais ces stries ne se colorèrent point en gris comme dans cette dernière, le précipité resta blanc, il se

sépara du filtre sur lequel on l'avoit laissé sécher , sous la forme d'écailles très-blanches , il
pesoit 34 grains. On en avoit eu 36 de la même
quantité d'eau dans son état naturel. Cette diminution de poids répond assez exactement à
la séparation de la terre calcaire que l'eau avoit
perdue par son exposition à l'air , puisque la
précipitation opérée par l'acide saccharin n'est
jamais qu'en raison de la craie ou de la chaux
combinée & dissoute dans les eaux.

§. I V. *Muriate barytique.*

Une once de dissolution de sel marin à base
de terre pesante ou de muriate barytique versée
dans huit livres d'eau d'Enghien dégazée , a
formé tout-à-coup des stries blanches très-abondantes & très-pesantes qui se font peu-à-peu
précipitées sans prendre la couleur noire qu'elles
avoient acquise dans l'eau hépatisée naturelle.
Vingt-quatre heures après on a décanté l'eau ,
& on a filtré les dernières couches pour ramas-
ser le précipité. Celui-ci après son exsiccation ,
étoit un peu gris & pesoit un peu plus de 20
grains. C'étoit manifestement du vitriol barytique ou du spath pesant formé par l'union de
la terre pesante avec l'acide vitriolique contenu
dans l'eau. Cette expérience répond parfaitement à celle que nous avons décrite plus

haut, pour la quantité de précipité; elle prouve que la décompofition de l'eau par l'air, n'altère en aucune manière les fels vitrioliques diffous dans ce fluide. La coloration que le précipité formé par le même réactif avoit prife dans l'eau non altérée, tenoit donc, comme nous l'avons dit, au gaz hépatique, puifque ce gaz ayant été décompofé par l'air, le muriate barytique a donné un précipité blanc, comme il le fait dans toutes les eaux qui contiennent quelques fels vitrioliques.

§. V. *Nitre de mercure.*

On a verfé un gros & demi de diffolution ni-treufe de mercure dans huit livres d'eau d'En-ghien dégazée; il s'eft fait à l'inftant même un précipité d'un gris jaunâtre, dont la couleur s'eft peu à peu foncée, & eft devenue tout-à-fait femblable à celle du turbith minéral. Il a été affez long-temps à fe raffembler ; au bout de deux jours on a décanté l'eau éclaircie, & fil-tré les dernières portions. Le précipité étoit d'un jaune pâle, & il s'eft un peu foncé en féchant. Il pefoit 1 gros 30 grains. C'étoit un mélange de turbith minéral, de précipité mer-curiel & de muriate mercuriel doux. Ce der-nier faifoit un dixième du poids total.

On voit donc que ce réactif a produit un

effet différent fur l'eau d'Enghien dégazée, de celui qu'il produit dans cette eau hépatifée. Dans celle-ci le précipité eft moins abondant & très-coloré. La préfence du gaz hépatique & la portion d'acide crayeux contenue dans cette eau, font les caufes de cette différence. Le premier de ces gaz colore le précipité, & met le mercure dans l'état d'éthiops. Lorfque ce gaz n'exifte plus, il n'y a que les fels vitrioliques & muriatiques de l'eau qui agiffent fur le nitre mercuriel & qui font décompofés par cette diffolution. L'acide crayeux diffout une portion de la chaux de mercure ; lorfque ces deux fluides élaftiques font dégagés par le contact de l'air, le précipité n'eft plus coloré, & il fe dépofe en entier.

§. V I. *Nitre d'argent.*

La diffolution nitreufe d'argent nous a préfenté auffi fur l'eau dégazée une action fort différente de celle qu'elle produit fur l'eau dans fon état naturel.

Quatre gros de diffolution de criftaux de lune ont été verfés dans huit livres d'eau d'Enghien, décompofée à l'air. Ce fluide s'eft troublé uniformément, il s'y eft formé un nuage blanc & très-opaque qui eft refté affez long-temps fufpendu dans toute la liqueur. Il a été quatre jours à se déposer ; on a décanté l'eau éclaircie, & filtré les dernières portions pour obtenir le précipité. Celui-ci, en se séchant, a pris une couleur un peu brune ; il s'est réduit à un très-petit volume, & ne pesoit que six grains. C'étoit un mélange de vitriol & de muriate d'argent ; ce dernier étoit beaucoup plus abondant que l'autre, autant qu'il nous fut possible d'en juger d'après la petite quantité de matière que nous avions à examiner, & sur-tout par la couleur qu'il a prise pendant sa dessiccation. Il y a donc une très grande différence entre cette expérience & celle qui a été faite sur l'eau hépatisée. Dans celle-ci le précipité étoit beaucoup plus abondant, il avoit une couleur presque noire. Il pesoit 44 grains, & il contenoit du soufre. La différence de couleur & de poids dépend donc de l'absence du gaz hépatique. Ce fluide élastique, dissous dans l'eau, a la propriété de précipiter le nitre d'argent, & il étoit naturel d'attribuer à sa présence l'abondance du précipité par l'eau hépatisée. Mais le rapport de 44 grains à 6 grains nous ayant paru très-considérable, nous avons cru devoir examiner l'eau qui surnageoit le précipité, & nous y avons reconnu facilement la présence d'une quantité très-notable de vitriol d'argent ; comme ce sel est très-soluble, on voit qu'il n'y a

eu prefque que le muriate d'argent qui s'eft
dépofé dans l'eau dégazée, tandis que le même
fel, décompofé par le gaz hépatique de l'eau
dans fon état naturel, & précipité en chaux
d'argent foufrée, augmente beaucoup la quantité du dépôt.

CHAPITRE XV.

De l'action de quelques Réactifs fur l'Eau d'Enghien, concentrée par l'évaporation.

MALGRÉ l'étendue des recherches que nous
avions déjà faites pour connoître l'action d'un
grand nombre de réactifs fur l'eau d'Enghien
dans deux états, il nous reftoit quelques doutes
que nous voulions éclaircir. Les fels neutres que
nous avions mêlés avec cette eau, ne nous avoient
point indiqué la préfence de vitriol alkalin, ni de
vitriol de magnéfie, quoique deux habiles chimiftes, MM. Roux & Deyeux, y euffent trouvé,
le premier du fel de Glauber, & le fecond
du fel d'Epfom. D'après le fuccès des expériences précédentes, nous devions conclure,
comme nous l'avons dit dans le neuvième
chapitre, que cette eau ne contenoit ni l'un
ni l'autre de ces fels ; cependant comme on
pouvoit foupçonner que la petite quantité de

l'un ou de l'autre de ces fels avoit empêché que l'effet des fels neutres qui ont coutume de les décompofer en formant de la félénite, ne fût fenfible, nous avons cru qu'il étoit important de diminuer beaucoup le volume de l'eau, pour rapprocher ces fels s'ils y étoient contenus, & pour pouvoir en reconnoître la préfence.

Quarante livres d'eau d'Enghien, dégazée par le contact de l'air, ont été évaporées au bainmarie, jufqu'à la réduction de quatre onces, ou jufqu'au 160 de fon poids ; elle avoit alors une couleur jaune tirant fur le brun, & une faveur affez fortement amère. Ces quatre onces ont été divifées en huit portions de deux gros chacune.

On a verfé dans une de ces portions une diffolution de muriate calcaire, qui y a formé un précipité affez abondant. On a recueilli ce précipité, & il a été reconnu par l'examen pour de vraie félénite. Cette expérience nous prouva que l'eau d'Enghien contenoit un fel vitriolique différent du vitriol de chaux ou de la félénite ; & l'on verra par la fuite, que c'eft du vitriol de magnéfie ou fel d'Epfom. Cependant l'eau dans fon état naturel, n'avoit donné aucune trace de cette précipitation par le muriate calcaire, ce qui ne pouvoit dépendre que de la quantité de fel d'Epfom qui y eft diffoute, & qui ne va qu'à $\frac{1}{4000}$ de fon poids.

On a mis un criftal de fel de Glauber bien régulier dans une feconde portion de cette eau concentrée : il s'y eft diffous peu à peu, & lentement, mais fans y former de précipité, preuve qu'il n'y a point de muriate calcaire dans l'eau d'Enghien, & on conçoit en effet que le fel d'Epfom contenu dans ce fluide ne pourroit pas s'y trouver avec un fel déliquefcent qui en opéreroit la décompofition.

L'alkali volatil cauftique a précipité des floccons jaunâtres de la troifième portion, & la quatrième mêlée à l'eau de chaux, a donné également un précipité flocconneux, qui étoit manifeftement dû à la magnéfie féparée des acides vitriolique & muriatique auxquels elle eft unie dans cette eau, comme on le verra par l'examen du réfidu de l'évaporation.

Quelques gouttes d'acide faccharin verfées dans une cinquième portion de l'eau concentrée l'ont troublée, & y ont produit un léger précipité coloré ; mais cette précipitation ne pouvoit pas dépendre d'un fel calcaire, puifque toute la craie & la félénite, les feuls fels calcaires contenus dans cette eau, s'étoient féparées par l'évaporation à laquelle elle avoit été foumife ; d'ailleurs l'acide muriatique pur

y opéroit absolument le même phénomène , &
la troubloit comme l'acide du sucre ; nous
avons attribué cette légère précipitation à une
matière extractive contenue dans l'eau & à laquelle étoit dûe sa couleur brune.

Les deux dernières portions de l'eau concentrée ont été traitées , l'une par le muriate
barytique , & l'autre par le nitre de mercure.
Celle dans laquelle on a versé une dissolution
de muriate barytique ou sel marin pesant, a
donné des stries pesantes & fort abondantes
par ce réactif. La présence de l'acide vitriolique ne pouvoit pas être douteuse d'après cette
expérience ; & comme il n'y avoit plus de sélénite, qui avoit été entièrement précipitée pendant l'évaporation , il devoit être uni à une autre base que la chaux , & nous avons déjà annoncé que c'est à la magnésie.

La dissolution nitreuse de mercure a précipité très-abondamment la dernière portion
de l'eau concentrée. Ce précipité étoit manifestement formé de deux parties , l'une qui avoit
l'apparence de floccons blancs , & dont la pesanteur les avoit entraînés au fond du verre ,
l'autre en une poudre jaunâtre qui occupoit
le haut de ce vase. On reconnoît ici la présence & l'action des acides vitriolique & muriatique, le premier formant une espèce de tur-

bith ; le fecond formant un caillé blanc ou du mercure doux.

Il réfulte de tous ces effais que l'eau d'Enghien, concentrée jufqu'à $\frac{1}{160}$ de fon poids, ne contient plus de fels calcaires ; que plufieurs réactifs, & en particulier le muriate calcaire, y démontrent la préfence d'un fel vitriolique diffoluble ; que d'autres, & fur-tout le nitre mercuriel y indiquent la préfence de l'acide muriatique, & que comme le fel de Glauber n'y produit point de précipité, ce dernier acide n'y eft point uni à la chaux, puifque d'ailleurs le muriate calcaire ne pourroit pas refter diffous en même-temps que le vitriol de magnéfie.

Enfin cette eau préfente, dans fon état d'évaporation, une couleur & une précipitation par les acides qui appartiennent à une matière extractive, dont la petite quantité n'eft pas fenfible fans cette concentration.

Il y a donc beaucoup d'avantage à employer les réactifs fur les eaux minérales concentrées par l'évaporation, fur-tout relativement aux matières falines qu'elles tiennent en diffolution ; fouvent la petite quantité de quelques-unes de ces matières, qui n'eft pas fenfible dans leur état naturel, & dont l'action des réactifs porteroit à nier la préfence, le devient plus ou moins fenfiblement, lorfque leur proportion eft augmentée

tée par leur rapprochement dû à l'évaporation. On ne peut porter un jugement certain sur cet objet, qu'après avoir comparé l'action des réactifs sur une eau dans ces deux états.

CHAPITRE XVI.

Résultats de l'action des Réactifs sur l'Eau d'Enghien.

EN comparant entr'eux tous les phénomènes produits par les divers réactifs sur l'eau d'Enghien, on voit que les uns ont agi sur le principe de son odeur fétide, & de sa saveur désagréable, ou sur le gaz hépatique que cette eau contient, les autres sur les matières fixes ou salines qu'ils ont diffoutes, & une troisième claffe fur les uns & les autres de ces principes à-la-fois.

Parmi ceux qui ont agi feulement sur le gaz hépatique, il en eft qui l'ont décompofé en abforbant le gaz inflammable & en dégageant le foufre que ce gaz rendoit diffoluble ; tels font l'acide nitreux rutilant, l'acide muriatique déphlogiftiqué ou aéré & l'acide fulfureux ; c'eft à l'air vital ou oxigène contenu dans ces acides, & qui eft très-peu adhérent aux bafes acidifiables qu'eft due la décompofition de ce gaz ; l'abforption du gaz inflammable par cet oxigène forme de l'eau , & le foufre précipité recueilli avec foin peut indiquer par fa quantité la dofe ou le volume du gaz hépatique, puifqu'on connoît la diffolubilité du foufre dans le gaz inflammable , comme nous le dirons par la fuite. Obfervons feulement ici que ces réactifs acides dans lefquels l'oxigène ne tient que foiblement , font très-propres à indiquer la préfence & la quantité du foufre, qui ont été jufqu'à Bergman un problême dont la folution étoit réfervée à ce favant. Nos expériences nous ont indiqué un peu plus de fix grains de foufre fur huit livres d'eau d'Enghien.

D'autres réactifs ont également agi fur le gaz hépatique , & l'ont décompofé comme les trois précédens par l'air vital qu'ils contiennent ; mais comme ceux-ci font indiffolubles dans l'eau , ils fe font dépofés avec le foufre, de forte que les combinaifons fulfureufes qu'ils ont formées n'ont pu donner que des réfultats très-incertains fur la quantité de ce corps combuftible. On doit ranger dans cette claffe les chaux métalliques, qui, comme on le fait aujourd'hui, font des compofés de métaux & d'air pur ; les diffolutions métalliques qui ont été décompofées par le gaz hépatique , fans agir très-fenfiblement fur les autres principes de l'eau d'Enghien, comme le fublimé corrofif, les vitriols

de zinc, de fer & de cuivre , ont donné comme
les chaux métalliques , des précipités fulfureux ;
mais la caufe de leur précipitation par ce gaz,
n'a point encore affez occupé les chimifles. Les
métaux font plus ou moins calcinés ou chargés
d'air vital. dans leurs combinaifons avec les
acides ; en leur enlevant cet air, ils ne peuvent plus y refler unis ; c'eft ainfi que le fer
fépare des acides le cuivre fous forme métallique, en lui enlevant l'air vital , ou plutôt fa
bafe oxigène avec laquelle le fer a plus d'affinité, que lui. Le gaz hépatique contient du gaz
inflammable , qui ayant plus d'affinité avec
l'air que la plupart des métaux , l'enlève
aux chaux ; celles-ci paffant à l'état métallique, ou fe rapprochant de cet état, fe fé-
parent des acides & fe précipitent en une
couleur plus ou moins foncée, & unies au foufre.
Le fer & le zinc qui décompofent l'eau, paroiffent d'abord ne pas devoir décompofer le gaz
hépatique, puifqu'ils ont avec l'air pur plus
d'affinité que n'en a le gaz inflammable ; mais
fi l'on réfléchit que ces métaux n'enlèvent à
l'eau qu'une certaine quantité d'oxigène, au-
delà de laquelle ils ne peuvent plus en décompofer davantage, tandis qu'unis aux acides ils
contiennent plus de cet air, on concevra que
le gaz inflammable doit leur en enlever une

portion ; telle eſt la cauſe de la couleur noire
que prennent ces chaux métalliques. Les diſſolutions des quatre métaux que nous avons cités,
ont donné, avec 8 livres d'eau d'Enghien, depuis 8 grains juſqu'à 20 grains de précipité,
ſuivant leur peſanteur, &, ſuivant leur décompoſition plus ou moins facile par le gaz inflammable ; ainſi le fer, un des métaux qui adhère
le plus à l'air vital & un des plus légers, n'a
donné que 8 grains de précipité. On ne peut
pas compter de même ſur les diſſolutions métalliques que l'eau ſeule décompoſe, & dont
les chaux ſéparent en même-temps les principes
du gaz hépatique, telles que les beurres d'arſenic & d'antimoine ; auſſi le poids & la couleur
de leurs précipités ſont-ils très-ſuſceptibles de
varier, ſuivant la doſe qu'on emploie.

Quant à la coloration des métaux par l'eau
d'Enghien, elle tient comme les phénomènes
précédens, à la décompoſition du gaz hépatique,
mais elle s'opère par une affinité différente ;
ce n'eſt plus par l'union de l'air avec le gaz inflammable, mais par l'attraction directe des métaux avec le ſoufre ; auſſi cette décompoſition n'eſt-
elle que très-peu abondante ; il ne ſe ſépare que
très-peu de ſoufre qui ſe dépoſe à la ſurface des
métaux, & l'odeur hépatique ſubſiſte toujours.

La ſeconde claſſe des réactifs qui n'ont agi

que fur les matières falines diſſoutes dans l'eau
d'Enghien, eſt la plus nombreuſe de toutes.
Parmi ces réactifs il en eſt qui ne portent leur
action que fur une feule de ces matières & qui
en prouvent l'exiſtence. Tel eſt l'acide du fucre
& le muriate barytique ; le premier démontre
la chaux, & le fecond l'acide vitriolique. L'a-
cide faccharin a indiqué la préſence de 17
grains $\frac{1}{2}$ de chaux dans huit livres d'eau d'Enghien, & le muriate barytique celle de 6 $\frac{1}{2}$ grains
d'acide vitriolique ; la plus grande partie des
autres réactifs ont agi fur pluſieurs fubſtances
falines à-la-fois ; la chaux & l'alkali volatil ont
abforbé l'acide crayeux contenu dans cette eau,
précipité la craie qui y étoit diſſoute à l'aide
de cet acide, ainſi que la magnéſie unie à d'autres acides. L'effet de ces matières alkalines eſt
donc très-compliqué, & il eſt preſqu'impoſ-
fible d'obtenir un réſultat exact fur la quantité
de principes fixes qu'ils ont féparés de l'eau,
fur-tout en fe rappelant que l'eau de chaux
dépofe par fon union avec l'acide crayeux beaucoup plus de craie qu'il n'y en a réellement
dans l'eau, & que l'alkali volatil ne précipite
point toute la magnéſie unie aux acides. Il en
eſt de même de l'alkali fixe uni à l'acide crayeux,
ou craie de potaſſe, qui précipite en même-
temps la craie & la magnéſie. Cependant en

comparant l'effet de ces trois fels fur l'eau d'Enghien, nous avons eftimé la craie à environ 23 grains & la magnéfie à 5 ou 6 grains fur 8 livres de cette eau. Nous rappellerons encore ici que l'alkali volatil cauftique a donné prefque autant de précipité que la craie de potaffe, ce qui prouve qu'à l'aide de l'acide crayeux contenu dans cette eau, il a produit à-peu-près le même effet fur les fels calcaires qu'elle tient en diffolution.

Les nitres de mercure & d'argent ainfi que le fucre de faturne, employés fur l'eau privée de gaz hépatique, ont démontré la préfence des acides vitriolique & muriatique, mais il ne nous a pas été poffible d'en apprécier exactement la quantité.

Enfin quelques-uns des réactifs employés dans cette analyfe ont agi en même-temps fur le gaz hépatique, & fur les principes fixes de l'eau d'Enghien. Tels font les nitres de mercure & d'argent, l'acète de plomb, & à la rigueur toutes les diffolutions métalliques, dont les chaux ont été précipitées par la craie en même-temps que colorées par le foufre.

Il réfulte donc de l'action comparée de tous les réactifs dont l'effet a été apprécié avec le plus d'exactitude poffible, qu'ils ont démontré dans l'eau d'Enghien la préfence des principes fuivans ;

(215)

Gaz inflammable.

Soufre.

Acide crayeux.

Chaux.

Magnéfie.

Acide vitriolique.

Acide muriatique.

Mais dans quel ordre de combinaifons ces différentes fubftances font-elles unies les unes avec
les autres, & quelles lumières l'action connue des
réactifs peut-elle répandre fur cet objet ? c'eft-
là fans doute la partie la plus difficile à traiter dans l'examen des réactifs ; cependant il
n'eft pas impoffible d'acquérir fur ce point des
données affez exactes, en comparant entr'elles
les expériences que nous avons faites ; cette
comparaifon doit nous conduire à plufieurs des
réfultats que nous cherchons.

1°. Le foufre eft certainement diffous par le
gaz inflammable, & dans l'état de gaz hépatique, comme nous l'annonce l'odeur de l'eau,
fa décompofition par l'air, fa précipitation par
les acides phlogiftiqués, & fon inaltérabilité par
les acides ordinaires. Les mêmes phénomènes
prouvent que le foufre n'y eft point uni à des
matières alkalines.

2°. L'acide crayeux n'y eft pas entièrement
libre, puifque l'eau d'Enghien n'eft point aci-

dule & ne rougit point la teinture de tournefol , puifque d'ailleurs cette eau n'eft point
pétillante & ne donne point de bulles multipliées par l'action du feu comme les eaux gazeufes ou fpiritueufes.

3°. Cet acide y eft uni à la chaux & à la
magnéfie , mais le précipité de craie donné par
l'eau de chaux & l'alkali volatil pur , le dépôt
de la même terre par l'expofition à l'air & par
la chaleur , prouvent que l'acide crayeux eft
plus abondant qu'il ne le faut pour faturer ces
deux fubftances falino-terreufes , & que fon excès fert à les tenir diffoutes dans l'eau. Rap-
pelons encore ici que cette furabondance d'a-
cide crayeux uni à la craie qu'elle rend diffoluble , n'eft fenfible ni au goût , ni par le tournefol (1).

4°. Cependant une portion de l'acide vitrio-

***

(1) On pourroit dire que la craie & la magnéfie diffoutes
dans l'eau par le moyen de l'acide crayeux , font des efpèces de fels terreux avec excès d'acide ; mais comme cet excès n'eft fenfible , ni au goût , ni par les réactifs colorés ,
ces fels ne font pas femblables à ceux qui contiendroient
un excès des autres acides. Il paroît donc que l'acide
crayeux qui rend la craie & la magnéfie diffolubles dans
l'eau , adhère plus à ces bafes quoiqu'elles en foient déjà
faturées , que ne le font les autres acides , & qu'il réfulte
une forte de neutralité dans ces combinaifons.

lique eft unie à la magnéfie, quoique le muriate calcaire ne l'annonce point fur l'eau d'Enghien pur. On doit fe rappeler que cette eau
évaporée au bain-marie jufqu'à plus d'un cen-
tième de fon volume, a donné par le muriate
calcaire un précipité de félénite ; d'où il réfulte
que fi ce précipité n'a pas lieu, dans l'eau naturelle, c'eft que le fel d'Epfom y eft extrêmement peu abondant , & étendu dans une
trop grande quantité de liquide. On voit d'a-
près cela que l'acide vitriolique eft uni à deux
bafes terreufes dans l'eau d'Enghien , mais en
beaucoup plus grande quantité à la chaux qu'à
la magnéfie.

6°. L'exiftence du vitriol de magnéfie démontrée dans cette eau quoiqu'en très-petite
quantité , prouve que l'acide muriatique ne
peut pas y être uni à la chaux, car le muriate calcaire ne peut pas refter avec le vitriol
de magnéfie fans le décompofer, & être à fon
tour décompofé, de forte que ces deux fels
fe changent tout-à-coup en félénite & en muriate de magnéfie. En effet l'eau concentrée
n'a point donné de précipité avec le fel d'Epfom.

7°. Il eft donc prouvé d'après les deux précédentes obfervations que l'acide muriátique
doit être uni à la magnéfie & non à la chaux
dans l'eau d'Enghien.

8°. Ces données exactes & faciles à réunir, d'après les expériences citées, & sur-tout d'après les effets bien connus des attractions électives qui ont lieu entre les différens principes de l'eau d'Enghien, démontrés d'abord comme isolés par les réactifs, prouvent que les combinaisons réciproques & possibles de ces principes forment dans cette eau les composés suivans :

1°. Gaz hépatique inflammable.

2°. Craie dissoute par l'acide crayeux excédent.

3°. Craie de magnésie dissoute par l'acide crayeux excédent.

4°. Vitriol de chaux ou sélénite.

5°. Vitriol de magnésie ou sel d'Epsom en très-petite quantité.

6°. Muriate de magnésie.

On pourroit conclure de ces détails que l'analyse par les réactifs, indique assez exactement les principes d'une eau sulfureuse, & qu'il seroit possible de se passer de l'évaporation. Mais celle-ci a un autre avantage, celui de faire connoître la quantité de ces principes & de confirmer l'analyse par les réactifs. D'ailleurs on verra dans les chapitres suivans qu'elle nous a fait trouver dans l'eau d'Enghien trois autres substances dont la quantité très-petite, & le

mêlange avec les principes précédens les ren-
doient abſolument inappréciables par les réactifs ; ces trois principes font la foude unie à
l'acide muriatique , ou un peu de ſel marin ,
une matière colorante extractive , & un peu
de terre ſiliceuſe.

Nous ferons encore une obſervation ſur les
réſultats précédens de l'action des réactifs. La
préſence ſimultanée de la craie de magnéſie &
du vitriol de chaux préſente au premier coup-
d'œil une exception embarraſſante aux attractions électives , entre ces baſes & ces acides.
En effet la ſélénite eſt décompoſée & précipitée par la craie de magnéſie dans toutes nos
expériences. Nous avons donc recherché la cauſe
de ce phénomène , & nous avons reconnu que
lorſque la magnéſie eſt diſſoute dans l'eau avec
un excès d'acide crayeux , elle n'a plus une
auſſi forte action ſur les ſels calcaires , ſur-tout
lorſqu'elle eſt très-peu abondante en comparaiſon de ceux-ci ; & que ſon attraction pour
les autres ſels magnéſiens , tels que le vitriol
& le muriate de magnéſie , s'oppoſe encore à
cette décompoſition , en l'empêchant de ſe porter ſur les ſels calcaires. Nous croyons donc
que ſi des chimiſtes même très-habiles , ont
aſſuré que la nature préſentoit ſouvent dans
les eaux des phénomènes contraires aux loix

des affinités reconnues dans nos laboratoires,
c'eſt qu'ils ont examiné les eaux dans des temps
où l'art des expériences n'étoit point auſſi avancé
qu'il l'eſt aujourd'hui, & dans leſquels les vraies
loix des attractions électives n'étoient point encore exactement connues.

CHAPITRE XVII.

De la diſtillation de l'Eau d'Enghien.

§. I. Dégagement des fluides élaſtiques.

DEPUIS que les phyſiciens ont découvert
la préſence de l'air fixe ou acide crayeux dans
les eaux minérales, & qu'ils ont prouvé par
leurs expériences ingénieuſes que cet acide eſt
un des minéraliſateurs les plus communs des
eaux, on a cherché les moyens de le retirer
& d'en meſurer la quantité. Le procédé le plus
généralement employé pour remplir cet objet,
eſt la diſtillation dans des appareils pneumato-
chimiques deſtinés à recueillir ce fluide dégagé
par la chaleur ſous des cloches pleines d'eau.
Quoique ce procédé ne donne point des réſultats rigoureuſement exacts, comme l'ont obſervé MM. Gioanetti & de Morveau, qui
en ont ſubſtitué un autre, il a cependant des

avantages qui l'ont fait employer jusqu'ici. Berg-man, qui, comme nous l'avons déjà dit, a répandu un grand jour fur la nature des eaux fulfureufes, a propofé pour en retirer le gaz hépatique qui minéralife la plupart d'entr'elles, de les diftiller à l'appareil pneumato-chimique au mercure. Il a eftimé d'après ce procédé la quantité de ce gaz contenu dans l'eau d'Aix-la-Chapelle à 24 pouces cubiques par pinte, & dans l'eau fulfureufe froide de Medvi en Oftrogothie, à 16 pouces cubiques par pinte. Cet illuftre chimifte ne parle point des diffi-cultés de cette expérience, & ceux qui con-noiffent fon exactitude, en concluront avec nous qu'elle réuffit fur les eaux qu'il a analyfées, quoiqu'elle nous ait préfenté bien des obftacles comme nous allons le dire.

Accoutumés à faire éprouver à l'eau d'En-ghien de grands dégrés de chaleur, foit avec le contact de l'air, foit dans des vaiffeaux fermés, nous avions remarqué bien des fois qu'elle fubit de grandes altérations, comme nous l'a-vons déjà dit dans le quatrième chapitre de cet ouvrage. Son odeur change, fa couleur devient jaune & verte, & enfuite elle fe trouble & précipite des molécules terreufes. Ces change-mens nous faifoient craindre de ne point ob-tenir le fluide élaftique dans fon entier ou dans

fon état de pureté. Ces craintes étoient d'autant mieux fondées que Bergman n'avoit
pas fait lui-même cette opération , & que dans
l'analyfe de l'eau hépatique froide & acidule
de Medvi , M. Dubb qui l'a diftillée à la fource
n'en a retiré par kanne que 13 pouces de fluide
élaftique , qui n'étoit que de l'acide crayeux
prefque pur. Auffi ne voit-on pas exactement
dans fon analyfe comment il eft parvenu à déterminer la quantité de gaz hépatique , quoiqu'il l'ait fixée à 16 pouces par pinte. Malgré
ces difficultés l'odeur hépatique que l'eau d'Enghien conferve même quand on la chauffe pendant quelque-temps , comme nous l'avons fait
voir , nous laiffoit quelque efpoir de réuffite.

Nous avons mis dans une cornue , dont le
poids & la capacité étoient connues, deux livres
d'eau d'Enghien , puifée à l'inftant même. A
la cornue étoit adapté un petit ballon muni
d'un tube recourbé , qui plongeoit fous une
cloche pleine d'eau pofée fur la planche d'une
cuve pneumato-chimique. Le tube qui fervoit
dans cette expérience étoit garni d'un robinet
dans fon milieu , afin d'arrêter l'eau de la cuve ;
en cas qu'il fe fît une condenfation dans les
vaiffeaux , & que l'eau ne pût point remonter
jufqu'au ballon. Tout cet appareil , lutté avec
foin , étoit établi à quelques pas de la fource

La cornue étoit presque enfoncée dans un bain de sable, afin de lui communiquer plus promptement le degré de chaleur nécessaire pour le dégagement du fluide élastique. On donna le feu assez fortement pour exciter une ébullition rapide. L'eau prit une couleur verte brillante avant de bouillir, comme elle a coutume de le faire. Il passa pendant les premiers instans de l'ébullition, quelques grosses bulles de fluide élastique, qui, recueillies dans la cloche, déplacèrent environ deux livres d'eau ; mais tout-à-coup l'eau remonta avec une grande rapidité dans le tube, on fut obligé de fermer le robinet ; quelque soin qu'on apportât, quoique l'eau fût en ébullition très-forte, il ne se dégagea plus d'air, & l'eau tendoit toujours à remonter. La portion de fluide élastique recueilli dans la cloche n'étoit point du gaz hépatique ; il ne s'enflammoit point, il affoiblissoit la lumière de la bougie, mais sans l'éteindre ; il avoit une odeur fétide qui n'étoit pas tout-à-fait celle du foie de soufre, il précipitoit en brun les dissolutions de plomb, & donnoit une couleur bleue à l'argent ; l'eau n'en absorba qu'environ le trentième, & elle devint susceptible de précipiter l'eau de chaux ; enfin une portion de ce gaz, conservé plusieurs heures sur l'eau, perdit le seizième environ de son volume,

& déposa sur les parois de la cloche qui le contenoit, une poussière blanche extrêmement tenue, & il avoit perdu son odeur fétide & sa propriété de colorer l'argent.

On voit par cet examen que le fluide élastique obtenu dans cette opération étoit un mêlange d'air atmosphérique de l'appareil, d'un peu de gaz hépatique qui s'est promptement décomposé par cette portion d'air, & qui a déposé du soufre, d'une petite quantité de mofète due à l'absorption de l'air pur par le gaz hépatique, & de quelques pouces d'acide crayeux.

La portion d'eau qui s'étoit condensée dans le ballon pendant les trois quarts-d'heure qu'on continua la distillation, etoit à-peu-près de deux onces ; elle étoit trouble, fétide, recouverte d'une pellicule manifestement sulfureuse, & elle précipitoit en noir les dissolutions métalliques. Elle contenoit donc une portion de gaz hépatique, & du soufre séparé de la partie de ce gaz qui avoit été décomposé par l'air atmosphérique contenu dans la cornue & dans le ballon. Ce dernier vaisseau offroit aussi sur ses parois un léger enduit blanchâtre, dont la forme & la couleur annonçoient la nature sulfureuse à des yeux exercés aux décompositions du gaz hépatique.

On

On répéta plusieurs fois cette expérience, en employant des appareils plus petits pour avoir moins d'air, en brusquant l'action du feu pour faire bouillir rapidement l'eau, & en séparer promptement le gaz, mais jamais on ne put obtenir de succès. Il y eut toujours décomposition d'une grande partie de gaz hépatique, ascension d'eau dans le tube, & le fluide élastique obtenu étoit toujours un mélange dont le gaz hépatique à moitié décomposé faisoit la plus petite partie.

Nous conclûmes de ces tentatives infructueuses qu'il y avoit dans cette expérience plusieurs difficultés dont Bergman n'avoit point parlé, & qu'il n'avoit peut-être point éprouvées sur l'eau de Medvi. 1º. L'air contenu dans les vaisseaux décompose une grande partie du gaz hépatique, comme le prouvent le vuide qui a lieu dans l'appareil & l'ascension de l'eau de la cuve, l'incrustation sulfureuse des parois du ballon & la pellicule de la même nature qui se forme sur l'eau condensée dans ce récipient. 2º. Une autre portion du gaz hépatique se dissout dans l'eau en vapeurs qui se condense dans le ballon, ainsi que dans celle qu'il traverse pour arriver dans la cloche. 3º. L'adhérence & l'espèce de fixité du gaz hépatique dans l'eau d'Enghien, facilite sa décomposition par la chaleur, & quand les deux premières difficultés

n'exifteroient pas , celle ci feule pourroit op-
pofer un grand obftacle à la réuffite de l'expérience.

Quoique ce dernier inconvénient fût inévitable , la poffibilité de rendre les deux premiers
nuls , & d'obtenir conféquemment un réfultat
moins incertain , nous engagea à recommen-
cer cette expérience avec quelques corrections
dans l'appareil. Nous penfâmes d'abord que
la capacité des vaiffeaux étant très-exactement
connue , il feroit poffible de déterminer la quantité de gaz hépatique décompofé par celle de
mofète qui refte dans l'appareil. Il nous
paroiffoit également facile de favoir combien
l'eau qui fe condenfe dans le récipient abforbe
de ce gaz , & d'éviter la diffolution d'une partie
de ce fluide élaftique dans l'eau de la cuve
pneumato-chimique , en employant l'appareil
au mercure. Enfin on pouvoit encore empê-
cher la décompofition du gaz hépatique par
l'air , en faifant le vuide dans les vaiffeaux diftillatoires. Mais ce dernier procédé eft très-difficile à exécuter , même dans les laboratoires
les mieux pourvus , & il étoit tout-à-fait impraticable dans une campagne ifolée , auprès de
la fource d'Enghien , où l'art principal étoit
de fe fervir des moyens les plus fimples. Pour
diminuer le plus qu'il nous étoit poffible les

obſtacles & les incertitudes dans la nouvelle expérience que nous projettions , nous choiſîmes une cornue & un ballon les plus petits poſſibles ; nous nous ſervîmes d'une cuve pneumato-chimique au mercure , & pour éviter que le vuide & l'abſorption n'arrêtât l'opération , nous mîmes entre le petit ballon & la cuve, un tube dont la longue branche avoit 33 pouces de hauteur ; le mercure ne pouvant s'élever qu'à 28 pouces dans ce tube par la preſſion de l'air extérieur qui eſt la cauſe de l'abſorption dans ces expériences , nous n'avions plus rien à craindre de ce côté.

Une livre d'eau d'Enghien qu'on fit bouillir rapidement dans cet appareil ne donna point de fluide élaſtique pendant dix minutes : mais on apperçut un nuage ſenſible ou une légère obſcurité dans le ballon ; le mercure remonta d'environ quatre à cinq pouces dans le tube , & il éprouva des oſcillations de quelques pouces au-deſſus de cette hauteur. Ces phénomènes annonçoient la décompoſition d'une portion du gaz par l'air des vaiſſeaux. Après dix minutes d'ébullition , il paſſa tout-à-coup & par ſecouſſes très-violentes un fluide élaſtique , qui déplaça le mercure , & dont on recueillit un volume égal à celui de 63 onces d'eau. A meſure que ce gaz traverſoit le mercure , le métal liquide fe coloroit & préfentoit bientôt à fa furface une pellicule noire qu'on ne put méconnoître pour de l'éthiops. En laiffant féjourner ce gaz fur le mercure, celui-ci remontoit dans les cloches pendant plus d'un-quart-d'heure, & lorfque fa furface étoit exactement recouverte d'éthiops, l'afcenfion s'arrêtoit, mais en brifant la pellicule noire par l'agitation, elle recommençoit avec la même énergie. Ce phénomène dont Bergman n'a point parlé, & dont M. Sennebier a fait mention, ne nous furprit point, parce que nous avions déjà reconnu par d'autres expériences que le mercure coulant agité avec l'eau d'Enghien formoit de l'éthiops minéral, & que ce métal avoit la propriété de décompofer le gaz hépatique ; mais il nous fit trouver encore une nouvelle fource d'erreur dans cette expérience, & il nous prouva de plus en plus l'impoffibilité d'obtenir un réfultat certain de la quantité de gaz hépatique contenu dans l'eau d'Enghien par la diftillation. En effet, malgré toute l'exactitude que nous avions mife dans cette opération, il nous fut impoffible d'obtenir le gaz hépatique pur. Le fluide élaftique recueilli dans les cloches n'étoit point inflammable, il éteignoit au contraire les bougies ; cependant il avoit une odeur fétide, il coloroit les lames & les diffolutions

métalliques ; c'étoit un mélange de mofète atmofphérique due au réfidu de l'air de l'appareil
qui avoit décompofé le gaz hépatique , d'une
très-petite portion de ce dernier , & d'acide
crayeux dégagé de l'eau par la chaleur. Comme
il devoit refter une partie du même mélange
de ces trois fluides élaftiques dans le haut de
la cornue , le ballon & le long tube ; & comme
le gaz hépatique de l'eau avoit été déjà en partie décompofé par l'air des vaiffeaux & par
le mercure, il fut impoffible d'en apprécier
exactement la quantité , & il fallut renoncer
abfolument à ce moyen , mais il nous reftoit
une donnée pour arriver à cette eftimation.
Bergman , dans fa Differtation fur les eaux hépatifées, affure , d'après fes recherches, que 60
pouces cubiques de gaz hépatique contiennent 8
grains de foufre en diffolution , qu'on peut en
précipiter par l'acide nitreux. Nous avons obtenu à-peu-près fept grains de foufre de huit
livres d'eau d'Enghien par cet acide , ainfi que
par l'acide fulfureux. Il paroît donc que cette
eau tient en diffolution , à très-peu de chofe
près , fept pouces cubiques de gaz hépatique
par livre, ce qui la met , à l'égard de celle
d'Aix-la-Chapelle , relativement à la quantité
de ce gaz , comme 7 eft à 12 , & à l'eau froide
de Medvi , analyfée par Bergman , comme 7

eſt à 8. Il eſt aſſez ſingulier que deux eaux
froides & hépatiſées , auſſi éloignées l'une de
l'autre , ſoient à-peu-près imprégnées de la
même quantité de gaz hépatique. On pourroit
ſoupçonner encore , d'après cette eſtimation ,
comparée à celle d'Aix-la-Chapelle , qu'une
eau thermale hépatiſée , eſt chargée du double
de gaz hépatique, qu'une eau froide de la
même nature ; mais pour compter ſur ce réſultat, il faudroit avoir l'analyſe exacte d'un
plus grand nombre d'eaux hépatiſées , relativement à la quantité de gaz hépatique qu'elles
contiennent, & aucun chimiſte en France ne
les a encore traitées de cette manière.

Quant à l'air fixe ou acide crayeux contenu
dans l'eau d'Enghien , la diſtillation ne peut pas
non plus en faire apprécier la quantité, parce
que cet acide y eſt très-adhérent , & ne s'en
dégage que très-lentement ; ce qui eſt prouvé
par la terre calcaire qui ſe précipite encore
long-temps après le dégagement & la décompoſition du gaz hépatique, comme nous le dirons
dans l'examen de l'évaporation de cette eau.
Nous chercherons par la ſuite d'autres moyens
d'eſtimer avec le plus d'exactitude poſſible ſa
quantité.

§. I I. *Examen du produit liquide de l'eau par la diftillation.*

Ce n'étoit point affez d'avoir prouvé que la diftillation ne peut point fervir pour retirer le gaz hépatique & l'acide crayeux de l'eau d'Enghien , il falloit encore fuivre les phénomènes de l'évaporation de cette eau dans des vaiffeaux fermés , & examiner la nature de cette eau réduite en vapeurs dans les appareils diftillatoires. M. Deyeux a très-bien décrit ces phénomènes dans fon Mémoire fur cette eau , & c'eft même d'après cette opération qu'il a adopté la théorie de la diffolution du foufre dans l'eau par le moyen du *caufticum* de Meyer. Nous n'avons point tiré les mêmes inductions de cette expérience , & nous croyons , comme nous allons l'expofer , que ces phénomènes dépendent d'une autre caufe.

On a mis 6 livres d'eau d'Enghien , puifée à l'inftant même , dans une cornue de verre , placée fur un bain de fable , & à laquelle on a lutté un récipient. Cet appareil a été dreffé fous une des arches fituées au-deffus de la fource. On a commencé l'opération à neuf heures du matin , en mettant quelques charbons allumés fous le bain de fable , & en l'augmentant par degrés jufqu'à l'ébullition. L'eau s'eft troublée dès les premiers inſtans ; lorſqu'elle a commencé à s'échauffer elle a repris ſa première tranſparence ; elle eſt bientôt devenue d'un jaune légèrement verdâtre ; quelques bulles ſe ſont alors élevées du fond de la cornue. Un peu avant l'ébullition la liqueur a pris la couleur de l'aigue-marine. Après deux heures de feu bien ménagé, l'ébullition s'eſt établie ; la couleur verte s'eſt foncée pendant quelques minutes ; mais bientôt elle s'eſt affoiblie & a diſparu entièrement après trois-quarts d'heure d'ébullition. Cependant l'eau conſervoit toujours une nuance jaunâtre. Quoique Bergman n'ait point décrit exactement ce phénomène dans l'eau de Medvi, il a cependant remarqué que celle qui lui avoit été envoyée concentrée par l'évaporation, avoit une couleur jaune, qui ſemble annoncer que cette eau eſt ſuſceptible d'éprouver les mêmes altérations que celle d'Enghien ; peut-être même ce changement de couleur eſt-il général pour toutes les eaux froides hépatiſées ; on conçoit qu'il ne doit point avoir lieu dans les eaux thermales de la même nature.

Après 6 heures de feu, on a ſéparé un premier produit peſant huit onces. Il étoit clair, & on l'a mis dans un flacon bien bouché. Trois heures après un ſecond produit de huit onces a été féparé ; & par des fractions analogues, on a mis à part un troifième produit de 12 onces, un quatrième d'une livre fept onces, & un cinquième de deux livres. Cette opération a duré 16 heures & demie. On avoit recueilli dans les cinq produits, 5 livres 3 onces de liqueur, & il en reftoit 6 onces deux gros dans la cornue. Il s'étoit donc diffipé foit en vapeurs aqueufes, foit en gaz hépatique, 6 onces 6 gros des 6 livres d'eau d'Enghien mife en diftillation, excepté quelques grains de matière terreufe & faline dépofée fur les parois de la cornue pendant le temps de l'opération.

Les différens produits fracturés, comme nous l'avons dit, ont été examinés, ainfi que les 6 onces 6 gros d'eau concentrée. Le premier produit de 8 onces, qui avoit été mis très-clair & très-tranfparent dans un flacon, s'eft troublé en refroidiffant, & en prenant le contact de l'air pendant qu'on l'a tranfvafé du ballon dans le flacon. Quelques heures après il s'étoit éclairci, & il avoit dépofé un peu de précipité grisâtre très-léger. Son odeur étoit tout-à-fait femblable à celle du foufre chauffé, mêlée d'un peu de gaz hépatique. Effayé par l'acète de plomb, & le muriate barytique, il a donné un précipité fort abondant & blanc. Le nitre d'argent n'y a formé qu'un nuage à

peine fenfible ; le nitre de mercure a donné
un peu de précipité jaunâtre ; l'alkali fixe n'y
a rien produit , non plus que l'eau de chaux.
Ces réactifs y ont donc indiqué la préfence
de l'acide vitriolique ; le léger dépôt que contenoit ce produit étoit du foufre ; il s'étoit altéré avec une grande promptitude ; car dans
le moment où on l'a retiré du ballon , il avoit
une odeur plus hépatique , il coloroit en brun
le fel de faturne. Il paroît donc qu'alors il
tenoit en diffolution un peu de gaz hépatique ,
qui a été décompofé très-vîte par le contact de
l'air.

Le deuxième produit de huit onces , comme
le premier , avoit auffi fait un léger dépôt ;
mais moins abondant que le premier. L'acète
de plomb , le muriate barytique , les nitres
lunaire & mercuriel , l'ont également précipité,
mais moins abondamment. Quant aux troifième,
quatrième & cinquième produits , ils n'avoient
point d'odeur du tout , même à l'inftant où on
les a retirés du récipient , ils étoient très-clairs ;
il ne s'y eft formé aucun dépôt , & les réactifs
ne leur ont fait éprouver aucune altération. Ce
n'étoit donc que de l'eau diftillée.

On voit manifeftement , d'après cette expérience , que la première livre de liqueur obtenue dans la diftillation de fix livres d'eau d'En-

ghien , avoit diffous une certaine quantité de gaz hépatique , qu'au-delà de ce terme, tous les autres produits ne contenoient plus rien , & qu'en conféquence le gaz hépatique étoit entièrement ou dégagé ou décompofé. Le récipient étoit tapiffé dans l'endroit touché par les deux premiers produits, d'une très-légère incruftation de foufre, qui, eftimée conjointement avec le dépôt formé dans ces deux produits, pouvoient aller à un grain & demi. Mais outre cette portion de gaz hépatique diffous dans l'eau diftillée, cette liqueur offroit des traces très-fenfibles d'acide vitriolique, indiqué par les nitres métalliques & par le muriate barytique. Cet acide a néceffairement dû fe former par la décompofition du gaz hépatique ; car il n'eft pas libre dans l'eau d'Enghien , & quand il le feroit , il ne pourroit pas paffer dans le premier produit, où il étoit cependant le plus abondant, tandis qu'on ne le retrouvoit plus dans les trois derniers. Ce n'étoit point de l'acide fulfureux comme on pourroit le penfer , car nous avons reconnu par plufieurs expériences, que ce dernier acide ne précipite ni les nitres de mercure & d'argent , ni le muriate barytique. Tout annonce donc que le gaz hépatique , en fe décompofant , produit une petite quantité d'acide vitriolique, dû à l'union de la por-

tion du foufre la plus atténuée avec l'air vital.
Telle eft auffi l'origine des incruftations acides
qui tapiffent la voûte fituée au-deffus du baffin de la fource, dont nous parlerons dans
un chapitre particulier de cet Ouvrage.

La liqueur pefant 6 onces 6 gros qui reftoit dans la cornue étoit jaune, d'une faveur
analogue à celle des eaux crues ou dures, fans
amertume fenfible ; les parois de la cornue que
l'eau avoit touchées , & fur-tout le fond de
ce vaiffeau, occupé par l'eau concentrée, étoient
enduits d'une croûte grife dans laquelle on dif-
tinguoit de petits criftaux brillans de félénite ;
c'étoit un mêlange de ce fel & de terre calcaire. Cette eau réfidue donnoit un précipité
flocconneux par l'eau de chaux & par l'alkali
volatil cauftique ; l'alkali fixe en féparoit beaucoup plus de terre ; le nitre de mercure y a
formé des floccons jaunes & blancs ; le nitre
d'argent a produit un précipité en floccons
bruns & pefans ; l'acide du fucre ne l'a troublée que légèrement ; le muriate barytique
l'a abondamment précipitée en blanc. Ces divers
réactifs y ont donc indiqué la préfence des acides vitriolique & muriatique, de la magnéfie
& de très-peu de chaux ; & en effet la plus
grande partie de la craie & de la félénite en
étoit féparée, il ne devoit plus y refter que
des fels magnéfiens.

On avoit employé 2 onces 2 gros de liqueur ,
ou le tiers de cette eau concentrée pour les
essais avec les réactifs ; les 4 onces 4 gros qui
restoient ont été évaporées sur un bain de sable.
Il s'en est dégagé une grande quantité de petites
bulles , qui restoient adhérentes à sa surface.
Lorsqu'elle fut réduite à environ une once , il
s'est formé à sa surface une pellicule assez épaisse ;
on a filtré, il a passé une liqueur d'une belle
couleur d'ambre , ayant une saveur salée & un
peu amère ; on l'a laissée dans une capsule de
verre couverte d'une double gaze, pour voir
s'il ne s'y formeroit point de cristaux. La pellicule retenue sur le filtre avoit la forme de lames ou d'écailles ; elle pesoit 5 grains après sa
dessication. C'étoit de la sélénite mêlée de craie.
Après 15 jours d'exposition à l'air, on trouva
sur le fond de la capsule deux ou trois cristaux de vitriol de magnésie ; la liqueur décantée , formant à-peu-près 3 gros , donna par
une douce évaporation, des petits cubes de
muriate de soude ou sel marin , & l'espèce
d'eau-mère qui restoit, donna des précipités
abondans par l'eau de chaux , & le nitre d'argent ; le muriate barytique n'y produisit aucun effet sensible : d'où il suit qu'elle ne contenoit que du muriate de magnésie.

On voit donc par l'exposé de cette distilla-

tion, qu'on a trouvé dans l'eau d'Enghien du
gaz hépatique, de l'acide crayeux, de la craie,
de la félenite, du fel d'Epfom, du fel marin
ordinaire & du fel marin de magnéfie. La plupart de ces fubftances avoient déjà été indiquées par l'action des réactifs ; l'examen des produits de l'évaporation en confirmera dans les
chapitres fuivans la préfence, & fervira de plus
à en determiner la quantité.

CHAPITRE XVIII.

De l'évaporation de l'Eau d'Enghien.

Les chimiftes qui fe font occupés avec fuccès de l'analyfe des eaux, ont regardé l'évaporation comme le moyen le plus sûr d'en reconnoître exactement les principes. On a cependant beaucoup varié fur la manière de les
évaporer. D'abord on les a évaporées jufqu'à
ficcité, mais la féparation des différentes matières qui compofoient les réfidus ayant paru
très-difficile, parce que les procédés chimiques étoient encore incertains à cette époque,
on propofa de féparer chaque fubftance à mefure qu'elle fe dépofoit des eaux, telles que
les terres & les fels les moins folubles qui fe

précipitent dans le progrès de l'évaporation, & ensuite les divers sels qui y étoient diffous suivant les loix de leur criftallifation. Cette méthode due à Boulduc fut affez long-temps mife en ufage, & ce ne fut que lorfque la chimie fit de grands progrès dans la connoiffance des matières falines, qu'on s'apperçut qu'elle n'étoit pas auffi exacte qu'on l'avoit cru, puifque chaque matière, féparée des eaux à différentes époques de l'évaporation, n'étoit pas pure & fe trouvoit toujours plus ou moins mêlée de fubftances étrangères ; de forte qu'il y avoit la même difficulté pour en reconnoître la nature. La poffibilité d'enlever fucceffivement les divers principes contenus dans un réfidu, acquife par un grand nombre d'expériences fur les terres, les pierres, les cendres, fit bientôt renoncer à la méthode de Boulduc, & Bergman, aidé de toutes les lumières de la pratique des expériences, propofa de nouveau l'ancien procédé, d'évaporer les eaux jufqu'à ficcité.

Nous avons fuivi ce procédé pour l'évaporation de l'eau d'Enghien. La loi que nous nous étions impofée de faire cette opération à la fource même, fit naître beaucoup de difficultés. Les vaiffeaux de terre verniffée dont nous nous fommes d'abord fervis, n'ont pas rempli nos vues, en raifon de l'altération que leur couverte éprouve par le contaé de cette eau, & de la facilité avec laquelle ils fe caffent.

Les capfules de verre plongées dans l'eau bouillante, ne donnent qu'une évaporation fi lente, qu'après feize jours du travail le plus conflant, nous n'avions évaporé que 150 liv. d'eau. D'ailleurs quoiqu'on eût eu la précaution de couvrir les vaiffeaux d'une double gaze, la pouffière répandue dans l'atmofphère, les petits floccons de cendres élevés du fourneau, nous faifoient craindre que le réfidu ne fût pas auffi pur que nous le defirions. Ce réfidu pefoit 1 once 7 gros 40 grains.

Nous avons cru devoir prendre le parti d'établir près de la fource une évaporation plus prompte & plus commode, en employant deux bains-marie d'étain, plongés dans des cucurbites de cuivre étamé, dont l'eau étoit conftamment entretenue bouillante. En ajoutant peu-à-peu l'eau minérale puifée à mefure dans la fontaine, nous fommes parvenus à évaporer 300 livres de cette eau en 15 jours. Pour bien connoître les phénomènes de cette évaporation au bain-marie, nous l'avons comparée à une autre faite à côté dans une grande baffine de cuivre étamé, & dans laquelle nous donnions à l'eau d'Enghien la chaleur de l'ébullition.

tion. Voici les différences que nous ont préfentées ces deux opérations. L'eau qui bouilloit
devenoit d'abord jaunâtre, enfuite elle prenoit
une belle couleur d'émeraude, comme nous
l'avons déjà fait remarquer ; cette couleur fe
diffipoit au bout de quelque temps ; la pellicule légère qui s'étoit formée avant l'ébullition
fe brifoit par le mouvement de l'eau, & la liqueur étoit bientôt trouble dans toute fon étendue ; la fubftance terreufe & feche, qui s'en
féparoit ainfi, fe précipitoit fur les parois de
la baffine auxquelles elle adhéroit fortement :
l'odeur de l'eau étoit fade & femblable à celle
des féves qui cuifent. Dans les bains-marie l'eau
ne prenoit qu'une couleur jaunâtre fans paffer
au vert brillant comme dans la précédente ;
la pellicule qui fe formoit à fa furface s'épaiffif-
foit, & fe dépofoit en grandes plaques ; au-
deffous de cette pellicule l'eau reftoit toujours
claire, & fon odeur de féves cuites étoit beaucoup plus fenfible. Il paroît donc que la chaleur de l'ébullition favorife la naiffance de
la couleur verte de l'eau d'Enghien, & qu'elle
eft néceffaire pour produire la petite portion
d'hépar terreux qui en eft la véritable caufe,
comme l'avoit indiqué M. Deyeux. Il réfulte
de cette obfervation que l'évaporation au bain-
marie altère moins les eaux hépatifées, & que

Q

le réſidu obtenu par ce procédé doit être plus pur ; auſſi eſt-ce ſur ce réſidu que nous avons particulièrement opéré pour connoître la nature & la quantité des principes fixes contenus dans l'eau d'Enghien.

Lorſque l'évaporation de ces 300 liv. d'eau a été terminée, le réſidu étoit épais & encore fort humide ; il paroiſſoit très-difficile à deſſécher au bain-marie. On l'a mis dans une capſule de porcelaine au bain de ſable ; il a pris de la conſiſtance & une ſorte de retraite. En caſſant la plaque ſolide qu'il formoit dans ce vaſe, on l'a trouvé brun rougeâtre vers ſa partie inférieure & gris ſale dans ſa plus grande étendue. Il exhaloit encore chaud une odeur très-ſenſible de ſoufre ſublimé ; la différence de couleur du fond de ce réſidu , prouvoit que la chaleur employée pour le deſſécher, en avoit changé la nature. Il peſoit 3 onces 1 gros 30 grains ; ce poids comparé à celui des 150 livres ci-après dans la première expérience, indiquoit qu'on en avoit ſéparé une plus grande quantité d'eau par la deſſication ſecondaire.

La crainte d'avoir altéré ce réſidu en le faiſant trop deſſécher , & le deſir que nous avions d'en avoir une aſſez grande quantité pour faire toutes les expériences que nous projettions ſur ce réſidu , nous engagea à faire une autre éva-

poration par un procédé différent. On en dif-
tribua cent livres dans dix grandes cornues de
verre auxquelles on lutta des récipiens. Ces cornues furent placées fur des bains de fable, &
on entretint l'ébullition de l'eau jufqu'à la fin
de l'évaporation. On obferva dans cette expérience les trois changemens fucceffifs de couleur de l'eau, l'odeur de fèves cuites, la pellicule, le dépôt & l'incruftation des parois. Pour
avoir le poids exact du réfidu on avoit pefé
chaque cornue avant la diftillation. Quarante-
huit heures de feu continuel fuffirent pour terminer cette opération ; on eut foin de verfer
dans une feule cornue l'eau contenue dans les
neuf autres , lorfque l'évaporation fut affez
avancée pour qu'il n'y eût plus que huit livres de liqueur environ. On pouffa cette évaporation jufqu'à ficcité dans cette dernière cornue ; nous obfervâmes , lorfqu'il ne reftoit plus
que fix onces de liqueur, qu'elle avoit une
couleur jaune foncée, & qu'elle mouffoit comme
une diffolution de favon ; cette propriété eft due
à la préfence d'un fel très-déliquefcent ; évaporée à cette confiftance, la liqueur devient très-
difficile à deffécher ; elle fautoit dans la cornue,
& on fut obligé d'affujettir folidement ce vaiffeau pour en prévenir la rupture. Les dernières gouttes d'eau qui paffèrent dans le récipient

avant que la matière fût tout-à-fait defféchée,
avoient exactement l'odeur de l'oignon cuit fous
la cendre, ce qui eft une modification de celle
du gaz hépatique. Quand le réfidu fut bien fec,
on caffa la cornue, il fe dégagea une odeur
de foufre fublimé, & en examinant le réfidu,
on le trouva d'une couleur grife fans apparence
criftalline, & mêlé de quelques parcelles brunes, dûes au fond de la matière qui avoit
éprouvé une plus forte chaleur que la partie
fupérieure ; on en ramaffa 6 gros 36 grains,
& il en refloit 3 gros 54 grains en incruftations féléniteufe & terreufe fur les neuf premières cornues, ce qui fait en tout 1 once 2
gros 18 grains ; cette quantité s'accorde très-
bien avec celle du premier réfidu de 150 livres
d'eau ; elle va feulement à 13 grains de moins
de ce qu'elle auroit dû être, ce qui prouve
que ce réfidu a été plus defféché dans la cornue, que dans la capfule de verre au bain-
marie ; mais elle eft plus forte de 1 gros 56
grains, que celle du fecond réfidu, ce qui dépend de ce que ce troifième réfidu a été beaucoup
moins defféché que dans la feconde expérience.

Enfin ne voulant rien laiffer à défirer fur
l'analyfe de l'eau d'Enghien, nous crûmes devoir évaporer cette eau décompofée & privée de
fon gaz hépatique, ainfi que d'une certaine quan-

tité de craie par le contact de l'air. Pour cet effet nous mîmes, dans de grandes terrines de grès neuves, 200 liv. d'eau d'Enghien, & nous la laissâmes exposée à l'air jusqu'à ce qu'elle n'eût ni odeur, ni saveur hépatique, & qu'elle ne colorât plus les métaux, ni les dissolutions métalliques. Elle fut dix-sept jours à se dégazer complettement ; on la filtra ; en recueillant sur un seul filtre le dépôt de toutes les terrines, on obtint 4 gros de ce dépôt. On fit évaporer ces 300 livres d'eau dégazée dans un très-grand bain-marie d'étain plongé dans une cucurbite dont l'eau fut entretenue bouillante ; l'étendue de ces vaisseaux & la largeur du bain-marie accélérèrent tellement cette opération qu'elle ne dura que vingt-quatre heures, au lieu de quinze jours qu'il avoit fallu à la source, dans deux appareils beaucoup plus petits pour évaporer la même quantité d'eau. On observa dans cette évaporation que l'eau dégazée ne se colora point comme celle qui contient son gaz hépatique, & qu'elle ne se troubla & ne donna de pellicule que plus tard, & que son odeur n'avoit point ce caractère de fèves cuites que nous avons indiqué. Cette expérience ayant été poussée jusqu'à ce que le résidu fût pulvérulent, on en obtint 4 onces 2 gros, qui, réunis avec les 4 gros de matière précipitée pen-

dant la décompofition de l'eau à l'air, forment
4 onces 6 gros. Cette quantité eft beaucoup
plus confidérable que celle des 300 livres d'eau
évaporées à la fource, qui n'étoit que de 3
onces un gros 30 grains. Mais fi l'on fe rappelle que ce dernier réfidu avoit été fortement
defféché, & que celui dont il eft queftion ici
ne l'avoit point été, afin de ne lui faire éprouver que le moins d'altération poffible, puifque les 4 gros de dépôt formé pendant le dégazement de l'eau n'avoient été féchés qu'au
foleil, on verra que cette feule différence ne
dépend que de l'eau. En effet les 3 onces 1
gros 30 grains de réfidu des 300 livres évaporées à la fource même, confervés pendant
plufieurs mois dans un bocal couvert d'un
fimple papier, avoient abforbé 4 gros 18 grains
d'eau de l'atmofphère. Mais cette abforption,
qui donne encore plus d'une once de moins
que le poids du réfidu de notre dernière évaporation, ne peut être due qu'au fel déliquefcent, qui ne fait que la plus petite portion des
fels contenus dans cette eau ; ceux qui n'ont
point cette propriété, doivent en contenir davantage que l'exficcation a enlevé en les pri-
vant de leur eau de criftallifation ; & ce fluide
confervé dans le réfidu de la dernière évaporation, qui n'a été defféché qu'à un bain-marie

très-doux , eſt la feule caufe de cette différence.

Pour préfenter fous un feul point de vue le produit des différentes évaporations que nous avons faites fur l'eau d'Enghien , nous les diſtinguerons ici de la manière fuivante :

Iere. Evaporation dans une capfule de verre plongée dans l'eau bouillante.

150 livres d'eau d'Enghien , dans fon état naturel, ont donné, après feize jours , 1 once 7 gros 40 grains de réfidu , lamelleux , criſtallin , & d'un gris blanc.

IIeme. Evaporation 'dans deux bains-marie d'étain plongés dans des cucurbites.

300 livres d'eau d'Enghien dans fon état naturel , ont donné en quinze jours un réfidu , qui , ayant été deſſéché fur un bain de fable très-chaud , étoit en partie brun , folide , & pefoit 3 onces 1 gros 30 grains. Ce réfidu avoit une forte odeur de foufre ; en huit mois il a attiré 4 gros 18 grains d'eau , quoiqu'il fût renfermé dans un bocal couvert d'un papier.

IIIeme. Evaporation dans des cornues de verre.

100 livres d'eau d'Enghien , évaporées dans des cornues de verre par l'ébullition continuelle, ont donné, en quarante-huit heures , 1 once 2 gros 18 grains de réfidu moins deſſéché que celui de la deuxième opération , mais plus que celui de la première , contenant quelques

parties brunes trop chauffées, & exhalant une odeur de foufre.

IVeme. Evaporation d'eau décompofée à l'air.

300 livres d'eau d'Enghien tranfportée à 4 lieues de la fource, & défoufrée ou dégazée par le contact de l'air pendant dix-fept jours, évaporées au bain-marie, ont donné 4 onces 2 gros de réfidu. Celui-ci n'étoit que pulvérulent, on ne l'a point defféché comme tous les précédens, il fe rapproche de celui de la première évaporation. Il eft gris blanc, fans odeur de foufre, c'eft celui fur l'analyfe duquel nous comptions davantage.

Tous ces réfidus, que nous diftinguerons par les Nos. 1, 2, 3 & 4, avoient un peu de faveur falée & amère ; les trois premiers avoient de plus une odeur vive de foufre fublimé lorfqu'on les chauffoit, & ils exhaloient du gaz hépatique lorfqu'on y verfoit des acides. Le dernier, obtenu de 300 livres d'eau privée de foufre par le contact de l'air, ne préfentoit ni l'un ni l'autre de ces caractères. Tous avoient des poids légèrement différents, en raifon de ce qu'ils avoient été plus ou moins defféchés. Cette defication a de plus une action fur le foufre contenu dans ces réfidus, fi l'on en excepte le dernier qui n'en contient pas ; on verra par leur analyfe comparée, que cette action de la chaleur sur le soufre qui fait partie de ce résidu, en rend l'examen beaucoup plus compliqué, & qu'il étoit d'après cela très-avantageux d'avoir les principes fixes de l'eau désoufrée pour en connoître exactement la nature.

CHAPITRE XIX.

Examen des trois premiers Résidus de l'Eau d'Enghien.

LES trois premiers résidus dont nous avons parlé dans le Chapitre précédent, différoient du quatrième par un caractère remarquable; ils contenoient une partie du soufre de l'eau d'Enghien, comme la seule odeur l'indiquoit, & le quatrième en étoit privé parce que l'eau l'avoit perdu par le contact de l'air.

De ces trois premiers résidus nous avons fait d'abord l'analyse du deuxième, parce qu'il étoit le plus abondant, & parce qu'en le partageant en plusieurs doses, nos expériences pouvoient être répétées assez de fois pour en assurer les résultats. Après ce second résidu, nous avons entrepris l'examen du premier, qui n'en différoit que par sa quantité moins abondante, & par moins de desséchement. De-là nous avons paffé à l'analyfe du troifième, dont la dofe encore moins confidérable fembloit exiger de nous une forte d'habitude acquife dans les premières analyfes. Les trois premiers réfidus nous ayant offert des phénomènes analogues, parce qu'ils provenoient tous les trois de l'eau hépatifée, & parce qu'ils contenoient du foufre, tandis que le quatrième qui en étoit privé, nous a préfenté des réfultats abfolument différens, nous avons cru devoir faire de l'examen de celui-ci un chapitre particulier.

ARTICLE I. *Analyfe du deuxième réfidu de* 300 *livres d'eau évaporée au bain-marie, & fortement deffechée.*

§. I. *Analyfe par l'Efprit-de-vin.*

Deux onces de ce réfidu ont été mifes dans un matras avec 6 onces d'efprit-de-vin, donnant 39 degrés à l'aréomètre, le thermomètre étant à 15 degrés. Ce vaiffeau, recouvert d'un papier, a été expofé au foleil ; on a agité de temps en temps le mélange. Quarante-huit heures après l'efprit-de-vin avoit une couleur orangée. On a féparé cette liqueur par la filtration, & on a lavé le filtre avec de nouvel efprit-de-vin. Pour ne laiffer aucuns fels déliquefcens dans ce réfidu , on y a verfé deux autres onces du même diffolvant, qu'on a laiffé agir pendant quatre jours ; cette liqueur qui s'eft encore colorée a été filtrée. Le réfidu avoit formé de petites maffes folides dans ces deux opérations, il étoit devenu plus blanc, & il n'attiroit plus l'humidité de l'air.

Les huit onces d'efprit-de-vin coloré ont été évaporées à ficcité dans une capfule de verre au bain de fable. Pendant cette évaporation il y eut une odeur de foufre fublimé, qui devint fur la fin très-fétide & comme alliacée. Le produit étoit brun très-âcre, déliquefcent, & pefoit 64 grains. Pour en connoître la nature, on l'a leffivé de nouveau avec une once d'efprit-de-vin qui a laiffé près de 4 grains de fubftance non-diffoute. On a reconnu cette dernière pour un mêlange de félénite & de fel d'Epfom. La feconde leffive fpiritueufe évaporée à ficcité, a donné près de 60 grains d'un fel jaunâtre, déliquefcent, d'où l'huile de vitriol a dégagé des vapeurs d'acide muriatique. Ce fel diffous dans une once d'eau diftillée, a répandu une odeur hépatique alliacée ; il y a eu 3 grains de foufre coloré & répandant une odeur fétide en brûlant, qui ne fe font point diffous, la diffolution étoit claire & d'une couleur rouge. L'alkali volatil cauftique, ou l'ammoniaque & la chaux y formèrent un pré-

cipité & y démontrèrent la préfence de la magnéfie ; l'acide du fucre en dégagea une odeur
fulfureufe & hépatique fans la troubler fenfiblement ; les nitres de mercure & d'argent la
précipitèrent en floccons blancs, & le muriate
barytique n'y produifit aucune altération. Elle
contenoit donc environ 57 grains de muriate
de magnéfie , que l'efprit-de-vin avoit enlevé
aux deux onces de réfidu. Cette analyfe offre
les réfultats fuivans :

1°. Huit onces d'efprit-de-vin ont diffous en
deux fois 64 grains à 2 onces du réfidu.

2°. Ces 64 grains obtenus par l'évaporation
de la leffive fpiritueufe, traités de nouveau par
une once d'efprit-de-vin, ont laiffé 4 grains
de fel d'Epfom mélé de félénite.

3°. Les 60 grains de fel féparés de cette feconde leffive fpiritueufe, ont été diffous dans
l'eau, excepté trois grains de foufre.

4°. Les 57 grains diffous par l'eau, étoient
du muriate de magnéfie pur.

5°. Ainfi l'efprit-de-vin paroîtroit avoir enlevé à ce réfidu 2 grains de fel d'Epfom, 2
grains de félénite , 2 grains de foufre, & 57
grains de muriate magnéfien.

Mais de ces quatre fubftances trouvées dans
cette analyfe, il y en a deux , favoir, le fel
d'Epfom & la félénite, qui ne font point dif-

folubles dans l'efprit-de-vin, & qui paroiffent s'être formées pendant l'évaporation ; pour connoître la caufe de ce phénomène, fur lequel nous reviendrons dans la feconde analyfe, nous ajouterons à ces prémiers réfultats , 1°. que l'efprit-de-vin a diffous du foufre dans le réfidu de l'eau d'Enghien , qui avoit été fortement deffëché ; 2°. qu'en évaporant cette leffive fpiritueufe , les matières qui avoient été diffoutes par ce fluide, font devenues en partie infolubles ; 3°. que de nouvel efprit-de-vin verfé fur le produit fec de la première leffive fpiritueufe , n'a prefque plus diffous que du fel déliquefcent , & n'a point agi fur les matières formées pendant l'évaporation de cette première leffive. Ces faits très-finguliers feront expliqués dans un des articles fuivans.

§. I I. *Analyfe du réfidu par l'eau froide.*

Sur ces deux onces de réfidu auquel l'efprit-de-vin avoit enlevé 64 grains , on a verfé 6 onces d'eau diftillée froide, & on a expofé cette leffive au foleil, en l'agitant de temps en temps pendant quatre jours. L'eau s'eft colorée & a pris une faveur falée ; évaporée à la chaleur du foleil, elle n'a point fourni de criftaux , quoique devenue très-épaiffe ; on l'a fait deffécher au bain de fable, elle a donné 30 grains d'un fel un peu jaune , & encore légèrement déliquefcent.

La première leffive par l'efprit-de-vin n'a-voit donc point épuifé entièrement le réfidu de ce dernier fel. Un peu d'efprit-de-vin très-fec a diffous facilement cette petite portion de fel déliquefcent , dont la quantité étoit de 3 grains. Mais ces 3 grains ayant été mêlés & examinés avec la première leffive fpiritueufe du réfidu , font partie des 64 grains diffous par l'efprit ardent, dont nous avons offert l'analyfe dans l'article précédent. Nous devons donc faire remarquer ici , 1°. que l'efprit ardent ne diffout pas très-complettement tous les fels dé-liquefcens d'un réfidu d'eau minérale ; 2°. qu'il eft effentiel de ne point examiner la leffive fpiritueufe de ces réfidus , immédiatement après l'avoir faite ; mais qu'il faut la conferver juf-qu'à ce que l'examen des fels diffous par l'eau froide ait prouvé qu'ils n'en contiennent point de déliquefcens ; 3°. que comme il arrive pref-que toujours , malgré les plus grands foins , que la leffive par l'eau , faite après celle par l'efprit-de-vin , enlève encore aux réfidus d'eaux mi-nérales quelques parcelles de fels déliquefcens , il faut , après avoir évaporé à ficcité cette lef-five aqueufe , laver le produit de cette évapo-ration avec de l'efprit-de-vin , & mêler alors cette dernière liqueur avec la première leffive fpiritueufe pour avoir la dofe entière des fels déliquefcens ; c'eft ce qui a été fait avec la plus grande exactitude dans notre analyfe.

Des 30 grains de fels obtenus par l'évaporation de la leffive aqueufe du réfidu de l'eau d'Enghien , il y en avoit donc trois de fels déliquefcens, & ces derniers , enlevés par l'efprit-de-vin, n'ont laiffé que 27 grains. Ces 27 grains de fel avoient encore une couleur jaunâtre & fentoient un peu le foufre. La faveur de ce fel étoit fort amère ; il fe diffolvoit parfaitement dans l'eau froide. L'alkali volatil pur le précipita en floccons un peu colorés. L'eau de chaux y occafionna un précipité femblable, nous en obtînmes également par le muriate barytique & par le nitre calcaire. Toutes ces précipitations, la faveur & la diffolubilité de ce fel nous l'ont fait reconnoître pour du vrai vitriol de magnéfie ou fel d'Epfom. L'huile de vitriol y démontra auffi la préfence de l'acide muriatique , que nous foupçonnâmes uni à la foude. Mais la petite quantité de matière nous empêcha de le féparer & d'en apprécier la dofe. Nous ferons obferver qu'en fuppofant ici 24 grains de fel d'Epfom deffés, on peut l'eftimer à près de 48 grains de criftallifés. Mais comme MM. Roux & Deyeux ne

se rapportoient point dans leur analyse sur la nature de ce sel, que le premier croyoit être du sel de Glauber ou vitriol de soude, & le second du sel d'Epsom, ou vitriol de magnésie, nous ne nous sommes point contentés de ces premières expériences, quoiqu'elles fussent décisives pour la présence du vitriol de magnésie, & nous avons voulu voir s'il ne contenoit pas un peu de sel de Glauber, qui auroit pu autoriser l'assertion de Roux, dont l'exactitude & les lumières sont connues ; nous croyons avoir employé pour cela un procédé sûr, & qui pouvant être utile pour reconnoître dans une dissolution un mélange de vitriol de magnésie, & de vitriol de soude, doit être exposé ici. Après avoir essayé une petite portion de la dissolution aqueuse de ce sel avec de l'eau de chaux, qui en a séparé de la magnésie, nous avons précipité toute la dissolution avec suffisante quantité d'eau de chaux. Celle-ci, en séparant toute la magnésie a formé de la sélénite ou vitriol de chaux, dont une partie s'est déposée en même-temps que la magnésie, & l'autre est restée en dissolution dans la liqueur surnageante. Mais si le premier sel d'Epsom eut contenu du vitriol de soude ou sel de Glauber, ce sel ne pouvant point être décomposé par l'eau de chaux, devoit

voit refter dans la liqueur , & alors le nitre ou le muriate de chaux auroit dû y opérer un précipité , en y reformant de la félénite en vertu d'une attraction élective double. Or cette décompofition n'a eu lieu ni par l'un ni par l'autre de ces fels calcaires , & ces expériences ont prouvé que le vitriol de magnéfie enlevé par l'eau au réfidu de l'eau d'Enghien , ne contenoit point du tout de vitriol de foude. Nous nous fommes affurés en même-temps par d'autres effais multipliés que de très-petites quantités de vitriol de foude mêlées dans des diffolutions de vitriol de magnéfie précipitées par l'eau de chaux , y devenoient très-fenfibles par l'addition du nitre ou du muriate calcaires. Les eaux d'Enghien ne contiennent donc point de vitriol de foude ou fel de Glauber.

Nous concluons de cette feconde efpèce d'analyfe du réfidu de l'eau d'Enghien,

1°. Que l'eau froide appliquée à ce réfidu après l'efprit-de-vin a diffous une petite portion de fel déliquefcent qui avoit échappé à l'action de la liqueur fpiritueufe;

2°. Qu'elle en a extrait de plus 27 grains de vitriol de magnéfie deffèché & très-pur.

3°. Que ce fel étoit mêlé d'un peu de foufre, reconnoiffable par la couleur & l'odeur, mais dont la quantité étoit inappréciable.

R

§. I I I. *Analyse du réfidu par l'acide muriatique.*

Après avoir enlevé aux deux onces de réfidu tous les fels folubles dans l'efprit-de-vin & dans l'eau, l'ordre que les chimiftes fuivent, d'après Bergman, nous prefcrivoit de traiter ce réfidu par 600 fois fon poids d'eau bouillante, pour diffoudre la félénite ou vitriol calcaire, & le féparer d'avec la craie & les autres matières infolubles qu'il pouvoit contenir ; mais l'énorme quantité d'eau diftillée qu'il auroit été néceffaire d'employer pour celle de la matière qui nous reftoit encore, (il en auroit fallu environ 50 livres) & la difficulté de faire cette ébullition fans rien perdre, nous détermina à traiter d'abord le réfidu par un acide, afin de féparer les fubftances terreufes, & mieux connoître enfuite la quantité d'eau néceffaire pour diffoudre la félénite.

Avant de décrire le moyen qui nous a réuffi, nous expoferons l'état du réfidu après fa leffive dans les fix onces d'eau froide. Cette liqueur lui avoit donné une forte de confiftance, comme l'avoit fait l'efprit-de-vin. On le fit fécher affez long-temps aux rayons du foleil, & on trouva qu'il ne pefoit plus qu'une once cinq gros. Cependant l'efprit-de-vin ne lui avoit enlevé que 64 grains, & l'eau que 27, & cette fomme de 91 grains ôtée de deux onces devoit laiſſer encore une once ſix gros cinquante-trois grains ; mais ſi l'on ſe rappelle que le réſidu de l'eau avoit été gardé près d'un an dans un vaiſſeau mal bouché , & qu'il avoit attiré l'humidité de l'air , on ſera convaincu que cette diminution de poids vient de l'exſiccation pouſſée plus loin dans cette opération que dans les précédentes.

On a verſé ſur ce réſidu de l'acide muriatique très-pur & fort étendu d'eau , juſqu'à ce que cet acide ne produisît plus d'efferveſcence. Lorſque la ſaturation fut faite , on filtra le mêlange , & on eut ſoin de leſſiver la matière reſtée ſur le filtre avec quelques onces d'eau diſtillée froide. La liqueur filtrée qui tenoit en diſſolution les ſels formés par l'acide muriatique & les baſes ſalino-terreuſes qu'il avoit enlevées au réſidu , étoit jaunâtre & parfaitement neutre, elle ne rougiſſoit point le papier teint avec le tourneſol. Evaporée à ſiccité, elle a donné une maſſe ſaline très-blanche , dont la ſaveur étoit très-âcre. Cette maſſe fut diſſoute de nouveau dans une once d'eau diſtillée froide , & précipitée par l'alkali volatil cauſtique ; elle donna 4 grains de magnéſie. Le ſel fixe de tartre ſaturé d'acide crayeux ou la craie de potaſſe en précipita enſuite 6 gros de terre calcaire. On n'a pas befoin de faire obferver que l'acide crayeux fourni par la potaffe, & qui s'eft reporté fur la chaux féparée de l'acide muriatique, a remplacé celui que cet acide avoit dégagé de la craie, & qu'il doit être évalué dans la quantité de cette terre faline contenue dans le réfidu.

L'acide muriatique a donc enlevé 6 gros de craie au réfidu de l'évaporation de l'eau d'Enghien ; mais l'alkali volatil a précipité 4 grains de magnéfie de la leffive du réfidu par cet acide. On fait que l'alkali volatil ne décompofe pas complettement les fels magnéfiens, & n'en précipite environ que la moitié de la magnéfie qu'ils contiennent. Ces 4 grains indiquent donc près de 8 grains de cette fubftance falino-terreufe diffoute par l'acide muriatique. De plus cette magnéfie étoit effervefcente ou faturée d'acide crayeux dans le réfidu, & les 8 grains que nous avons annoncés devoient contenir fuivant l'eftimation de Bergman à peu près 7 grains d'acide crayeux. Ce qui donne le poids de 14 à 15 grains pour cette magnéfie crayeufe ou effervefcente contenue dans le réfidu de l'eau d'Enghien.

Ce réfidu épuifé des fubftances falino-terreufes par l'acide muriatique & bien defféché, ne pefoit plus que 5 gros 60 grains. Avant l'action de cet acide, il y en avoit 1 once 5 gros ; ce rapport des pefanteurs fuppofe donc 7 gros 12 grains de matières enlevées par l'acide ; mais nous n'avons trouvé que 6 gros 17 grains ; il y a donc eu 67 grains de perte , que nous attribuons à la deffication du réfidu dans cette troifième opération.

§. IV. *Analyfe du réfidu par l'eau bouillante.*

Sur les 5 gros 60 grains du réfidu traité en dernier lieu par l'acide muriatique , on a verfé dans un grand matras 24 livres d'eau diftillée , qui font près de fix cens fois le poids de ce réfidu. On a fait bouillir cette eau quelques inflans ; après l'avoir laiffé un peu refroidir & repofer, on a filtré cette diffolution , & on l'a examinée par tous les réactifs, & fpécialement par les liqueurs alkalines , l'acide du fucre, le muriate barytique, les diffolutions de mercure & d'argent ; tous ces moyens ont indiqué la félénite pure , & fans mêlange d'aucun autre fel , puifque l'eau de chaux & l'alkali volatil n'y ont produit aucun précipité.

Il eft reflé fur le filtre une matière grife foncée qui adhéroit au papier, & qui pefoit 24 grains. L'eau a donc diffous 5 gros 36 grains de félénite, & il eft reflé 24 grains d'une matière sale qui n'avoit aucune saveur, & qui craquoit sous les dents comme du sable : mise sur un charbon, cette matière a noirci sans brûler ni exhaler d'odeur sensible. C'étoit un mélange de terre siliceuse, de poussière de charbon, & de substance flocconeuse dûe au papier des filtres employés dans ces analyses. On ne doit donc point en tenir compte.

On voit par cette analyse que ces deux onces de résidu contenoient du soufre, dont la plus grande partie s'est dissipée, soit en fleurs de soufre, soit en gaz hépatique, environ 57 grains de muriate de magnésie, 48 grains de sel d'Epsom, quelques grains de muriate de soude ou sel marin, 6 gros de craie, 15 grains de magnésie effervescente, 5 gros & demi de sélénite, & un peu de terre siliceuse ; mais cette analyse n'étoit rien moins que satisfaisante, & ses résultats rien moins qu'exacts. L'odeur hépatique & sulfureuse qu'exhaloit ce résidu chauffé, dissous dans l'eau, & traité par les acides nous faisoit soupçonner qu'il avoit éprouvé de grandes altérations. Les phénomènes observés dans la lessive spiritueuse, confirmoient cette idée & nous annonçoient en même-temps de grandes erreurs. Nous recommençâmes donc cette analyse avec une nouvelle ardeur sur le premier résidu ou celui de 150

(263)

livres d'eau évaporée dans une capsule de verre
au bain-marie ; le peu de chaleur qu'il avoit
éprouvée dans sa desfication nous faisoit espé-
-rer plus d'exactitude dans les résultats. Cependant on va voir que nous n'avons pas été plus
heureux dans cette seconde analyse.

A R T I C L E II. *Analyse du premier Résidu de
l'Eau d'Enghien , évaporée dans des capsules
de verre au bain-marie.*

Ce résidu peu desféché étoit sous la forme
de lames. Conservé dans un bocal de verre ,
couvert d'un simple papier , il pesoit à peu près
2 onces 1 gros 12 grains , il avoit donc
attiré 1 gros 44 grains d'humidité , puisqu'il
pesoit immédiatement après l'évaporation 1
once 7 gros 40 grains.

Eclairés par l'analyse précédente sur les singu-
liers changemens qui ont lieu dans les matières
disfoutes par l'esprit-de-vin appliqué à ce résidu,
notre intention étoit d'observer avec le plus
grand soin la nature de ces altérations, & de
trouver le plus exactement possible le rapport
des substances disfoutes par cette liqueur, avec
celles qui s'en séparent par l'évaporation : on
versa d'abord de l'acide muriatique très-pur sur
une petite portion de ce résidu , & il s'en dégagea avec effervescence du gaz hépatique .

mêlé de gaz fulfureux & d'acide crayeux. Nous trouvâmes que ce dégagement étoit moins abondant que celui qui avoit eu lieu dans le premier réfidu. Il nous parut probable, d'après cet effai, que quelque douce qu'eut été la chaleur employée pour deffécher ce réfidu, le foufre qu'il contenoit avoit été en partie brûlé, & s'étoit auffi en partie combiné avec une matière qui l'avoit mis dans l'état hépatique.

On a fait macérer une once de ce réfidu dans 4 onces d'efprit-de-vin pendant dix-huit heures, cette liqueur a pris une couleur jaune verdâtre, tirant moins fur le rouge que dans la première analyfe. On a filtré cette leffive après ces dix-huit heures de macération, & on l'a fait évaporer dans une capfule de verre au bain-marie. Aux trois quarts de l'évaporation il s'eft dépofé des floccons gris jaunâtres, qui avoient l'apparence du foufre, ainfi que l'enduit des bords de la capfule. On a décanté la liqueur de deffus ce dépôt, & celui-ci trop peu abondant pour être examiné, a été mis à part. On a continué à évaporer le refte de la liqueur ; elle a donné pour réfidu une matière jaune, d'un goût âcre, d'une odeur fulfureufe fétide & très-déliquefcente. Ce réfidu leffivé avec une demi-once d'efprit-de-vin, a exhalé une odeur alliacée fétide, & comme il ne s'eſt pas diſſous en entier, le mélange étoit trouble & laiteux ; lorſque cette matière non diſ- ſoute a été dépoſée, on a décanté l'eſprit de vin coloré en jaune rougeâtre, & on a mêlé la matière du dépôt avec la première portion précipitée pendant l'évaporation. Cette nouvelle diſſolution évaporée au bain-marie s'eſt troublée comme la première ; on l'a décantée, mêlé ce troiſième dépôt avec les deux premiers, évaporé la diſſolution à ſiccité ; on a leſſivé ſon réſidu avec de nouvel eſprit-de-vin ; tout ne s'eſt pas diſſous, & on a continué ainſi dix fois de ſuite à évaporer & à diſſoudre dans l'eſprit-de-vin les réſidus, en ayant ſoin de recueillir & de mêler avec les premiers dépôts la portion de la matière qui ſe ſéparoit pendant l'évaporation, ou qui refuſoit de ſe diſſoudre dans de nouvel eſprit-de-vin. On a toujours vu les ſolutions ſpiritueuſes ſe troubler vers la fin de leur évaporation, le réſidu de ces évaporations contenir toujours quelques portions indiſſolubles ; mais ces phénomènes alloient en diminuant d'intenſité ; puiſque pendant les ſix premières diſſolutions & évaporations, on a recueilli en dépôt & en ſubſtances non ſolubles 6 grains de matière, tandis que dans les quatre dernières on n'en a recueilli que 2 grains. Comme il n'y avoit preſque plus de dépôt dans la onzième leſſive, on l'a évaporée à ficcité, elle a fourni 10 grains de réfidu, qui, réuni aux 8 grains des dépôts, font 18 grains ; mais en pefant le réfidu de la fixième leffive, on avoit trouvé 15 grains, qui avec les 6 grains des premiers dépôts, faifoient 21 grains, poids total des fubftances diffoutes par le premier efprit-de-vin dans l'once du réfidu de l'eau d'Enghien ; il s'eft donc perdu 3 grains depuis la feptième évaporation jufqu'à la fin de la onzième ; ce qui n'eft pas étonnant, puifque dans chacune de ces opérations, il fe dégageoit une odeur de foufre fublimé, & de gaz hépatique alliacé, qui annonçoit une déperdition continuelle des produits fulfureux. On peut même conjecturer, qu'outre les 21 grains trouvés dans les dépôts & dans la fixième évaporation, dont 3 grains ont été perdus jufqu'à la fin de la onzième, il s'étoit auffi diffipé au moins 3 grains qui auroient fait le poids de 24 grains, pour la fomme totale des matières féparées du réfidu par l'efprit-de-vin.

Il étoit donc démontré par cette expérience faite avec tous les foins poffibles, que les fubftances diffoutes par l'efprit-de-vin, réagiffoient mutuellement les unes fur les autres pendant l'évaporation de cette liqueur , & que cette réaction avoit dû être très-forte dans la première analyfe, puifque dans celle-ci on n'avoit jamais employé que la chaleur du bain-marie, tandis que dans la première on s'étoit servi du bain de sable. Nous avons prouvé de plus, dans cette expérience que la décompofition ne fe borne point à la première évaporation de la leffive fpiritueufe, que la portion diffoute par le fecond efprit-de-vin devient encore en partie indiffoluble, & que cette altération continue jufqu'à la dernière évaporation. Pour apprécier la nature de cette altération fucceffive, on a a examiné les dépôts ou les matières devenues indiffolubles dans l'efprit-de-vin, & le réfidu de la onzième & dernière diffolution fpiritueufe, qui avoit fourni beaucoup moins de précipité que les dix leffives antécédentes.

On fe rappelle qu'en réuniffant les dépôts formés pendant l'évaporation des dix leffives fpiritueufes fucceffives , ainfi que les portions de chacun des dix réfidus qui refufoient de fe diffoudre dans l'efprit-de vin, on a recueilli 8 grains de fubftance indiffoluble dans cette liqueur, & dont la naiffance paroiffoit être due à la réaction des matières diffoutes d'abord par l'efprit ardent. On obferva dans ce dépôt, qui avoit été mis dans un verre, & lavé avec un peu d'efprit-de-vin, un phénomène affez fingulier. En agitant la liqueur fpiritueufe employée pour le laver , afin de réunir & de faire rafsembler au fond du vase toutes les molécules de cette matière, on vit ces molécules se rapprocher, adhérer les unes aux autres, & prendre la ductilité & la mollesse d'une espèce de pâte. Elle avoit une couleur grise jaunâtre. On a fait dessécher cette masse, qui a conservé la forme qu'on lui avoit donnée, mais elle est devenue friable & a pris une couleur grise blanchâtre. En l'écrasant sous le doigt, on y voyoit briller des points cristallins, qui examinés à la loupe, ont paru être des prismes quadrangulaires applatis. On l'a délayée dans une demi-once d'eau distillée froide, & après une macération de vingt-quatre heures, la liqueur qui surnageoit un dépôt gris pulvérulent, avoit une couleur de paille. On a traité cette lessive par cinq réactifs pour en reconnoître la nature. L'acide du sucre n'y a produit qu'un léger nuage au bout d'une heure; l'eau de chaux l'a précipitée; le muriate barytique y a produit un précipité blanc très-abondant; la dissolution d'argent en a donné un qui étoit légèrement coloré; enfin celle de mercure a formé du turbith mêlé d'un peu de précipité blanc. La portion de ces 8 grains qui ne s'étoit pas dissoute dans l'eau, pesoit près de 3 grains; jettée sur un charbon, elle a brûlé avec l'odeur & la flamme du soufre; il est resté une matière d'un gris noirâtre, qui paroiſſoit faire environ la moitié des 3 grains, & qui a été reconnue pour de la ſélénite. Ces 8 grains étoient donc compoſés de près de 5 grains de vitriol de magnéſie indiqué dans la diſſolution aqueuſe par les réactifs cités ci-deſſus, de près de 2 grains de vitriol de chaux, & d'un grain environ de ſoufre.

Les 10 grains de réſidu fourni par la onzième leſſive ſpiritueuſe, ſe ſont entièrement diſſous dans l'eau diſtillée qui a pris tout-à-coup une odeur hépatique alliacée, & une couleur rouge. Les réactifs y ont démontré la préſence de l'acide muriatique & de la magnéſie, les acides en ont dégagé une odeur d'acide ſulfureux, & y ont formé un léger précipité. Il contenoit 7 à 8 grains de muriate de magnéſie, 2 ou 3 grains d'un hépar terreux, & un peu de ſel ſulfureux. On voit donc par cette analyſe que les évaporations ſucceſſives des leſſives ſpiritueuſes du réſidu de l'eau d'Enghien, ont donné du gaz ſulfureux, du gaz hépatique, du ſoufre ſublimé, un peu de ſoufre précipité, un hépar terreux, du vitriol de chaux, du vitriol & du muriate de magnéſie.

De tous ces corps il y en a deux qui ne ſe ſont certainement pas diſſous dans l'eſprit-de-vin, & qui ont dû ſe former par l'action du feu & pendant l'évaporation de cette liqueur.

Ce font la félénite & le fel d'Epfom. Voici comment nous fommes parvenus à nous convaincre de cette vérité. Nous avions remarqué qu'en faifant fortement deffécher le réfidu des eaux d'Enghien, une partie de ce réfidu, qui eft d'une couleur grife dans fon état naturel, prend une nuance de rouge brun, s'agglutine, exhale une odeur vive de foufre tant qu'il eft chaud. Ces effets nous parurent manifeftement dus au foufre qu'il contient, à la fufion qu'il éprouve par la chaleur. Mais en obfervant de plus que ce réfidu tient en même-temps de la craie, on conçoit que l'action du feu doit favorifer la réaction de ces fubftances les unes fur les autres, & qu'il doit fe former de l'hépar calcaire. Telle eft la raifon pour laquelle ce réfidu ainfi defféché prend une couleur verdâtre & une odeur fétide, à mefure qu'il attire l'humidité de l'air, & pour laquelle il s'en dégage du gaz hépatique, lorfqu'on y verfe enfuite un acide.

Quand on leffive ce réfidu ainfi altéré par la chaleur avec de l'efprit-de-vin, ce diffolvant n'enlève pas feulement le muriate de magnéfie, mais il fe charge du foie de foufre calcaire ; & il diffout auffi une portion de foufre qui, fans être dans l'état d'hépar, eft extrêmement divifé & de plus coloré par le gaz hépatique ;

car nous devons faire remarquer ici, que d'a-
près les expériences particulières que cette analyſe nous a donné occaſion de faire ſur ce gaz,
nous avons trouvé qu'il s'attache & qu'il adhère aſſez fortement au ſoufre dans la précipitation des hépars. La leſſive ſpiritueuſe du
réſidu de l'eau d'Enghien, contient donc du
ſoufre, de l'hépar calcaire, du gaz hépatique,
du muriate de magnéſie. Auſſi cette leſſive
qui eſt plus ou moins rougeâtre, ſe trouble &
laiſſe dépoſer un peu de ſoufre par l'addition
de l'eau diſtillée. Lorſqu'on évapore cette leſſive, il s'en dégage du gaz hépatique, & il s'en
volatiliſe du ſoufre en nature, l'hépar calcaire
ſe décompoſe, une partie du ſoufre ſe change
en acide ſulfureux, que l'on reconnoît en ver-
ſant un autre acide qui le dégage ; une autre
portion de ce corps combuſtible plus complettement brûlé forme de l'acide vitriolique qui
ſe portant ſur la chaux de l'hépar, conſtitue la
petite quantité de ſélénite qui ſe dépoſe, &
ſur la magnéſie unie à l'acide muriatique, conſtitue le ſel d'Epſom, que l'on trouve en petits
criſtaux dans les évaporations. De ſorte que l'on
n'obtient que des produits très-différens de ceux
qui avoient d'abord été diſſous par l'eſprit-de-
vin. On ne peut donc point compter ſur le produit de cette diſſolution pour connoître les

principes de ce réfidu, nous avons imité ces phénomènes & affuré conféquemment leur exiftence
dans cette leffive, en diffolvant de l'hépar calcaire
& du muriate de magnéfie dans l'efprit-de-vin,
& en faifant évaporer lentement ce mêlange.
Il s'eft formé un dépôt pendant cette évaporation, & nous avons reconnu dans ce dépôt de
la félénite & du fel d'Epfom.

L'analyfe par l'eau, appliquée à ce réfidu,
n'eft pas moins incertaine. Ce liquide diffout
une partie de l'hépar calcaire, qui a échappé
à l'efprit-de-vin. Le fel d'Epfom qu'il diffout
en même-temps, eft en partie décompofé dans
le moment de la diffolution par l'hépar calcaire,
de forte qu'on ne trouve plus enfuite que très-
peu de ce fel, & que la proportion de la félénite augmente. En évaporant cette diffolution aqueufe, on y voit fe former les mêmes
décompofitions que dans la leffive fpiritueufe.

On fent affez que non-feulement l'altération
produite par la chaleur dans ce réfidu en partie fulfureux, dénature & change la qualité &
la quantité des autres principes fixes qui y font
contenus ; de forte qu'il n'eft plus enfuite poffible de les déterminer, mais que toutes les
décompofitions qui ont lieu pendant l'évaporation des leffives fe faifant fur de petites quantités, il eft prefque impoffible d'en apprécier
exactement

exactement les effets, & très-facile d'un autre
côté de ne point reconnoître la préfence de
quelques matières mêlées dans les différens
dépôts. Cette obfervation eft fpécialement applicable au muriate de foude ou fel marin,
dont nous n'avons pu que foupçonner l'exiftence dans toutes les premières analyfes, &
qui cependant eft véritablement contenu dans
le réfidu de l'eau d'Enghien, comme on le
verra dans le chapitre fuivant.

Toutes les difficultés dont cette analyfe eft
fufceptible, & les incertitudes qu'elles font
naître, nous forcent à ne point expofer ici
la fuite de nos expériences fur ce premier réfidu, qui après avoir été leffivé par l'efprit-de-
vin, a été fucceffivement traité comme le précédent, par l'eau froide, l'acide acéteux &
l'eau bouillante. D'ailleurs ces expériences ne
nous ont préfenté que des réfultats analogues
à ceux de l'analyfe détaillée dans l'article précédent, & qui n'en ont pas été plus exacts.

ARTICLE III. *Analyfe du troifième Réfidu
de l'Eau d'Enghien, évaporée dans des vaiffeaux fermés.*

Quoiqu'il ne nous fût pas permis d'efpérer
que le réfidu de l'eau d'Enghien, évaporée dans
des cornues, feroit plus pur que les deux pré-

cédens, puifque l'évaporation avoit été faite par une ébullition continuelle, & puifque le réfidu avoit été defféché plus fortement que le premier, & contenoit des parcelles bruhes, qui annonçoient fon altération par la chaleur, il entroit dans le plan de nos recherches de l'examiner avec autant de foin que les autres, & de comparer fes propriétés aux leurs. On fe rappelle que pendant l'évaporation de 100 livres d'eau dans les cornues, il s'étoit formé fur les parois de ces vafes une incruftation féléniteufe & calcaire, pefant 3 gros 54 grains, & que le réfidu détaché de la dernière cornue, où le refte de la liqueur avoit été évaporé à ficcité, pefoit 6 gros & demi.

Des circonftances nous ayant forcés de n'analyfer ce réfidu que huit mois après l'évaporation qui l'avoit fourni, on l'avoit confervé pendant ce temps dans un bocal de verre couvert d'un papier & placé dans un endroit un peu humide. Nous eûmes occafion de reconnoître alors qu'il avoit éprouvé quelques altérations. Ce réfidu avoit perdu beaucoup de fa blancheur ; il étoit devenu d'un gris jaunâtre, & fes molécules s'étoient agglutinées en petites maffes, dont quelques-unes étoient plus blanches que le refte. En le regardant dans un lieu bien éclairé, & fur-tout aux rayons du foleil,

on y appercevoit de petites lames & des aiguilles criftallines brillantes. Il avoit une odeur
hépatique tirant fur celle de l'ail gâté. Sa faveur
étoit d'abord âcre & falée ; mais bientôt celle
du foufre ou du gaz hépatique dominoit & fub-
fiftoit feule pendant long-temps. Il avoit augmenté de poids & pefoit 7 gros 40 grains.
Toutes ces propriétés qu'il n'avoit point immédiatement après l'évaporation, dépendoient
uniquement de l'eau qu'il avoit abforbée,
& annonçoient encore la préfence d'un hépar
formé par la deffication, de forte que tout
indiquoit les mêmes difficultés & la même incertitude dans fon analyfe.

Nous crûmes devoir examiner ce réfidu par
des moyens différens que ne l'avoient été les
précédens. On l'a mis dans une capfule de
verre fur un bain de fable, pour lui enlever
l'eau qu'il avoit abforbée. Les vapeurs aqueufes qui s'en exhalèrent bientôt, étoient chargées de gaz hépatique ; lorfque l'eau a été
diffipée, il s'eft exhalé une odeur de foufre
affez vive & analogue à celle de l'efprit recteur de raifort, fenfiblement mêlée de celle
d'acide fulfureux. Par cette deffication, il s'eft
diffipé 1 gros 16 grains, & le réfidu ne pefoit
plus que 6 gros 24 grains. Un gros chauffé
dans une petite cornue, donna quelques gouttes

d'une liqueur blanche laiteuse, du gaz hépatique, & environ deux grains de soufre sublimé.
En débutant l'appareil on sentit une odeur vive
d'acide sulfureux mêlée de celle du gaz hépatique. Ces expériences, comparées aux changemens que ce résidu avoit éprouvés en attirant
l'humidité de l'air, prouvoient qu'il contenoit
un véritable hépar, & beaucoup de gaz hépatique.

Quatre gros de ce résidu furent traités par 4
onces d'esprit-de-vin, dont l'action étoit aidée
par la chaleur. Cette liqueur se colora fortement ; filtrée & mêlée avec l'eau, elle se troubla, les acides en dégageoient du gaz sulfureux ;
évaporée au bain-marie, elle déposa du soufre,
de la sélénite, du sel d'Epsom, & elle exhala
une odeur hépatique alliacée ; elle avoit enlevé en tout 23 grains à ce résidu. Ces 23 grains
étoient formés de muriate de magnésie, d'hépar
calcaire, de soufre pur, de gaz hépatique &
d'acide sulfureux uni vraisemblablement à
la terre calcaire. Ce dernier acide reconnu
dans cette analyse un peu différente de celle
des deux résidus précédens, ajoute encore aux
difficultés que nous avons exposées plus haut.
Les mêmes décompositions ont eu lieu dans
cette analyse ; l'acide vitriolique produit par
la combustion du soufre, a décomposé le mu-

riate de magnéfie, & a formé du fel d'Epfom ; une partie de cet acide uni à la terre calcaire de l'hépar a donné la félénite qui s'eſt précipitée (1).

Après cette incertitude prouvée dans l'action de l'efprit-de-vin fur ce réfidu comme fur les précédens, l'action de l'eau nous en a préfenté une femblable. En féchant le réfidu fur un bain de fable, il exhaloit encore une forte odeur de foufre fublimé. Il ne pefoit plus que 3 gros 27 grains. Quatre onces d'eau diſtillée bouillante, verfées fur ce réfidu, ont pris une couleur rouge foncée & une odeur hépatique. Les acides ont précipité 2 ou 3 grains de foufre de cette leſ. five, & en ont dégagé une odeur très-piquante d'acide fulfureux ; elle contenoit du fel d'Epfom & du fel marin, que les réactifs & l'évaporation y ont démontrés, mais en quantité très-peu abondante. L'hépar calcaire & le fel fulfureux qui y étoient diffous en même-temps ont rendu fon analyfe très-difficile & très-inexacte. Il n'y avoit cependant eu que 50 grains de fubftance enlevée au réfidu par ces quatre onces

---

(1) L'hépar calcaire, fec & folide, eſt très-foluble dans l'efprit-de-vin ; il fe fond avec rapidité dans cette liqueur. Quand elle en eſt chargée, il s'en fépare peu-à-peu fous la forme de petites aiguilles criſtallines brillantes & qui réfléchiffent toutes les couleurs de l'arc en-ciel.

d'eau diftillée bouillante. Le peu de vitriol de magnéfie ou fel d'Epfom , qu'on a trouvé, indique que ce fel avoit été en partie décompofé par l'hépar calcaire formé pendant la deffication du réfidu. Il devenoit inutile , d'après ces erreurs involontaires , de continuer cette analyfe.

On voit donc que nous ne pouvions pas plus compter fur cette analyfe que fur les deux précédentes , & que le foufre contenu dans le réfidu de l'eau d'Enghien change la nature des fubftances qui le compofent , foit pendant l'évaporation , comme l'indiquent les modifications fingulières de fon odeur , & les changemens de couleur qu'elle éprouve , foit lorfqu'on deffeche fon réfidu. Ces altérations confiftent , 1°. dans la formation d'un hépar qui donne une couleur verte à l'eau évaporée , & qui fe décompofe lui-même pendant la fuite de l'évaporation ; 2°. dans la formation du même hépar par la voie feche , qui a lieu à la fin de l'évaporation , & lorfque les principes fixes plus rapprochés , éprouvent le degré de chaleur néceffaire pour les deffécher ; 3°. dans la combuftion d'une partie du foufre & la décompofition de l'hépar pendant l'évaporation des leffives fpiritueufe & aqueufe.

CHAPITRE XX.

Analyse de l'évaporation du réfidu de l'Eau d'Enghien défoufrée par le contact de l'air, ou du quatrième Réfidu.

LES difficultés que les trois précédentes analyfes nous avoient préfentées, provenant de la préfence du foufre dans les réfidus, & de fa combuftion, foit dans fa première exficcation, foit pendant l'évaporation des différentes leffives qui en ont été faites, il nous a paru très-important de répéter cette analyfe des principes fixes de l'eau d'Enghien fur un réfidu qui ne contenoit point de foufre, & tel a été le motif qui nous a engagés à évaporer 300 liv. de cette eau dégazée ou défoufrée par fon expofition à l'air. Sans ce dernier examen il nous auroit été impoffible d'acquérir une connoiffance exacte de la quantité & de la nature de ces principes.

On doi fe rappeller d'abord que le réfidu de la quatrième évaporation étoit plus abondant que les trois autres; ce qui étoit dû à ce qu'on ne l'avoit point fortement defféché. L'abfence du foufre, & la moindre exficcation de ce réfidu nous promettoit des réfultats plus certains que les précédens , & cette efpérance n'a point été trompée , comme on va le voir. De 300 livres d'eau évaporée après fa décompofition par l'air , nous avions obtenu 4 onces 2 gros de réfidu , qui réunis avec 4 gros de précipité formé pendant le dégazement opéré par l'air , & féché au foleil , formoient pour total de principes fixes de ces 300 livres d'eau , 4 onces 6 gros , quantité beaucoup plus confidérable que celle des trois précédens , & due à l'eau qui y reftoit encore. Comme notre objet avoit été de féparer le foufre & d'éviter les inconvéniens qu'il avoit fait naître dans les premières analyfes, on juge bien que nous avons examiné à part le réfidu de l'évaporation & le dépôt formé par le contact de l'air. Ce dernier n'étant qu'un mélange de craie , de magnéfie & de foufre , nous rapporterons la dofe de chacune de ces matières au réfumé général de cette analyfe.

§. I. *Traitement du réfidu par différens diffolvans.*

Après nous être affurés que ce réfidu ne contenoit point de foufre , qu'il ne donnoit point de gaz hépatique , nous l'avons partagé en deux dofes , & nous avons d'abord opéré fur 2 onces 1 gros, qui étoient le produit de

150 livres d'eau. On a verfé fur ces 2 onces 1 gros, 4 onces d'efprit-de-vin à 39 degrés ou le plus déphlegmé. On a laiffé macérer pendant 36 heures ; on a filtré cette liqueur ; elle a paffé claire & chargée d'une couleur orangée très-foncée. Comme l'expérience nous avoit appris que l'efprit-de vin n'enlève point tous les fels déliquefcens par une première leffive, & que l'eau appliquée après lui au réfidu, en diffout une nouvelle portion, nous avons confervé cette diffolution fpiritueufe pour l'examiner après avoir traité le réfidu par l'eau.

Ce réfidu, leffivé par l'efprit-de-vin, & féché fur un bain de fable doux, pefoit 1 once 7 gros 45 grains. On l'a délayé dans 4 onces d'eau diftillée froide, & on l'a laiffé macérer pendant 24 heures. L'eau a pris une couleur jaune rougeâtre, elle mouffoit par l'agitation ; filtrée & évaporée au bain-marie, elle s'eft bourfoufflée confidérablement fur la fin de cette évaporation ; elle a donné un fel jaunâtre, pefant, après avoir été bien defféché, 3 gros 16 grains. Comme cette diffolution aqueufe avoit indiqué la préfence d'un fel déliquefcent par fa propriété de mouffer & par fon bourfoufflement, on ne fut point étonné de voir ce fel attirer l'humidité de l'air, & répandre des vapeurs d'acide muriatique par l'acide vitriolique. Pour en féparer exactement tout le fel déliquefcent qui y étoit mêlé, on a été obligé de le laver trois fois de fuite dans deux onces d'efprit-de-vin à chaque fois. On a mêlé cette feconde leffive fpiritueufe avec la première pour l'examiner à part.

Après l'action de l'eau le réfidu féché pefoit 1 once 3 gros 12 grains. Il y a donc eu 1 gros 17 grains d'eau perdus par la deffication. On l'a traité avec 8 onces de vinaigre dont on a aidé l'action par la chaleur ; lorfque l'effervefcence a ceffé, on a filtré cette diffolution acéteufe qu'on a réfervée pour l'analyfer.

Enfin le réfidu traité par les trois premiers diffolvans étoit réduit à 7 gros 38 grains de fubftance indiffoluble dans l'efprit-de-vin, l'eau froide & le vinaigre.

§. I I. *Examen de la leffive fpiritueufe.*

La leffive fpiritueufe étoit, comme nous l'avons déjà dit, d'une couleur orangée. Elle étoit le produit de deux diffolutions mêlées, la première, faite fur le réfidu entier avec 4 onces d'efprit-de-vin, la feconde, obtenue fur le fel diffous par l'eau avec 6 onces de la même liqueur. On a évaporé cette leffive avec beaucoup de précaution & de lenteur dans une capfule de verre au bain-marie. Elle ne s'eft point troublée, & il ne s'y eſt point formé de dépôt comme dans les premières expériences ; elle n'exhaloit point d'odeur ſulfureuſe ni hépatique, & nous reconnûmes que l'abſence du ſoufre dans cette leſſive nous promettoit des produits beaucoup plus purs. En examinant de près cette évaporation, nous vîmes ſe former à ſa ſurface de petits criſtaux cubiques très-réguliers ; on en a ſéparé 6 grains qui ſe ſont conſervés ſans altération à l'air, & qui étoient de véritable ſel marin ou muriate de ſoude. Comme il étoit impoſſible de ſéparer exactement tout ce ſel, dont la plus grande partie s'eſt précipitée au fond de la liqueur, on a continué l'évaporation, & ſur la fin il s'eſt formé une grande quantité de criſtaux en priſmes ou en aiguilles applaties, qui attiroient fortement l'humidité de l'air ; ces criſtaux étoient mêlés de petits cubes de ſel marin. Pour ſéparer ces deux ſels on a employé de nouvel eſprit-de-vin froid qui a diſſous tout le ſel déliqueſcent, ſans diſſoudre le ſel marin criſtalliſé. On a recueilli 16 grains de ce dernier, & 1 gros 48 grains de ſel déliqueſcent en criſtaux. Celui-ci a été reconnu par toutes les épreuves pour du muriate ou ſel marin de magnéſie très pur & ſans mélange de muriate calcaire, ni d'aucun ſel vitriolique. En effet ſa diſſolution dans l'eau fut

précipitée par l'eau de chaux, par l'alkali volatil, & donna un caillé blanc très-abondant
par les nitres lunaire & mercuriel ; elle ne fut
point altérée par l'acide du sucre, ni par le muriate barytique.

L'esprit-de-vin a donc enlevé au résidu de
l'eau d'Enghien désoufrée ou dégazée, du muriate de magnésie & du muriate de soude. Observons qu'en évaporant avec soin cette dissolution nous avons obtenu l'un & l'autre de ces
sels en cristaux, ils n'étoient cependant pas cris-
tallisés dans le résidu, & ils avoient au contraire
perdu leur eau de cristallisation par le desséc-
chement. Aussi le poids total de 22 grains de
sel marin cubique, 6 séparés d'abord, & 16
obtenus à la fin de l'évaporation, & de 1 gros
48 grains de muriate de magnésie cristallisé,
étoit-il réellement plus considérable que celui
qu'ils avoient avant d'être dissous dans l'esprit-
de-vin. Il est aisé de concevoir que cette liqueur, quelque déphlegmée qu'elle soit, contient toujours une certaine quantité d'eau que
les sels qui y sont dissous retiennent en se cris-
tallisant. Cette remarque nous a engagés à faire
quelques expériences qui nous ont convaincus
que le muriate de magnésie privée de son eau
de cristallisation par la chaleur, est plus soluble dans l'esprit-de-vin que le même sel cris-

tallifé, & que cette diffolution fpiritueufe évaporée lentement & au bain-marie donne des
criftaux très-réguliers dont l'eau qui fait un de
fes élémens ne peut appartenir qu'à l'efprit-de-
vin. Nous croyons même pouvoir affurer ici
que l'évaporation de la diffolution fpiritueufe
de ce fel eft le meilleur procédé pour l'obtenir fous une forme très-régulière.

Cette expérience prouve encore que le muriate de foude ou fel marin eft affez foluble
dans l'efprit-de-vin , puifque 10 onces de cette
liqueur en avoient diffous 22 grains.

Sans entrer dans tous les détails des faits que
cette leffive fpiritueufe nous a préfentés , &
fans décrire minutieufement tous les procédés
que nous avons mis en ufage pour bien féparer ces deux fels , & les obtenir blancs & très
purs, nous dirons feulement que c'eft par des
diffolutions fucceffives dans des petites quantités d'eau & d'efprit-de-vin , & par des évaporations conduites très-lentement , que nous avons
réuffi.

Enfin il eft remarquable que le muriate de
foude retiré de cette leffive fpiritueufe & mêlé
avec le muriate magnéfien, n'eft plus, à beaucoup
près, auffi foluble dans l'efprit-de-vin , puifque
cette liqueur employée ,à la vérité , à très-petite
dofe, & verfée fur ce mêlange des deux fels

mis en poudre fine, a diſſous complettement le muriate de magnéſie, ſans toucher au muriate de ſoude ; on ne peut attribuer ce phénomène qu'à l'état criſtallin de ce dernier ſel, & à l'eau qu'il contient dans cet état, puiſque des expériences relatives à ce fait nous ont démontré que le muriate de ſoude décrépité, ou privé de ſon eau de criſtalliſation par l'action du feu, ſe diſſout très-promptement dans l'eſprit-de-vin, tandis que ce même ſel criſtalliſé en cubes réguliers ne préſente pas la même ſolubilité.

Outre ces deux ſels la leſſive ſpiritueuſe contenoit une quantité inappréciable de matière extractive colorante.

§. I I I. *Examen de la diſſolution aqueuſe du réſidu.*

On ſe rappelle que les quatre onces d'eau avec leſquelles le réſidu déjà traité auparavant par l'eſprit-de-vin a été leſſivé, ont donné 3 gros 16 grains d'un ſel un peu jaune, qui paroiſſant contenir encore du ſel déliqueſcent a été leſſivé avec 6 onces d'eſprit-de-vin. Ce ſel a perdu 63 grains par l'action de l'eſprit-de-vin, & par la deſſication ; ces 63 grains ont été rapportés dans l'examen de la leſſive ſpiritueuſe, il peſoit alors 2 gros 25 grains. Il n'étoit plus du tout déliqueſcent. Pour en connoître exactement la

nature, on l'a diffous dans deux onces d'eau diftillée , il eft refté environ 12 grains de matière
qui ne s'eft point diffoute , & qui a été reconnue pour de vraie félénite , puifqu'elle étoit
infipide & que fa diffolution dans une plus
grande quantité , en a été précipitée par le muriate barytique & par l'acide du fucre. La portion
qui s'étoit bien diffoute dans l'eau a été examinée
par les procédés fuivans. On a évaporé cette
diffolution au bain - marie ; lorfqu'elle a été
réduite à une demi - once , on l'a laiffée
refroidir lentement ; vingt-quatre heures après
on y a trouvé une grande quantité de criftaux
en aiguilles , dont quelques-uns avoient près
d'un pouce de longueur , & qui offroient des
prifmes à quatre faces terminés par des pyra-
mides très-allongées; l'efpèce d'eau-mère décantée & confervée quinze jours dans un lieu fec
& à l'abri des corps extérieurs par une double
gaze , s'eft toute convertie en criftaux femblar-
bles aux premiers , & qui font reftés tout-à-
fait fecs à l'air même humide. Ce fel qui étoit
bien criftallifé , mais un peu jaune , pefoit 3
gros 36 grains ; en l'obfervant avec attention ,
on y reconnut quelques criftaux cubiques ; l'huile
de vitriol en dégageoit auffi de légères vapeurs
d'acide muriatique. Les criftaux prifmatiques
plongés dans l'eau de chaux , & dans les diffo-

lutions de muriate barytique & de nitre calcaire, ont produit des précipités abondans ;
ces précipitations, jointes à leur saveur amère,
à leur forme & à leur peu d'altérabilité par le
contact de l'air, l'ont fait reconnoître pour du
vitriol de magnésie ou sel d'Epsom. Mais il
étoit mêlé d'un sel muriatique, dont l'huile de
vitriol & la forme cubique avoient indiqué la
présence. Ce sel ne pouvoit point être du muriate de magnésie, puisqu'il n'avoit point offert
de déliquescence à l'air. Pour en mieux connoître la nature & la quantité, on a dissous de nouveau les 3 gros 36 grains, moins quelques cristaux prismatiques de sel d'Epsom pur employés
pour les essais précédens, dans deux onces
d'eau distillée ; on a versé dans cette dissolution de l'eau de chaux, jusqu'à ce qu'il ne se
fît plus de précipité ; la magnésie ayant été séparée par la chaux, on a évaporé la liqueur
filtrée, il s'est déposé de la sélénite. Lorsqu'elle
a été évaporée jusqu'à environ 6 gros, on l'a
essayée par le muriate barytique, qui n'y pro-
duisant plus de précipité, a indiqué que toute
la sélénite formée par l'union de la chaux avec
l'acide vitriolique du sel d'Epsom, s'étoit déposée, & qu'il n'en restoit plus dans la liqueur.
Alors l'évaporation continuée jusqu'à siccité,
a donné 15 grains d'un sel grenu, cubique,

salé

falé non déliquefcent , en un mot , de véritable muriate de foude. Les 3 gros 36 grains de fel, produits par l'évaporation de la leflive aqueufe du réfidu , contenoient donc 3 gros 21 grains de vitriol de magnéfie , ou fel d'Epfom , & 15 grains de muriate de foude ou fel marin ordinaire.

§. IV. *Examen de la diffolution acéteufe.*

Les huit onces de vinaigre employées pour diffoudre les terres contenues dans le réfidu , avoient pris une faveur amère ; cette diffolution étoit très-claire. On en a précipité la moitié avec 4 livres 6 onces d'eau de chaux , quantité un peu plus que fuffifante pour en opérer la précipitation complète ; ce réactif en a féparé fix grains de magnéfie pure qui étant unie à l'acide crayeux dans le réfidu , puifqu'elle avoit été diffoute avec effervefcence par le vinaigre , forme , à très-peu de chofe près , 10 grains de cette terre , & conféquemment 20 grains fur le total de la diffolution acéteufe. L'autre moitié de cette diffolution a été précipitée par la craie de potaffe ou alkali fixe végétal faturé d'acide crayeux ; on en a obtenu un gros 46 grains de craie defféchée , d'où il faut ôter 10 grains de magnéfie crayeufe. On voit donc que les huit onces de vinaigre avoient

T

enlevé au réfidu 3 gros de craie & 20 grains de magnéfie. Ce réfidu pefoit 1 once 3 gros 12 grains avant l'action de cet acide ; lorfque les terres calcaire & magnéfiene en ont été féparées, & qu'on l'a fait deffécher, il ne pefoit plus que 7 gros 38 grains, & ces deux terres formant enfemble le poids de 3 gros 20 grains, il y a eu 26 grains de perte par la deffication.

Nous remarquerons ici que l'action du vinaigre eft très-lente fur les terres calcaire & magnéfiene, lorfqu'elles font mêlées avec des fubftances infolubles dans cet acide. Epuifer complettement les réfidus de ces terres eft une des chofes les plus difficiles & qui demande le plus de tâtonnemens : il eft important de faire chauffer le mélange, de l'agiter fortement, de ne mettre le vinaigre que partie par partie, & de laiffer chaque portion agir pendant plufieurs heures avant de chauffer; ce n'eft qu'en fuivant avec patience ce procédé, qu'on réuffit à diffoudre complettement ces terres ; il eft même bon d'effayer enfuite une petite portion du réfidu par un acide plus fort, comme l'acide muriatique, pour voir s'il fait encore effervefcence, & il ne faut ceffer d'employer le vinaigre, que lorfque l'on a fait cet effai fur le réfidu, & qu'un acide beaucoup plus puifſant n'y produit plus du tout d'efferveſcence. Nous obſerverons encore que la ſéparation de la magnéſie d'avec la craie ne réuſſit pas toujours par le procédé de Bergman ; c'eſt-à-dire, en expoſant ſimplement à l'air le ſel obtenu par l'évaporation à ſiccité de la leſſive acéteuſe , & en décantant l'acète magnéſien , lorſqu'il en a attiré l'humidité. Par ce moyen la ſéparation n'eſt jamais bien exacte ; d'ailleurs il ne peut être employé lorſque la magnéſie ne fait qu'une très-petite partie des ſels acéteux , & que l'acète calcaire domine beaucoup comme dans ce réſidu de l'eau d'Enghien ; alors l'acète calcaire défend l'acète magnéſien du contact de l'air , & s'oppoſe à ſa déliqueſcence. Nous avons donc préféré de précipiter la magnéſie par la chaux ſur la moitié de notre diſſolution , & de précipiter de l'autre moitié la terre calcaire par l'alkali fixe. Il faut défalquer alors du poids de ce précipité, celui de la magnéſie déjà obtenue dans la première précipitation , pour apprécier la quantité de la craie. Au reſte des connoiſſances étendues & exactes en Chimie , fourniſſent pour ces ſortes de départs pluſieurs autres moyens auſſi bons ; mais nous avons cru devoir préférer ceux qui ont été décrits , comme plus ſimples & plus faciles à exécuter.

T ij

§. V. *Examen du Réſidu inſoluble dans l'eſprit-de-vin, l'eau froide & le vinaigre.*

Les 7 gros 38 grains de matière qui n'avoit point été diſſoute par l'eſprit-de-vin , l'eau froide & le vinaigre étoient d'un gris blanc ; ce dernier réſidu n'avoit plus de ſaveur. On en a pris le quart, ou un gros 63 $\frac{1}{2}$ grains , qu'on a fait bouillir pendant une demi-heure dans huit livres , ou dans plus de 500 fois ſon poids d'eau diſtillée ; ce liquide en a diſſous 1 gros 53 $\frac{1}{2}$ grains. Cette diſſolution étoit purement ſéléniteuſe ; car elle a été précipitée abondamment par l'acide du ſucre, par le muriate barytique , par la craie de potaſſe, & elle a donné du turbith minéral avec la diſſolution nitreuſe de mercure. Les 10 grains non diſſous , étoient un mêlange d'une ſubſtance noirâtre & comme charbonneuſe , de ſable & de floccons fibreux entortillés , manifeſtement dûs aux filtres de papier , ſur un grand nombre deſquels ce réſidu avoit été reçu , ſéché, & enlevé à l'aide de lames d'ivoire. On doit négliger cette dernière ſubſtance mêlangée de pluſieurs corps hétérogènes , ſi ce n'eſt peut-être la partie ſiliceuſe, dont Bergman a prouvé l'exiſtence dans les eaux, mais dont la petite quantité eſt inappréciable.

Ces 7 gros 38 grains de dernier réſidu con-

tenoient donc 6 gros 68 grains de félénite ,
& 42 grains de fubftánces, à peu de chofes
près , étrangères à l'eau , & dues aux corps ré-
pandus dans l'air.

§. VI. *Réfultat de cette analyfe.*

On voit , d'après les détails donnés dans les
paragraphes précédens que les 2 onces 1 gros
de réfidu de 150 liv. d'eau d'Enghien dégazée
nous ont fourni les principes fuivans :

Vitriol de magnéfie ou fel d'Ep-
fom. . . . . 3 gros 21 grains. ⎫
Muriate de ma-   Ces trois
gnéfie. . . . 1   48   ⎬ fels criftal-
Muriate de fou-   lifés.
de ou fel marin   37   ⎭
Sélénite (1). .. 7   8
. Craie ordinaire. 3
Craie de ma-
gnéfie. . . .   20

____

Ce qui fait
en tout. . 1 3 7 3 50 grains.

Si l'on ajoute à ce poids les 42 grains de

____

(1) A ces 6 gros 68 grains de félénite trouvée dans la
dernière opération , il faut ajouter les 12 grains féparés
dans l'évaporation de la leffive aqueufe froide , ce qui fait
le poids total de 7 gros 8 grains.

matières étrangères qui en faifoient partie, &
les 1 gros 43 grains d'eau dont on a pu apprécier la perte par l'exficcation des réfidus, on
aura un total de 2 onces 1 gros 63 grains ,
plus fort de près d'un gros que le premier réfidu examiné ; mais il faut obferver que les
fels ont été obtenus fous une forme criftalline , & conféquemment contenant un peu plus
d'eau que dans le réfidu où ils avoient été defféchés. Ces 63 grains font donc dûs à l'eau fournie par les leffives.

Pour rapporter ces quantités à l'eau d'Enghien dans fon état naturel , il faut fuppofer les
fels criftallifés, puifqu'en effet ils en font fufceptibles, comme nous l'avons vu , & que dans
leur diffolution naturelle, ils doivent néceffairement contenir cette quantité d'eau à laquelle
ils adhèrent avec plus de force qu'à celle qui
les tient diffous. Cette eftimation eft fufceptible
de beaucoup moins d'erreur.

Il faut encore ajouter à ces deux onces 1
gros de réfidu fixe de 150 livres d'eau d'Enghien , & aux principes qui en ont été extraits
par l'analyfe , les matières dépofées par cette
eau pendant fon expofition à l'air. Ce dépôt ,
féché à l'air , étoit gris & pefoit 4 gros & demi.
Traité par l'acide muriatique foible , la plus
grande partie s'eft diffoute avec une vive ef-

fervefcence. L'eau de chaux a féparé de cette diffolution 2 grains de magnéfie cauftique qui équivalent à 4 grains de cette terre chargée d'acide crayeux ; la craie de potaffe en a précipité 2 gros 66 grains de terre calcaire. La portion non diffoute par l'acide marin pefoit 66 grains ; elle étoit d'un gris plus foncé que le dépôt entier, elle contenoit des floccons dé papier & de tiffu des filtres, ainfi que quelques corps étrangers ; on en a eftimé le foufre à 50 grains. Cette eftimation eft d'autant plus précife qu'elle eft très-exactement dans la même proportion que le foufre obtenu dans plufieurs expériences analogues ; puifque nous avons dit dans le cinquième Chapitre que 50 livres d'eau d'Enghien expofées à l'air avoient laiffé dépofer 8 grains de foufre.

On voit donc qu'en ajoutant la moitié de ces fubftances dépofées de 300 liv. d'eau d'Enghien décompofée par l'air, aux premiers produits du réfidu de 150 livres de cette eau évaporée, au lieu de 3 gros de craie, on en a 4 gros 33 grains ; au lieu de 20 grains de magnéfie effervefcente, elle en contenoit 22 grains, & de plus 25 grains de foufre qui font à-peu-près $\frac{1}{6}$ de grain par livre.

Pour affurer les réfultats de cette analyfe beaucoup plus fatisfaifante que celle des précédens réſidus , & rendue par l'abſtraction du ſoufre auſſi certaine que celle des eaux ordinaires , nous l'avons répétée deux fois , ſur l'autre moitié du quatriéme réſidu des 300 livres d'eau évaporées après leur décompoſition par l'air , & nous en avons obtenu abſolument les mêmes produits.

CHAPITRE XXI.

Réſultat de toutes les expérienees précédentes ſur la nature & la quantité des principes minéraliſateurs de l'Eau d'Enghien.

LES principes qui minéraliſent l'eau d'Enghien , ſont en général de trois natures , ou peuvent être partagés en trois claſſes : la première comprend des êtres fugaces qui s'en exhalent facilement , & ſur-tout lorſque cette eau eſt expoſée à l'air & à la chaleur ; le gaz hépatique & l'acide crayeux appartiennent à cette claſſe ; on doit auſſi y rapporter la petite quantité de chaleur , qui eſt ſouvent ſupérieure dans l'eau d'Enghien , à celle de l'atmoſphère , ou des eaux communes. C'eſt à ces principes , & ſur-tout au premier que l'eau d'Enghien doit le caractère qui la diſtingue & les propriétés médicinales dont elle jouit. C'eſt à leur dégagement qu'il faut auſſi attribuer les altérations qu'elle éprouve.

A la ſeconde claſſe des principes de l'eau d'Enghien appartiennent ceux qui n'y ſont ſolubles qu'à la faveur des précédens , & qui s'en précipitent à meſure que ceux-ci s'exhalent naturellement ou qu'ils ſont abſorbés par les réactifs appropriés. Telles ſont les terres calcaire & magnéſiene que l'acide crayeux y tient diſſoutes , & qui en troublent la tranſparence lorſque cet acide ſe volatiliſe par le contact de l'atmoſphère ; tel eſt auſſi le ſoufre , qui , faiſant le principal élément du gaz hépatique , ſe dépoſe en partie comme indiſſoluble , quand le gaz inflammable qui le tenoit ſuſpendu , eſt abſorbé peu-à-peu par l'air pur contenu dans l'atmoſphère , ou dans les acides qui en ſont ſurchargés , ou enfin dans les chaux métalliques.

Enfin nous rangeons dans la troiſième claſſe les matières ſalines très-diſſolubles ſur leſquelles les principes précédens n'ont aucune réaction , qui reſtent diſſous dans cette eau pendant que ceux-ci s'en ſéparent , & qu'on ne peut en dégager que par l'évaporation plus ou moins avancée. Parmi ce ſels , les uns comme moins

folubles fe dépofent les premiers par l'évaporation, telle eft la félénite ; d'autres ne s'ob-
tiennent que lorfque la liqueur eft réduite à près
de $\frac{2}{1000}$ de fon volume, comme le fel d'Epfom, & le fel marin ; enfin il en eft que l'on ne
dégage que par l'évaporation à ficcité, comme
le muriate de magnéfie.

Quant à la quantité relative de ces principes,
il n'y a pour ainfi dire aucun rapport à établir
entre ceux qui font très-volatiles ou très-expan-
fibles, & ceux qui, au contraire, font très-
fixes. Les premiers ayant une énergie toute
différente de celle des feconds, quelques pouces cubiques de ces matières réduites en fluides élaftiques, fuffifent pour donner à l'eau
des propriétés très-fortes, tandis que les feconds font bien loin d'être en dofe fuffifante
pour avoir des effets comparables à ceux-ci.
Parmi les principes fixes & falins, leur quantité
relative doit les faire difpofer dans l'ordre fuivant, en commençant par celui qui eft le plus
abondant :

Vitriol de chaux ou félénite.

Craie.

Vitriol de magnéfie, ou fel d'Epfom.

Muriate de magnéfie.

Muriate de foude, ou fel marin.

Magnéfie effervefcente.

L'eftimation exacte de chaque principe contenu dans l'eau d'Enghien, eft comme nous l'a-
vons dit ailleurs, l'objet le plus difficile à remplir. Cependant, en comparant toutes les expériences décrites jufqu'actuellement, nous fommes parvenus à obtenir un réfultat auffi précis
qu'il eft poffible ; nous croyons devoir prévenir
ici que dans ce calcul il peut y avoir une erreur d'un huitième ou d'un feptième tout au
plus. Cette erreur eft abfolument inévitable
dans des expériences nombreufes & auffi dé-
licates.

Avant de préfenter cette eftimation des principes fur des quantités données d'eau , nous
ferons ici quelques obfervations néceffaires pour
affurer l'exactitude de nos réfultats.

1°. La quantité de gaz hépatique a été éva-
luée d'après celle du foufre précipité de l'eau
d'Enghien par les trois acides fulfureux, nitreux fumant, & muriatique aëré, en rappor-
tant, d'après les recherches de Bergman, cette
dofe de foufre à celle qu'il a trouvée dans ce
gaz.

2°. Il a été un peu plus difficile d'eftimer la
quantité d'acide crayeux ; la chaleur ne le dégage que très-lentement, & mêlé avec un peu
de gaz hépatique , il eft donc impoffible de le
recueillir exactement par la diftillation ; il ne

s'en exhale qu'une partie par le contact de l'air. Nous avons cru devoir nous servir d'un autre procédé. On sait que l'eau de chaux s'empare de cet acide, & que le précipité qu'elle forme avec l'eau d'Enghien, est composé de la craie qui étoit dissoute dans cette eau, à l'aide de l'acide crayeux surabondant, & d'une autre portion de craie formée par la chaux de l'eau de chaux unie à cet acide contenu dans l'eau. En ôtant donc de ce précipité le poids de la craie que l'analyse des résidus nous a démontré exister dans l'eau d'Enghien, le surplus de la quantité de cette terre appartient nécessairement à celle qui est formée par l'union de la chaux ajoutée avec l'acide crayeux libre de l'eau. On connoît, d'après les expériences de Bergman, la dose d'acide crayeux contenu dans la craie. Ainsi, d'après ces données, 20 livres d'eau d'Enghien, donnant 165 grains de craie par l'eau de chaux, il faut en ôter d'abord 53 grains, que l'analyse du résidu de l'eau évaporée démontre dans cette quantité d'eau d'Enghien. Les 112 grains qui restent appartiennent à l'union de l'eau ajoutée avec l'acide crayeux de l'eau, & ces 112 grains contiennent à très-peu de choses près, 37 grains de cet acide, quantité que 20 livres d'eau tiennent en dissolution. Nous ne croyons pas que cette eſtimation s'éloigne beaucoup de la vérité.

3°. Les ſels neutres ſont eſtimés dans leur état de criſtalliſation , parce que c'eſt le ſeul moyen d'apprécier aſſez poſitivement leur quantité. En effet la criſtalliſation eſt un état conſtant, uniforme , qui exige toujours dans chaque ſel neutre la même quantité d'eau & de matière ſaline , lorſqu'elle eſt régulière , & qui n'eſt pas ſuſceptible d'induire en erreur ; d'ailleurs ces ſels diſſous dans l'eau minérale doivent être conſidérés comme contenant leur eau de criſtalliſation.

4°. Quant aux terres , elles ont été peſées dans leur état de deſſication le plus ordinaire , & l'eſtimation ne peut différer de leur quantité réelle que d'un ſeizième environ , en prenant le terme moyen de toutes les expériences comparatives que nous avons faites ſur le réſidu de l'eau. Il en eſt de même de la ſélénite. Nous en avons apprécié la quantité après l'avoir deſſéchée à l'air ou à une chaleur douce , & l'erreur ne pourroit être que d'un quinzième , d'après tous les réſultats moyens que nous avons obtenus.

D'après toutes ces données , 100 livres d'eau d'Enghien contiennent

700 pouces cubiques de gaz hépatique fixé , ou 84 grains de ſoufre.

Vitriol de magnésie cristal-
lisé. . . . . .2 gros 14 grains.

Muriate de magnésie cris-
tallisé. 1   8

Muriate de soude.   24

Vitriol de chaux. 4   45

Craie. 2   70

Craie de magnésie. . .   13 $\frac{1}{3}$

Acide crayeux. . . .2   41

Matière extractive. ⎱   Quelques grains
Terre siliceuse.   ⎰   inappréciables.

Pour réduire ces quantités à des proportions plus utiles, une pinte d'eau d'Enghien contient, à très-peu de chose près,

14 pouces cubiques de gaz hépatique ou de soufre. . . . . 1 $\frac{2}{3}$ grain.

Vitriol de magnésie. . . . 3   grains.

Muriate de magnésie. . . . 2   grains.

Muriate de soude. . . . . . $\frac{1}{2}$ grain.

Vitriol de chaux. . . près de 7   grains.

Craie. . . . . 4 $\frac{1}{2}$ grains.

Craie de magnésie. . . . . $\frac{1}{3}$ grain.

Acide crayeux. 4   grains.

Matière extractive. ⎱   Une quantité inap-
Terre siliceuse.   ⎰   préciable.

Il ne sera pas difficile, d'après cette analyse, d'imiter ces eaux. Comme ce n'est que du gaz hépatique, du sel d'Epsom, du muriate de foude , du muriate de magnéfie , de la craie de magnéfie , & enfin de l'acide crayeux que peuvent dépendre leurs propriétés fur l'économie animale , on doit négliger le vitriol de chaux & la craie qui s'y trouvent , puifque ces matières ne peuvent rien ajouter à leurs vertus.

CHAPITRE XXII.

Examen des incruftations formées fur les parois de la voûte qui renferme la fource , & des pellicules dépofées , tant fur les bords des baffins , que fur la furface de l'eau ftagnante.

Nous avons dit , dans le premier Chapitre de cet Ouvrage, que les pierres qui forment la voûte conftruite au-deffus des baffins deftinés à raffembler l'eau de la fource d'Enghien , font recouvertes d'une incruftation grife jaunâtre qui a la forme d'une efflorefcence en molécules irrégulières, & qui n'adhère que très-peu aux parois de la voûte. On a déjà obfervé dans les analyfes qui ont été faites avant nos recherches, que cette incruftation eft très-acide. Il fuffit en effet d'en mettre quelques parcelles fur la langue pour y reconnoître cette propriété. L'acidité en eft même fi forte que des portions de

cette incruftation friable qui s'attachent aux ha-
bits des perfonnes qui entrent en fe courbant
dans cette voûte , en altèrent très-fenfiblement
la couleur. Il nous eft arrivé plufieurs fois d'obferver des taches rouges fur le drap bleu ou
noir qui en avoit reçu quelques parcelles. Nous
avons ramaffé une certaine quantité de cette
incruftation , & nous l'avons délayée dans l'eau
diftillée froide. Ce liquide en a diffous une
petite portion , & la partie indiffoluble étoit
du fable mêlé d'une certaine quantité d'argile
& de félénite. La leffive filtrée rougiffoit fortement le fyrop de violettes & la teinture de
tournefol. L'acide du fucre n'y produifit aucune
précipitation ; l'eau de chaux , la diffolution de
magnéfie , l'alkali volatil cauflique y formèrent
un précipité , dont l'afpect gélatineux , la légèreté annonçoient la nature argileufe. Cette terre
féparée de l'eau , & diffoute dans l'acide vitriolique , donna par l'évaporation , un fel ftiptique ,
qui fe fondoit & fe bourfouffloit fur les charbons. Le muriate barytique offrit tout-à-coup
dans la leffive de cette incruftation des ftries
pefantes très-multipliées qui indiquèrent la préfence de l'acide vitriolique. On voit donc par
ces diverfes expériences que l'incruftation de la
voûte , contenoit beaucoup de fable , de l'argile ,
de l'alun & de l'acide vitriolique à nud.

Cet

Cet acide, qui ne se trouve jamais dans cet état de liberté sur les pierres des édifices, ne peut provenir que de l'eau minérale. Tout ce que nous avons exposé dans les premiers Chapitres de cet Ouvrage, prouve qu'il se dégage sans cesse du gaz hépatique de cette eau ; ce gaz est décomposé par l'air vital de l'atmosphère ; mais Bergman n'avoit reconnu dans cette décomposition, que la précipitation du soufre qui a en effet lieu, & qui se dépose à la surface de l'eau, comme nous l'avons indiqué ailleurs ; il s'y passe un autre phénomène inconnu jusqu'à présent ; la portion du soufre la plus atténuée se brûle véritablement, ou se combine, quoiqu'à froid, avec l'air vital, & forme de l'acide vitriolique, qui s'unit en partie avec l'argile & avec la chaux, & reste en partie dans son état d'acide. Cette portion est même tout à-fait convertie en acide avant d'arriver aux parois de la voûte, puisqu'il n'y a point de soufre dans les incrustations qui les enduisent. Il n'est pas plus étonnant pour des observateurs de voir le soufre se changer dans ce cas en acide vitriolique, que lorsqu'il est uni à des métaux ; & l'on sait que les pyrites martiales & cuivreuses, ainsi que la galêne, la blende, &c. exposées à l'air humide, se vitriolisent au bout d'un temps plus ou moins

V

long. Nous n'avons pas besoin de faire remarquer que cet acide vitriolique, en s'unissant à l'argile, forme l'alun qui fait partie de ces incruftations.

La pierre qui fait le fond du premier baffin où l'eau eft reçue à fa fortie de la terre, eft incruftée dans la partie inférieure qui s'avance fur le baffin & touche la furface de l'eau, de plaques d'une ligne & demie d'épaiffeur qui en ont été détachées très-facilement. Cette efpèce d'incruftation contenoit une grande quantité de petits criftaux brillans fans faveur fenfible, & qui avoient tous les caractères de la félénite. Analyfée par l'eau & par les réactifs indiqués ci-deffus, on a trouvé qu'elle étoit compofée d'alun & de félénite fans acide vitriolique libre. Une autre efpèce d'incruftation ramaffée fur les pierres fituées aux deux côtés de la rigole qui conduit l'eau du premier baffin du réfervoir, contenoit de l'alun, de la félénite, un peu de foufre, de l'argile & du fable. Nous n'y avons pas plus trouvé d'acide vitriolique libre que dans la précédente. L'argile & le fable appartenoient inconteftablement aux matériaux employés pour la conftruction des baffins. Nous obferverons fur ces analyfes qu'il n'y a que l'incruftation de la voûte éloignée de la furface de l'eau qui contienne de

l'acide vitriolique libre , tandis que celles qui
font fituées prefque au niveau de l'eau , ne nous
ont offert cet acide que combiné avec l'argile
& la chaux ; il eft facile de concevoir que cette
différence ne dépend que de ce que cet acide ,
à mefure qu'il fe forme par la combuftion lente
du foufre très-divifé , trouve fur les pierres
fituées au niveau de l'eau , ou un peu au-deffus , les terres propres à le faturer , & dont la
furface eft fouvent renouvellée , tandis qu'é-
levé loin de l'eau , il s'attache à la voûte , &
y forme de l'alun , qui une fois faturé empêche
l'acide de toucher immédiatement la pierre
calcaire , raifon pour laquelle l'incruftation fituée
fur cette voûte ne nous a point offert de félénite. Il eft encore très-remarquable que ces
incruftations alumineufes ne contiennent point
de terres à nud , tandis que les dépôts formés
par l'eau du ruiffeau , & la pellicule raffemblée
à fa furface en font chargés ; il faut donc un
contact de l'air beaucoup plus multiplié pour
féparer les terres de l'eau , que pour en dégager fimplement le foufre.

Dans l'endroit où le ruiffeau formé par le
trop plein du réfervoir eft arrêté , & où l'eau
ne coule que très-lentement, on voit comme
nous l'avons dit ailleurs , une ellicule grife à
fa furface ; nous avons enlevé avec foin toute

cette pellicule à l'aide d'une large écumoire ; on l'a fait fécher au foleil , & elle a été traitée par les mêmes procédés que ceux qui avoient été mis en ufage pour analyfer le dépôt formé dans l'eau expofée à l'air. Tous les phénomè- nes décrits jufqu'actuellement , indiquoient en effet que cette pellicule devoit être de la même nature.

Un gros de cette fubftance pulvérulente grife & dont la faveur & l'odeur étoient manifefte- ment fulfureufes, a été diffous par l'acide mu- riatique , il n'eft refté que 8 grains de matière indiffoluble. On l'a leffivée avec deux onces d'eau diftillée très-chaude ; elle a été réduite à 5 grains par cette opération. Ces 5 grains étoient du foufre pur. Les 3 grains diffous par l'eau ont été reconnus pour du vitriol cal- caire. On a évaporé la diffolution muriatique , & on a obtenu des criftaux déliquefcens, qui après avoir été rediffous dans l'eau diftillée, ont été précipités avec fuffifante quantité d'eau de chaux. Il s'en eft féparé des floccons jaunâ- tres très-légers dont le poids après la deffica- tion , étoit d'un grain & demi ; on les a re- connus pour de la magnéfie pure. La craie de potaffe verfée dans la même diffolution muria- tique déjà précipitée par l'eau de chaux en a féparé 62 grains de craie , dont il faut ôter 12 grains pour la portion fournie par l'eau de chaux.

On a donc trouvé par cette analyse que 72 grains de la pellicule formée à la surface du ruisseau de l'eau d'Enghien par l'action de l'air, contenoient

5 grains de soufre.

3 grains de vitriol calcaire.

$\frac{2}{3}$ grains de craie de magnésie.

(car 1 $\frac{1}{2}$ grain de magnésie caustique répondent à cette dose de magnésie effervescente).

50 grains de craie ordinaire.

11 $\frac{2}{3}$ grains d'eau.

En comparant l'analyse de cette pellicule à celle du dépôt obtenu dans nos expériences sur la décomposition de l'eau d'Enghien exposée à l'air dans des capsules (1), on voit que cette dernière contenoit plus de magnésie, moins de craie & plus de soufre, mais qu'elle ne contenoit point de sélénite. Cette différence

---

(1) 72 grains de ce dépôt contiennent, d'après les expériences consignées dans le cinquième Chapitre de cet Ouvrage,

15 grains de soufre.

6 grains de magnésie.

35 grains de craie.

16 grains d'eau.

tient à la manière diverse dont l'eau est décomposée dans les deux cas par le contact de l'air.
Celle du ruisseau présente une grande surface
exposée à un air libre & agité, tandis que dans
nos expériences le contact & le renouvelle-
ment de l'air n'ont jamais eu lieu comme dans
la décomposition naturelle ; dans celle-ci l'a-
cide crayeux se dégage en plus grande quantité, il y a beaucoup plus de craie précipitée ; le gaz hépatique étant plus abondamment volatilisé, on trouve moins de soufre
dans la pellicule ; & une petite portion de ce
corps combustible brûlé, forme de la sélénite
en s'unissant à la craie, & dissout une portion
de la magnésie qu'on y trouve en moindre quantité, parce que le sel d'Epsom qui résulte de
cette dernière combinaison, se dissout à mesure dans l'eau. Cette différence tient aussi en
partie à ce que l'eau du ruisseau sans agitation
ne se décompose qu'à la surface, & ne donne
qu'une pellicule, tandis que dans nos expériences, l'eau avoit été fortement agitée, & la
matière séparée par l'air précipitée au fond.

CHAPITRE XXIII.

Nouveaux résultats de toutes les expériences précédentes , applicables à l'analyse des Eaux en général , & à celle des Eaux sulfureuses en particulier.

Si quelque chose étoit capable de soutenir & d'animer notre zèle dans les recherches longues & pénibles dont nous avons rendu compte jusqu'ici , c'étoit l'espoir qu'elles pouvoient conduire à quelques résultats utiles pour l'analyse des eaux en général & pour celle des eaux sulfureuses en particulier. Ce que nous avons exposé dans plusieurs Chapitres de cet Ouvrage a dû prouver qu'en effet , nous avions observé un assez grand nombre de phénomènes propres à répandre du jour sur la nature des eaux & sur l'art d'en reconnoître & d'en déterminer les principes ; mais pour mieux apprécier cette partie de notre travail , rassemblons ici comme en un foyer tous les faits nouveaux qui peuvent éclairer l'analyse des eaux , & qui font isolés dans les Chapitres précédens. Occupons-nous d'abord des réactifs, passons ensuite à l'évaporation & à la distillation, & ter-

minons ces confidérations générales par l'examen de l'art d'analyfer les réfidus.

A R T I C L E I.

Confidérations fur l'ufage & les effets des réactifs.

Quoique plufieurs des Chimiftes modernes
euffent connu les effets multipliés que les
réactifs peuvent produire en même-temps dans
les eaux, il leur avoit échappé un affez grand
nombre de phénomènes fur la fimultanéité de
ces effets. Les obfervations nouvelles que nous
avons eu occafion de faire dans cette partie de
la chimie, & qui répandent quelque jour fur
l'analyfe des eaux & fur-tout des eaux fulfureufes, peuvent fe rapporter aux fuivantes.

1°. L'eau de chaux, en enlevant l'acide
crayeux, laiffe précipiter la craie & la magnéfie qui font diffoutes dans les eaux à la faveur
de cet acide ; le précipité qu'elle donne eft
compofé, non-feulement de ces deux terres
devenues indiffolubles, mais encore de la portion de craie formée par l'union de l'acide
crayeux avec la chaux diffoute dans ce réactif.
Son principal ufage eft de faire connoître la
quantité de magnéfie.

2°. L'alkali volatil cauftique a plus d'affinité
avec l'acide crayeux que n'en a la craie ; de
forte qu'il fait précipiter cette dernière, à me-

fure qu'il abforbe l'acide crayeux contenu dans une eau. Mais cet acide auquel il s'unit, lui donne une propriété qui rend fon ufage très-incertain, puifque les attractions électives changeant tout-à-coup, il devient fufceptible de décompofer les fels calcaires, & fur-tout la félénite ; de forte qu'il donne plus de craie qu'il n'y en a réellement dans les eaux. Il n'en fépare pas toute la magnéfie , il en retient une partie unie avec lui aux acides dans l'état de fel triple , & il en diffout immédiatement une autre partie fi on le met en excès.

3°. Les alkalis effervefcens ou les craies alkalines , ne précipitent pas toute la chaux & toute la magnéfie unies aux acides dans les eaux ; l'acide crayeux qui fe fépare de ces alkalis fe reporte fur ces terres & en diffout une partie ; cette obfervation étoit connue , mais nous y avons ajouté que la craie ammoniacale ou alkali volatil concret donnoit le moins de ces terres précipitées , parce qu'elle contient beaucoup d'acide crayeux , dont l'excès au-delà de la faturation de ces terres , les rend diffolubles dans l'eau.

4°. Parmi les acides fimples , il n'y a que l'acide arfénical qui décompofe les eaux fulfureufes , & qui en précipite le foufre.

5°. Les trois acides nitreux rutilant, fulfu-

reux, & muriatique aëré, font également propres à décompofer le gaz hépatique des eaux,
& à en précipiter le foufre. On en obtient une
égale quantité avec l'un ou l'autre de ces acides.
Cette précipitation eft due à l'union de la bafe
de l'air qui eft peu adhérente dans l'un & l'autre de ces acides avec le gaz inflammable du
gaz hépatique. Mais il faut obferver que le
foufre féparé par l'acide nitreux fumant ne fe
dépofe de l'eau que très-difficilement ; que celui
qui eft précipité par l'acide muriatique aëré fe
réduit très-facilement en acide vitriolique, fi
l'on met plus du premier qu'il n'en faut pour
l'abforption du gaz inflammable, & que la
formation de l'acide vitriolique fe fait d'autant
plus facilement dans ce cas, que le foufre eft
plus divifé dans l'eau. Ces inconvéniens des
acides nitreux rutilant & muriatique aëré, dans
la précipitation du foufre des eaux hépatifées,
nous font préférer l'acide fulfureux, qui produit le même effet avec beaucoup plus de
facilité.

6°. Quoique plufieurs fels neutres doivent
être comptés au nombre des réactifs vraiment
utiles, quoiqu'en particulier le muriate calcaire
& le vitriol de foude ou de magnéfie foient
très-avantageux pour démontrer réciproquement
leur exiftence dans les eaux, le muriate cal-

caire celle des vitriols de foude ou de magnéfie,
& l'un ou l'autre de ceux-ci celle du muriate
calcaire, par le précipité de félénite ou de vitriol calcaire qu'ils donnent également dans
l'un ou l'autre cas, il ne faut pas fe hâter de
conclure d'après l'abfence de précipité que ces
réactifs préfentent dans une eau minérale, fur
celle de l'un ou de l'autre de ces fels neutres,
puifque cette non précipitation peut dépendre
de leur petite quantité, comme nous l'avons
obfervé dans l'eau d'Enghien ; alors avant de
prendre un parti, il eft néceffaire d'examiner
l'eau concentrée par l'évaporation avec les mêmes réactifs falins.

7°. L'expérience démontre que la magnéfie
effervefcente ou la craie de magnéfie eft fufceptible de décompofer les fels calcaires, par
une attraction élective double ; on peut trouver
dans une eau ces deux fortes de fels diffous
enfemble ; telle eft celle d'Enghien qui contient de la craie de magnéfie & du vitriol calcaire ou de la félénite ; nous avons découvert
que la caufe qui empêche ces deux matières
de fe décompofer l'une par l'autre, eft l'excès
d'acide crayeux qui retient la magnéfie & l'empêche de fe porter fur la félénite.

8°. Toutes nos expériences fur les réactifs
prouvent que le fel d'Epfom, & le muriate

calcaire ne peuvent pas refter diffous dans la
même eau, fans fe décompofer mutuellement
& fans former de la félénite, & du muriate
de magnéfie. Ainfi lorfque les chimiftes ont
admis dans les eaux, d'après leur analyfe du
fel d'Epfom & du fel marin à bafe de terre
abforbante, il faut entendre par ce dernier le
muriate de magnéfie, comme nous l'avons démontré dans l'eau d'Enghien.

9°. Parmi les chaux métalliques, dont la plus
grande partie décompofe le gaz hépatique des
eaux fulfureufes, celles de plomb agiffent fpécialement fur ces eaux d'une manière très-remarquable. Nous avons vu que la litharge agitée avec l'eau d'Enghien la dégaze très-promptement, lui enlève fon odeur & fa faveur hépatiques, & qu'en même-temps elle fe colore
en noir ; le gaz hépatique n'eft point abforbé
en entier, comme le feroit l'acide crayeux
par un alkali cauftique, mais il eft décompofé.
Le gaz inflammable qui eft un de fes principes
fe porte fur la bafe de l'air pur unie à la chaux
métallique avec laquelle il forme de l'eau, le
foufre féparé fe combine avec le plomb, & il
en réfulte une efpèce de galêne, qui en a même
la couleur & le brillant. Lorfqu'on examine
cette chaux noircie par une eau hépatifée, on
n'y trouve que du foufre, & le plomb plus

voisin de l'état métallique qu'il ne l'étoit auparavant. On ne peut donc point en séparer le gaz hépatique, & en connoître la quantité par ce procédé, comme on auroit pu le penser.

10°. Si les dissolutions métalliques sont décomposées en même-temps par plusieurs des principes contenus dans les eaux minérales, comme on l'a déjà remarqué pour les sels vitrioliques & marins, & pour les terres & les alkalis, & si ces effets simultanés rendent leur action plus compliquée, cette complication est encore plus remarquable dans les eaux sulfureuses comme celle d'Enghien. Ici plusieurs dissolutions métalliques, & en particulier les nitres de mercure & d'argent, sont décomposées à-la-fois par les terres calcaire & magnésienne, par les sels vitrioliques à base de chaux & de magnésie, par les sels muriatiques à base de soude & de magnésie contenus dans l'eau d'Enghien, & par le gaz hépatique qui en constitue le principal caractère. Leurs effets sont donc très-multipliés, & d'après cela très difficiles à apprécier; aussi avons-nous prouvé que si ces dissolutions pouvoient servir pour indiquer la présence des acides vitriolique, muriatique & du soufre dans les eaux, il étoit bien difficile, pour ne pas dire impossible, de reconnoître la quantité de ces principes par leurs effets.

Cependant, en faisant fur ce point un grand nombre d'expériences, nous fommes parvenus à fimplifier cet objet, & à faire voir que quelques diffolutions de fels métalliques, tels que les vitriols & le fublimé corrofif, n'étoient prefque altérées que par le gaz hépatique des eaux fulfureufes, & pouvoient conféquemment fervir à indiquer la quantité du foufre par l'analyfe exacte des précipités qu'elles fourniffent ; mais ces procédés font toujours très-compliqués en comparaifon des acides nitreux fumant & fulfureux qui doivent mériter la préférence. Les recherches multipliées que nous avons entreprifes fur l'action des chaux & des diffolutions métalliques, nous ont donc fervi à prouver qu'elles ne pouvoient avoir que peu d'ufage avantageux dans l'analyfe des eaux fulfureufes.

A R T I C L E I I.

Obfervations fur l'évaporation & la diftillation des eaux fulfureufes.

Il eft étonnant que les chimiftes qui fe font occupés de l'analyfe des eaux fulfureufes, & en particulier MM. Monnet, Bayen, Roux, Bergman, n'ayent point décrit les phénomènes finguliers de leur évaporation , que nous avons eu occafion d'obferver en traitant celle d'Enghien. On fe rappelle ce que nous avons dit dans plufieurs endroits de cet Ouvrage, fur l'altération qu'éprouve l'eau d'Enghien pendant qu'on l'évapore, fur la décompofition lente de fon gaz hépatique, fur l'odeur remarquable de féves cuites qu'elle répand pendant cette opération, & fur les modifications par lefquelles paffe le gaz hépatique en fe décompofant; les autres eaux fulfureufes, & fur-tout celles d'Aix-la-Chapelle, de Medwi en Suède & de Bagnère de Luchon en Bigorre, qu'on a le mieux examinées, ne préfenteroient-elles rien de femblable. Cette conclufion nous femble d'autant moins fondée, que celle d'Enghien, qui nous a offert ce caractère, & qui a dû l'offrir aux chimiftes qui l'ont analyfée avant nous, ne les a pas frappés, & que la même chofe paroît avoir également eu lieu pour les autres. Si, comme nous ne pouvons en douter, d'après toutes nos expériences, cette odeur fingulière ne dépend que de l'altération du gaz hépatique, ne doit-il pas être regardé comme impoffible d'obtenir ce gaz par la diftillation, recommandée cependant par Bergman pour en reconnoître & la nature & la quantité.

A cette première difficulté infurmontable, puifqu'elle dépend de la réaction des principes de l'eau les uns fur les autres, fi l'on ajoute,

1°. que l'air contenu dans l'appareil, décompofe une partie du gaz hépatique ; 2°. que l'eau
qui fe réduit en vapeurs par l'action du feu, &
qui eft recueillie comme produit dans les appareils, en diffout une feconde portion ; 3°. que
l'eau qui remplit la cuve & les cloches employées communément dans ces appareils, en
diffout encore ; 4°. enfin, que le mercure
dont Bergman confeille de fe fervir pour recueillir ce gaz, le décompofe fur-tout à l'aide
de l'eau qui paffe en vapeurs & fe condenfe
en traverfant ce fluide métallique ; fi, difons-
nous, l'on calcule toutes ces difficultés, & fi
l'on apprécie tous les obftacles qu'il faudroit
furmonter pour les rendre nulles, n'en con-
clura-t-on pas qu'il eft abfolument impoffible
de féparer le gaz hépatique des eaux fulfureufes par la diftillation, & fur-tout d'en déterminer la quantité par ce procédé.

Auffi fommes-nous forcés d'avouer ici que
l'art ne poffède point jufqu'actuellement de
moyen pour obtenir ce gaz pur féparé des eaux
fulfureufes, ou au moins de celle d'Enghien,
dans fon état de fluide élaftique, & qu'on ne
peut en apprécier la quantité que d'après celle du
foufre que les acides fulfureux & nitreux rutilant
en précipitent. Quoique nous n'ayons point eu
occafion d'analyfer d'autre eau fulfureufe, nous
croyons

croyons devoir préfumer que la plupart pré-
fenteront les mêmes difficultés , & qu'il fera
également impoffible d'en extraire le gaz hépatique par la diftillation (1).

---

(1) Nous avons fait obferver dans une note d'un des premiers Chapitres de cet Ouvrage , que les chimiftes françois
connoiffent aujourd'hui plufieurs efpèces de gaz hépatique,
notamment celle qui réfulte de la diffolution du foufre dans
l'acide crayeux. Cette efpèce de gaz peut & doit fe trouver dans les eaux minérales , puifqu'elle eft très-foluble ;
peut-être même le principe odorant de l'eau d'Enghien en
contient-il une portion ; mais toutes les propriétés de cette
eau annoncent la préfence du vrai gaz hépatique , ou de
celui qui eft formé par l'union du gaz inflammable & du
foufre. Telles font fur-tout , 1°. la précipitation du foufre
par les acides fulfureux , nitreux fumant & muriatique
aéré ; 2°. la non-décompofition de ce gaz par la chaux
& les alkalis cauftiques ; 3°. la réduction des métaux ;
4°. la précipitation de toutes les diffolutions métalliques.
Tous ces phénomènes n'ont pas lieu avec le gaz hépatique crayeux. Ajoutons encore que quand le gaz hépatique de l'eau d'Enghien eft entièrement décompofé par le
contact de l'air , il refte encore dans cette eau une quantité notable d'acide crayeux , puifqu'il y a alors bien
moins de craie précipitée de l'eau , qu'elle n'en contient
réellement.

A R T I C L E I I I.

Observations sur l'examen chimique des résidus de l'évaporation.

Tous les chimistes ont bien connu les difficultés que présente l'examen des résidus des eaux minérales évaporées ; Bergman en a décrit une grande partie par l'exactitude qu'il a mise dans l'art de séparer les diverses matières qui composent ces résidus. Mais l'on sait assez que les procédés décrits avec le plus de clarté & de méthode dans les ouvrages de chimie & dont l'exécution paroît facile , d'après la simple description , deviennent bien plus compliqués lorsqu'on les met en pratique. On a vu par les détails consignés dans quelques Chapitres précédens , de combien de difficultés étoit embarrassée l'analyse du résidu des eaux sulfureuses ; les inductions que nous croyons devoir en tirer pour répandre quelque jour sur l'analyse des eaux en général , se rapportent ou aux matières salines & fixes qui composent ces résidus, ou à la nature particulière que le soufre qui en fait partie leur donne. Considérons ce que ces observations offrent de nouveau sous chacun de ces points de vue.

1°. L'esprit-de-vin recommandé par Berg-

man pour féparer les fels déliquefcens des réfidus, ne les diffout pas complettement, & en-
leve fouvent en même-temps quelques fels
neutres alkalins, & fur-tout le fel marin qui
fe trouve fouvent dans ces réfidus. Pour obtenir à part ces fels déliquefcens & tout ce que
les réfidus en contiennent, il faut prendre les
fels diffous par l'eau & criftallifés, les écrafer
ou les pulvérifer, & les laver en les triturant
avec de nouvel efprit-de-vin.

2°. Le fel marin de magnéfie qui eft très-
diffoluble dans l'efprit-de-vin, & qui eft fi commun dans les eaux, fe fépare de ce diffolvant
fous une forme criftalline & régulière, lorfqu'on
évapore la leffive fpiritueufe très-lentement &
au bain-marie. L'eau de la criftallifation de ce
fel lui eft fournie par l'efprit-de-vin. Si cette
leffive fpiritueufe eft mêlée, comme cela arrive
aux réfidus de toutes les eaux falines, de fel
marin ordinaire & de fel marin de magnéfie,
le fel marin fe criftallife le premier, & il eft
facile par l'évaporation que nous avons recommandée de le féparer d'avec le fel marin de
magnéfie.

3°. On ne fauroit aller trop lentement dans
la féparation de tous les fels, pour les obtenir
bien purs ; on doit répéter les diffolutions &
les criftallifations fpontanées, ou à la chaleur

du bain-marie , & apprécier leur quantité dans l'état de criftallifation.

4°. Quand on a féparé les fels déliquefcens & folubles dans l'eau froide, par l'efprit-de-vin & l'eau , appliqués fucceffivement , & qu'il ne refte plus que de la félénite & des terres, pour obtenir ces dernières féparées , on a coutume de fe fervir de l'acide du vinaigre ; mais l'action de cet acide eft très-lente , & s'arrête facilement ; il faut laiffer les matières long-temps en contact , renouveller l'acide ; enfin il eft très-difficile d'enlever exactement les terres par cet acide , & lorfqu'un réfidu ne contient ni argile , ni terre martiale , nos expériences prouvent que l'acide muriatique eft préférable.

5°. Quand on veut reconnoître la quantité de magnéfie diffoute en même-temps que la craie par l'acide acéteux , la déliquefcence de l'acète magnéfien , propofée par Bergman pour le féparer de l'acète calcaire , ne réuffit point auffi bien qu'il l'a annoncé , lorfque la quantité de magnéfie eft beaucoup moindre que celle de la craie. Nous propofons de précipiter la diffolution muriatique (1) des terres par l'eau de

____

(1) On vient de voir dans le N°. précédent que nous nous fervons de l'acide muriatique pour diffoudre les terres contenues dans un réfidu d'eau minérale.

chaux, qui en fépare exactement la magnéfie;
on précipite enfuite par l'alkali fixe, & on fouf-
trait du poids de la terre calcaire précipitée ,
celui de la chaux fournie par l'eau de chaux
employée dans la première précipitation.

6°. Les réfidus des eaux fulfureufes évaporées, font infiniment plus difficiles à analyfer
que ceux des eaux fimplement falines. La difficulté que cette analyfe préfente, dépend du foufre qui y eft contenu. Ce corps dont l'extrême
divifion favorife fingulièrement la combuftion,
fe brûle en partie lorfqu'on deffeche trop fortement les réfidus. Il en réfulte un acide fulfureux étranger aux principes de l'eau, & qui
fe combinant avec quelques-uns d'entr'eux,
& fur-tout des terres, y forme des compofés
falins qui n'y étoient point auparavant. Une
autre partie du foufre fe combine pendant la
même deffication des réfidus avec les terres
qui font partie de ces réfidus, & conftitue des
hépars dont l'exiftence nouvelle altère la nature des matières féparées des eaux par l'évaporation.

7°. De cette altération produite par le foufre
contenu dans les réfidus des eaux hépatifées,
& démontrée par les expériences décrites dans
plufieurs Chapitres précédens , naiffent beaucoup d'autres altérations qui portent de nou-

velles difficultés & de nouvelles incertitudes dans leur analyse. En effet la leſſive ſpiritueuſe des réſidus diſſout en même-temps que les ſels déliqueſcens, une portion de l'hépar terreux, du gaz hépatique, & des ſels ſulfureux.

8°. L'eſprit-de-vin chargé de ces principes préſente des phénomènes inattendus dans ſon évaporation. Le foie de ſoufre s'y décompoſe par la chaleur & le contact de l'air. Une partie du ſoufre ſe brûle, & s'unit avec la chaux ou la magnéſie, baſe de l'hépar terreux ; ces vitriols calcaire ou magnéſien ſe précipitent, & l'on trouve ainſi dans la leſſive ſpiritueuſe des ſels qui ne doivent point y exiſter.

9°. Les mêmes inconvéniens ont lieu dans la leſſive par l'eau ; ce fluide diſſout un foie de ſoufre formé pendant la deſſication du réſidu, & qui n'y devoit point exiſter ; de-là naiſſent des décompoſitions & recompoſitions qui altèrent la plupart des principes de l'eau.

10°. Toutes ces difficultés ſont d'autant plus embarraſſantes dans l'analyſe des réſidus des eaux ſulfureuſes, que ces réſidus ſont dans des états réellement différens, que le ſoufre en eſt plus ou moins brûlé, ſuivant que la deſſication en a été plus ou moins prompte, & opérée par une chaleur plus ou moins conſidérable.

11°. Pour éviter ces difficultés & les erreurs

inévitables qu'elles entraînent, nous propofons
de dégager ou de défoufrer les eaux hépatifées
par le contact de l'air, de les réduire ainfi à
l'état d'eaux falines fimples, & de ne les fou-
mettre à l'évaporation qu'après en avoir ainfi
féparé le foufre; il eft néceffaire de recueillir,
d'analyfer à part & de compter parmi leurs
produits, le dépôt qui s'y forme pendant leur
expofition à l'air & leur décompofition fpontanée.

12°. Mais l'appréciation du foufre qui fe fépare des eaux hépatifées par le contact de l'air,
ne donne pas exactement celle qui eft contenue
dans ces eaux, parce qu'une partie de ce corps
combuftible fe diffipe dans l'air; &, pour la
connoître, il faut s'en rapporter à l'action des
acides nitreux fumant & fulfureux. Il en eft
abfolument de même des terres calcaire & magnéfiene; tout l'acide crayeux qui les tient en
diffolution, ne fe dégage pas par le contact de
l'air, & pendant le temps néceffaire pour leur
défoufrage.

13°. Une partie du foufre qui fe dégage des
eaux hépatifées, expofées à l'air, fe brûle lentement, & forme de l'acide vitriolique qui s'attache aux parois des voûtes où leurs fources
font renfermées; quoique les Chimiftes n'ayent
point encore indiqué ce phénomène dans l'hif-

toire des eaux fulfureufes qu'ils ont commencé à analyfer , nous fommes perfuadés qu'il a lieu dans un grand nombre d'eaux de cette nature.

14°. Comme l'acide crayeux eft très-abondant dans la nature , & fe trouve fur-tout très-fréquemment dans les eaux, nous foupçonnons qu'il exifte des eaux minérales fulfureufes , dans lefquelles le foufre eft uni à l'acide crayeux & dans l'état de gaz hépatique crayeux. Nous avons même penfé dans les premières expériences de notre analyfe fur celle d'Enghien , que cette eau étoit de cette nature ; mais quoique nous ne foyons pas parvenus à en retirer par la diftillation du véritable gaz hépatique inflammable, & que le fluide élaftique dégagé dans ces opérations nous ait toujours offert de l'acide crayeux , toutes nos autres expériences nous ont prouvé que le gaz qui minéralife l'eau d'Enghien , eft du gaz hépatique inflammable. Ce ne fera que d'après des analyfes très-exactes & multipliées fur toutes les eaux fulfureufes connues, qui pourront confirmer ou détruire l'opinion que nous préfentons ici fur la préfence du gaz hépatique crayeux dans quelques-uns de ces fluides.

CHAPITRE XXIV.

Propriétés médicinales de l'Eau d'Enghien.

L'EXPÉRIENCE seule peut fournir des connoissances exactes sur les propriétés d'une eau minérale : elle seule peut faire connoître les bons effets qu'on a lieu d'en attendre dans telle où telle maladie , quelles sont les circonstances dans lesquelles on peut l'employer avec confiance , quelles sont celles qui en contr'indiquent entièrement l'usage. Au défaut de nos propres observations , & pour suppléer au petit nombre de celles que nous avons pu nous procurer par les diverses informations que nous avons prises sur les lieux ; il nous suffira , pour faire connoître les vertus médicinales de l'eau d'Enghien , d'exposer celles que l'expérience a fait reconnoître dans les eaux auxquelles elle peut être assimilée d'après sa nature connue.

L'analyse que nous venons de présenter à la société , prouve que l'eau d'Enghien est éminemment hépatique ; que le soufre y existe dans le plus grand état de division , puisqu'il y est tenu en dissolution par un fluide élastique : cette eau jouit donc éminemment de toutes les propriétés qui appartiennent aux eaux sulfureuses, & le degré de ces propriétés, ou son activité doit être estimée plus en raison de l'extrême division du soufre que de la quantité. Elle contient en outre divers principes salins, & participe par conséquent de la nature & des propriétés des eaux salines ; mais ces dernières propriétés ne peuvent être considérées dans l'eau d'Enghien que comme accessoires & secondaires ; & son caractère distinctif & essentiel étant celui d'eau sulfureuse, c'est sous ce point de vue principal que nous devons l'envisager ici.

Les eaux sulfureuses prises intérieurement, resserrent le ventre, passent principalement par les urines, augmentent la transpiration & l'appétit : celles qui sont plus fortes accélèrent la circulation du sang, portent un peu à la tête, diminuent le sommeil, & peuvent exciter le crachement de sang chez les personnes qui, par la foiblesse de leur poitrine, ont quelque disposition à cet accident, ou qui l'ont déjà éprouvé. L'expérience a fait connoître que ces eaux étoient utiles dans les affections opiniâtres de l'estomac qui reconnoissent pour cause l'inertie de ce viscère & l'amas de matières glaireuses & acides, dans les cours de ventre & même dans la dyssenterie chronique. On les a employées avec succès pour la guérison des pâles-couleurs, & pour rétablir les règles diminuées ou supprimées. Elles sont principalement recommandées dans les maladies de poitrine pour fondre les tubercules, ou pour déterger les ulcères ; dans ce dernier cas, & sur-tout si le malade est disposé à l'hémophtisie, s'il est très-irritable, on les prescrit à petite dose, & coupées avec le lait. Elles ont été vantées dans les écrouelles ; Bordeu rapporte plusieurs exemples de ces maladies guéries par l'usage des eaux de Barrèges. Une propriété que l'on a reconnue particulière aux eaux sulfureuses, est celle de guérir les affections cutanées, les dartres anciennes, les gales opiniâtres, & même la teigne. C'est sur-tout dans cette dernière espèce de maladies que l'on administre avec avantage ces eaux en bains ; on les prescrit encore de la même manière dans les cas de roideur des membres, d'enflure œdémateuse, d'affections rhumatismales, de tumeur & de gonflement aux articulations. Nous avons été témoins d'une tumeur de cette nature, très-ancienne, guérie par la boisson & les bains de l'eau d'Enghien. Enfin la douche de ces eaux est très-recommandée dans tous les cas dont nous venons de parler, mais principalement pour la guérison des ulcères calleux, fistuleux ou invétérés, & dans la paralyfie ; plufieurs Auteurs les ont confeillées dans quelques cas d'épilepfie.

A ces propriétés des eaux fulfureufes, fi on ajoute celles qui appartiennent aux eaux falines, qui font en général, toniques, apéritives & fondantes, plus ou moins purgatives & diurétiques, fuivant l'efpèce & la quantité des fels qu'elles contiennent, on concevra, d'après la nature connue de l'eau d'Enghien, de quelle utilité elle peut être dans un grand nombre de maladies chroniques. Nous fommes donc fondés à conclure avec MM. les Commiffaires de la Faculté que cette eau eft apéritive, atténuante, incifive ; qu'elle convient dans les affections pforiques, les paralyfies, les ulcères internes (1) ; qu'adminiftrée avec les ménagemens

____

(1) L'expérience vient ici à l'appui de l'analogie pour confirmer les propriétés de l'eau d'Enghien. M. Lambert, Secrétaire des Commandemens de S. A. S. Mgr le Prince de Condé, étoit réduit au dernier degré de dépériffement, & au marafme. La fievre hectique, les déjections purulentes, les coliques atroces, une douleur fixe avec un gonflement fenfible entre les régions iliaque & hipogaftrique firent juger à MM. Petit & Duchanoy, qu'il y avoit aux inteftins un ulcère invétéré, & l'extrême foibleffe du malade leur fit tirer le prognoftic le plus fâcheux : ils prefcrivirent les eaux de Barrèges coupée avec le lait ; ces eaux ayant occafionné des coliques violentes, le malade les ceffa

néceffaires, foit feule, foit coupée avec le lait, elle peut produire de très-bons effets dans quelques affeƈtions de poitrine ; que les bains & la douche de cette eau feroient très-utiles dans les affeƈtions rhumatifmales, dans la paralyfie, dans la roideur des membres, dans les tumeurs qui furviennent aux différentes parties du corps ; en un mot, qu'elle peut être employée avec confiance dans tous les cas où l'on a recours aux eaux fulfureufes.

En effet la feule différence bien réelle qu'il y ait entre ces eaux & l'eau d'Enghien, tient à leur température. Les premières font prefque toutes thermales, quelques-unes même le font à un très-haut degré. S'il eft vrai, comme on ne peut en douter, que le degré de chaleur de ces eaux ou la quantité de matière de feu qui leur eft inhérente & véritablement combi-

---

après trois jours d'ufage, & leur fubftitua celles d'Enghien. La fièvre & tous les accidens ont promptement difparu, le malade a repris fes forces, fon embonpoint & fes couleurs, il eft parfaitement guéri ; & il ne lui reftoit, à l'époque où ces MM. ont publié leur obfervation, qu'un léger ténefme, qu'ils efpéroient voir fe diffiper par un nouvel ufage de l'eau d'Enghien ; de forte, ajoutent en finiffant MM. Petit & Duchanoy, *que nous pouvons certifier que M. L. a obtenu des eaux fulfureufes d'Enghien tout le fuccès qu'on pouvoit efpérer des eaux de Barrèges prifes fur les lieux.* Voyez Journal de Paris. Mai 1787. N°. 144.

née , contribue pour quelque chofe à leur vertu ;
il eſt permis de croire auſſi , juſqu'à ce que
l'expérience ait démontré le contraire, que la
matière du feu, la plus ſimple & la plus inal-
térable , n'eſt ſuſceptible que d'un ſeul état de
combinaiſon, & que la chaleur artificielle ou
plus exactement la chaleur communiquée, ne
diffère point de la chaleur naturelle (1). Nous
avons prouvé par nos expériences que l'eau d'Enghien ne ſe décompoſoit à l'air qu'après un
certain eſpace de temps. Nous avons de plus
fait voir, qu'expoſée à la chaleur, même juſqu'au degré de l'ébullition, elle conſervoit encore bien manifeſtement ſon caractère & ſes
propriétés hépatiques. Or ce degré de chaleur
n'eſt pas néceſſaire, ſoit pour les bains, ſoit
pour la douche, encore moins pour la boiſ-
ſon, & il eſt même prouvé qu'il ſeroit nuiſible
dans un grand nombre de circonſtances. Nous
avons dit, en traitant des propriétés générales
des eaux ſulfureuſes, que ces eaux portoient
à la tête , excitoient le vertige , qu'elles ne

____

(1) Ce que nous diſons de l'action comparée de la chaleur naturelle & artificielle , eſt prouvé par celle de la lumière. Pluſieurs expériences ont appris que la lumière artificielle ou des corps en ignition , opéroit ſur les végétaux &
ſur les corps colorés les mêmes effets que la lumière naturelle ou du ſoleil.

convenoient point aux personnes irritables, ni
à celles qui avoient quelque disposition à l'hémophtisie ; ne peut-on pas croire que ces inconvéniens dépendent de la chaleur considérable de ces eaux, & ne sont point à craindre
dans l'usage de l'eau d'Enghien, dont la température moyenne est convenable dans un grand
nombre de cas, & peut être augmentée dans
beaucoup d'autres, suivant la nature des maladies, & la constitution des sujets. Une autre
objection que l'on peut faire contre la salubrité
de l'eau d'Enghien, est fondée sur la quantité
assez considérable de sélénite qu'elle contient.
Nous pouvons assurer, d'après l'expérience de
plusieurs personnes qui en ont fait usage, &
la nôtre propre, que, soit à cause de l'extrême division de cette matière insoluble, soit
par l'action des autres sels avec lesquels elle est
unie, cette eau ne pèse point sur l'estomac ,
& ne fatigue point cet organe comme les eaux
séléniteuses pures.

La source d'eau minérale sulfureuse d'Enghien offre donc à l'art de guérir une ressource
de plus dans un grand nombre de maladies :
mais pour en retirer tous les avantages qu'elle
est susceptible de produire, nous pensons qu'il
seroit nécessaire d'y construire un bâtiment
destiné à recevoir ceux qui iroient prendre les

eaux à sa source , & dans lequel on pût leur adminiftrer les bains & la douche. Nous avons vu que
cette eau s'échauffe très-promptement, qu'elle
conferve ces propriétés à un degré de chaleur
bien fupérieur à celui qui eft néceffaire pour l'un
& pour l'autre , puifque la température la plus
ordinaire des bains , eft du 28 au 32e degré; ce
n'eft que dans un petit nombre de circonftances,
comme dans quelques paralyfies , qu'elle peut
être portée au-delà. Ce terme fuffit également-
ment pour la douche ; il eft même des cas
dans lefquels nous croyons que la douche d'eau
froide , & telle qu'elle fort de la fource, feroit
plus utile. Il feroit donc facile, dans un bâtiment commode, & par les moyens convena-
bles , d'établir à la fource d'Enghien des bains ,
des douches & même une étuve. Cet établiffement feroit d'autant plus précieux qu'il fup-
pléeroit à beaucoup d'autres de la même nature
qui font très-éloignés , & fur lefquels il mériteroit
la préférence par fa fituation au voifinage de
la Capitale , & dans une campagne agréable.
On fait combien les amufemens d'un pareil fé-
jour , le bon air , l'exercice modéré peuvent
contribuer à la guérifon des malades.

AVIS

A V I S.

DES deux Mémoires suivans, l'un a été lu à la Société, en Janvier 1787, par M. Chappon, Médecin. Il a pour objet une eau ferrugineuse, située à Saint-Germain-en-Laye ; la Compagnie lui a donné son approbation, & a permis la distribution de cette eau, analogue à celle de Spa, quoique plus foible.

L'autre est un rapport sur la prétendue eau minérale de Vaugirard. L'examen attentif qui en a été fait, démontre que cette eau ne diffère pas beaucoup de celle des puits de Paris.

Ces deux Mémoires pouvant servir à l'Histoire médicinale des eaux des environs de Paris, il nous a paru utile de les réunir au Traité de l'eau d'Enghien.

Y

MÉMOIRE

Sur l'analyse & les propriétés de l'Eau minérale de Saint-Germain-en-Laye,

Lu à la Société Royale de Médecine, par M. Chappon, Docteur en Médecine.

On a toujours compté les sources d'eaux minérales au nombre des bienfaits de la nature ; & l'antiquité, instruite des avantages qu'elles procurent à l'homme, en avoit fait le séjour de divinités tutélaires. Sans avoir recours aux fictions de la poésie, il est généralement reconnu que le voisinage de ces sources est un avantage précieux pour les contrées où elles sont situées.

Déjà la Capitale jouit de cet avantage. Les eaux minérales de Passy, & celles de Montmorency, tiennent lieu d'eaux vitrioliques & sulfureuses, qui, situées à une grande distance, éprouvent souvent, ou au moins peuvent éprouver des altérations par le transport.

Si celles que nous venons de citer n'ont

encore réuni autant de fuffrages que celles qui
fourdent loin de la Capitale , il n'eft pas
permis de douter que le tems n'en faffe , tôt
ou tard, apprécier la jufte valeur. On peut
donc efpérer qu'une eau minérale, différente
des précédentes , & fituée, comme elles, à
quelques lieues de Paris , fera regardée comme
un nouveau bienfait , dont on connoîtra
d'autant mieux le prix, qu'on aura fixé plus
particulièrement l'attention du Public fur
fes propriétés.

Tel eft le motif qui nous a engagés à préfenter à la Société les recherches que nous
avons faites fur l'eau minérale de Saint-Germain. Occupée , depuis fon établiffement ,
de ce genre de travail , cette Compagnie
favante a excité, fur cet objet, une émula-
tion qui ne peut que tourner au profit de
l'art, & nous avons efpéré qu'elle recevroit
avec bonté cet effai que nous foumettons à
fes lumières.

L'eau minérale de Saint Germain eft, à ce
qu'il paroît, connue depuis long-temps par
les habitans de cette ville & des environs.
La beauté du lieu & la pureté de l'air qu'on y
refpire, ont mérité, comme on fait, à cette ville
d'être , pendant nombre d'années , la demeure
de nos Rois. Une ancienne tradition porte à

(341)

croire que cette eau a eu autrefois une répu-
tation, qui peut-être ne s'eſt affoiblie que
depuis que Saint-Germain a ceſſé d'être leur
ſéjour.

Des Médecins des environs en ont preſcrit
l'uſage à leurs malades : mais en général il
en eſt de cette eau comme de beaucoup d'autres. Le peuple inſtruit par l'expérience, en
fait uſage ſans l'avis des gens de l'art. C'eſt
donc de lui que les Médecins doivent ap-
prendre ce qu'ils peuvent eſpérer de ſes vertus. Nous avons donc cru qu'il ſeroit utile
de s'en occuper.

Pluſieurs voyages faits à la ſource, l'examen des lieux, une analyſe exacte, les ren-
ſeignemens que nous nous ſommes procu-
rés, nous ont mis dans le cas de faire connoître la nature & les propriétés de cette
eau. C'eſt cet enſemble que nous offrons dans
ce Mémoire.

Il ſera diviſé en quatre Articles. Dans le
premier, nous expoſerons la ſituation de la
ſource, & nous décrirons les propriétés phyſiques de l'eau de Saint-Germain.

Le ſecond contiendra les expériences que
nous avons faites à la ſource, avec les réactifs.

Dans le troiſième Article, nous nous occuperons de fon évaporation & de l'examen du réfidu.

Enfin le quatrième fera deftiné à la comparaifon de cette eau avec celles qui font célèbres par leurs vertus, & nous y préfenterons ce que la connoiffance de fes principes & les faits que nous avons pu recueillir, apprennent fur leurs propriétés médicinales.

ARTICLE PREMIER.

Situation de la Source. Propriétés phyfiques de l'Eau.

LA fource de l'eau minérale de Saint-Germain eft fituée hors de la ville, fur un côteau expofé au levant & connu fous le nom des *Terraffes*. Le terrein qui la renferme eft un enclos de plufieurs arpens, dont le haut eft planté de vignes, qui réuffiffent affez bien, & le bas, qui va en pente vers la rivière, eft un verger bien cultivé, qui produit de très-bons fruits.

La fource fort de la terre à mi côte; elle eft éloignée d'environ 400 pieds des murs de la terraffe du château neuf, & de 600 pieds de la Seine, qui coule au bas du côteau. L'eau paroît provenir des carrières fi-

tuées fous les terraffes ; elle fourd , autant
que nous avons pu en juger , par un filet
d'à-peu-près trois ou quatre lignes. Son élévation au-deffus du lit de la rivière nous a
paru être de 130 pieds : elle eft reçue dans
une efpèce de baffin creufé fous une grotte
de cailloutages que l'art n'a point encore
embellie. Le trop plein de ce réfervoir coule
par un tuyau qui porte l'eau dans un fecond
baffin fitué à quelques pieds de la fource ,
& s'échappe en jet par d'autres canaux placés plus bas , qui forment des efpèces de
cafcades naturelles dans l'enclos. Le réfervoir
le plus bas laiffe écouler l'eau , qui arrofe
par infiltration les terres les plus voifines de
la rivière.

Cette fource ne tarit jamais , fon eau ne
fe gele point , elle n'éprouve pas plus d'altération pendant les féchereffes , que pendant
les pluies & les débordemens de la rivière.

Tous les baffins où cette eau eft reçue , &
les canaux par lefquels elle coule , font enduits d'une ochre de fer jaunâtre. En bou-
chant, pendant quelque temps , l'extrémité
du tuyau qui forme le jet-d'eau décrit ci-
deffus , l'eau arrêtée dans fon cours , & portant fon effort fur les parois de ce tuyau ,
en détache des floccons de chaux de fer ,

qu'elle entraîne enfuite avec elle, lorfqu'on lui rend fon mouvement. La terre qui fait le fond du premier réfervoir, eft rougeâtre, & prend une couleur noire foncée lorfqu'on la mêle avec la noix de galle en poudre.

La température de cette eau paroît être plus froide que celle de l'atmofphère, lorfque celle-ci eft au-deffus de dix degrés.

Le 2 du mois de Décembre 1786, à midi, le foleil étant bien découvert, le thermomètre marquoit neuf degrés dans l'atmofphère. Plongé pendant une heure dans la Seine, il a donné huit degrés. Tenu pendant le même efpace de temps dans l'eau minérale du premier réfervoir, il s'eft élevé à dix degrés. Cette expérience, d'accord avec la nature de l'eau, qui fera déterminée plus bas, nous prouve que cette eau jouit conftamment de la température indiquée.

L'eau de Saint-Germain, puifée à la fource même, eft très-claire & très-tranfparente. Elle a une faveur fenfiblement martiale & légèrement acidule, mais fans préfenter la ftipticité, ni le piquant des eaux vitrioliques & gazeufes pures. Lorfqu'on la mêle avec du vin, fa faveur aigrelette devient plus fenfible. Les habitans de Saint-Germain connoiffent bien cette propriété.

Expofée à l'air, cette eau ne fe trouble qu'au bout de quelques heures, & d'autant plus vîte que l'atmofphère eft plus chaude. Elle dépofe une terre martiale en floccons jaunâtres qui reftent long-temps fufpendus. Le même phénomène a lieu lorfqu'on la chauffe, & nous verrons plus bas qu'il s'en dégage en même-temps une quantité confidérable de petites bulles. C'eft donc au dégagement de ce fluide élaftique, par le contact & la chaleur de l'atmofphère, qu'eft due la précipitation du fer. Mais comme ce gaz n'y eft pas très-abondant, l'eau de Saint-Germain ne fe trouble point à l'air auffi promptement que plufieurs eaux de la même nature, & une expérience réitérée nous a convaincus qu'enfermée dans des bouteilles bien bouchées, & tranfportée à Paris, elle peut fe conferver long-temps, & fans altération, dans un endroit frais.

Une veffie mouillée, liée à l'orifice d'une bouteille remplie de cette eau, ne fe dilate que peu par l'agitation. La même expérience faite avec un matras tenu quelque temps plongé dans l'eau bouillante, ne donne pas lieu au dégagement d'une quantité confidérable de fluide élaftique. Les Chimiftes favent aujourd'hui que cette expérience ne mérite pas une grande confiance.

L'examen des terres des environs, recommandé par les Naturalistes, pour acquérir des connoissances sur la nature des principes minéralisateurs des eaux, ne répand pas beaucoup de lumières sur celles de Saint-Germain. Quelques terreins présentent, à la vérité, des matières ferrugineuses, & l'on sait qu'on n'est jamais embarrassé pour trouver l'origine de ce métal dans les eaux. Cet examen seroit même plutôt capable d'induire en erreur sur la minéralisation de l'eau que nous examinons, puisque la sélénite ou vitriol calcaire qui est si abondant dans les carrières de tous les environs de cette ville, & dont les Naturalistes recueillent des échantillons d'une forme particulière, ne se trouve point du tout dans cette eau ; observation remarquable sur laquelle nous reviendrons à la fin de ce Mémoire.

Le site de cette eau, le voisinage de la rivière, la beauté du côteau qui la borde, la fertilité du terrein, l'emplacement de l'enclos au-dehors de la ville & aux pieds du château neuf, se prêteroient à tous les embellissemens que l'art voudroit ajouter à la Nature.

Mais cet avantage, que beaucoup d'eaux, d'ailleurs très-recommandables, n'offrent point, ne peut que favoriser les effets utiles qu'elle paroît capable de produire, & entretenir dans les malades ce calme, cette gaîté qui contribue tant à rétablir les forces épuisées, & à accélérer les convalescences.

Nous ajouterons, à ces observations sur les propriétés physiques de l'eau de Saint-Germain, que le terrein de la partie basse de l'enclos qui en renferme la source, & qui est arrosé par la filtration continuelle de cette eau, paroît en recevoir une fertilité remarquable.

Ce terrein est destiné à la culture des légumes, une partie est semée de luzerne, on y trouve aussi des arbres fruitiers.

Les Physiciens modernes ont démontré qu'une eau, qui tient de l'acide craieux ou air fixe en dissolution, contribue singulièrement à la végétation. On pense que c'est par la décomposition de cet acide & par l'absorption de sa base acidifiable que cet effet a lieu (1).

On sait aussi, d'après les expériences de MM. Ingenhousze & Sennebier, qu'à mesure que de l'eau chargée de cet acide agit sur

______

(1) Voyez le Discours préliminaire des Elémens de Chimie, de M. de Fourcroy, seconde édition, pag. 49 & 83.

les végétaux , dont elle favorise l'accroisse-
ment , il se dégage par le contact simultané
des rayons du soleil , une quantité plus grande
d'air vital , que de l'eau seule dans laquelle
les mêmes végétaux sont plongés. Il y a donc
dans l'action de cette eau sur les végétaux ,
deux phénomènes d'une égale utilité , l'un est
l'addition de l'air pur dans l'atmosphère , &
l'autre la rapidité de la végétation & la qualité que les plantes acquièrent par son contact.

Mais ces détails , quoiqu'ils ne soient pas
sans utilité pour l'objet que nous avons à
traiter , pouvant en être regardés comme de
simples accessoires , hâtons-nous de passer à
l'examen de l'action des réactifs , qui appartient plus immédiatement , & qui touche de
plus près au but de notre travail.

ARTICLE II.

*Examen de l'Eau de Saint-Germain par les
Réactifs.*

C'EST à la source même que les expériences relatives à l'action des réactifs , ont été
faites.

M. de Fourcroy a bien voulu nous y accompagner, & coopérer à ces recherches, ainſi qu'à l'évaporation & à l'analyſe du réſidu, qui ont été faites dans ſon laboratoire. Voici les phénomènes qu'elle nous a préſentés.

1°. Elle a verdi très-foiblement le ſyrop de violettes, & rougi d'une manière ſenſible la teinture de tourneſol. La couleur bleue de cette dernière a reparu quelque temps après.

2°. La noix de galle en poudre lui a donné ſur-le-champ une teinte rougeâtre, qui, deux heures après, imitoit celle du vin.

3°. Les alkalis pruſſiens, & l'eau de chaux ſaturée de la même partie colorante, n'ont point donné de bleu ſenſible en deux heures; mais en conſervant ce mêlange, après vingt-quatre heures, on y voyoit une nuance jaune verdâtre qui annonçoit la précipitation d'un peu de bleu de Pruſſe.

4°. L'alkali volatil pur, l'alkali fixe cauſtique, & l'alkali volatil concret diſſous dans l'eau, n'y ont produit que des précipités peu abondans en floccons qui ont reſté long-temps ſuſpendus dans la liqueur.

5°. Les alkalis fixes ordinaires, ou ſaturés d'acide crayeux, n'ont pas donné des précipités plus abondans, ce qui prouve que l'eau de Saint-Germain ne contient que peu de ſels calcaires.

6°. L'eau de chaux est celui de tous les réactifs alkalins qui a formé le précipité le plus
abondant. Cette expérience ayant été faite
sur 12 livres d'eau , on eut 92 grains de précipité dans lequel on trouva près d'un gros
de craie, 14 grains de magnésie, & 6 ou 7
grains de chaux de fer. Comme la saveur de
l'eau & les bulles qu'elle donne très-prompt-
tement sous la machine pneumatique , ainsi
que dès la première impression de la chaleur,
annonçoient dans cette eau la présence d'une
certaine quantité d'acide crayeux , la dose de
craie trouvée dans le précipité, appartient,
en plus grande partie, à l'eau de chaux qui
a absorbé cet acide , qu'à celle qui est immédiatement dissoute dans cette eau. Mais l'action de ce réactif indique que l'eau de Saint-
Germain contient des sels magnésiens , &
que la chaux de fer y est dissoute par l'acide
crayeux.

7°. L'acide du sucre forme dans l'eau de
Saint-Germain un précipité sensible , mais qui
reste long-temps suspendu , & qui n'est que
peu abondant.

8°. Il en est de même du sel marin de terre
pesante , ou muriate barytique, qui y indique la présence de l'acide vitriolique par le
précipité qu'il y occasionne.

9°. Le nitre mercuriel y forme un précipité jaune de turbith qui y annonce, comme le réactif précédent, la préfence de l'acide vitriolique.

10°. Le nitre lunaire a donné un précipité blanc qui a pris promptement une couleur violette. On fait aujourd'hui que cet effet eft fouvent produit par le fer contenu dans les eaux.

Dans les deux effais par ces diffolutions métalliques on remarquoit à la furface de l'eau, un peu de mercure réduit dans le premier, & quelques lamelles d'argent également réduit dans le fecond.

L'action combinée de ces divers réactifs démontroit donc que l'eau de Saint-Germain contenoit ;

1°. Un acide libre qui avoit porté fon action fur la teinture de tournefol. Cet acide ne peut être que de l'air fixe ou acide crayeux.

2°. Des matières fufceptibles d'altérer & changer en vert le bleu des violettes. On fait que la craie, la magnéfie & le fer produifent cet effet.

3°. De la craie démontrée par l'acide du fucre, qui, comme on fait, l'enlève à la plupart des autres acides.

4°. De la magnésie prouvée par l'action de l'eau de chaux & de tous les réactifs alkalins. Cette terre y étoit même indiquée en plus grande quantité que la terre calcaire.

5°. De l'acide vitriolique reconnoissable par sa précipitation en spath pesant, & par celle que le nitre de mercure a occasionnée dans l'eau.

6°. Du fer dont la présence est assurée non-seulement par la saveur, l'ochre qui enduit les bassins, le dépôt rougeâtre que forme l'eau exposée à l'air, mais encore par la couleur que lui donne la noix de galle. Observons que ce métal ne forme que très-difficilement du bleu de Prusse avec les matières alkalines saturées de la partie colorante de ce bleu.

Quant à la manière dont ces différens principes minéralisateurs de l'eau de Saint-Germain y sont réciproquement unis, on peut déjà conjecturer par ce qui en a été exposé jusqu'ici ;

1°. Que la craie, une partie de la magnésie & le fer y sont dissous par l'acide crayeux, puisque l'exposition de cette eau à l'air en opère en partie la précipitation, sur-tout celle du fer.

2°. Que l'acide vitriolique n'y est point
uni

uni à la chaux, puifque les alkalis n'y forment que des précipités très-peu abondans ,
tandis que l'eau de chaux en en féparant beaucoup plus de craie que les alkalis , annonce
que cette terre y eft diffoute par l'acide
crayeux.

3o. Que la magnéfie paroît être combinée
avec l'acide vitriolique.

Toutes ces affertions ne peuvent être dé-
montrées , & la quantité de ces principes ne
peut être fixée que par l'évaporation de l'eau
de Saint-Germain , & nous allons expofer ce
qu'elle nous a préfenté.

ARTICLE III.

Évaporation de l'Eau de Saint-Germain ,
& examen de fon réfidu.

L'EAU de Saint-Germain , tranfportée à
Paris dans des bouteilles de grès , & confervée pendant quinze jours , étoit un peu
trouble & jaunâtre. Elle avoit encore une
faveur fraîche & légèrement piquante ; fa
pefanteur n'excédoit pas fenfiblement celle
de l'eau pure ; expofée à l'air , elle a dépofé
des floccons jaunes bruns , & a repris de la
tranfparence.

Z

Trente livres de cette eau, un peu troublée par son exposition à l'air, ayant été
mises en évaporation dans une capsule de
verre au bain de sable, il s'en est dégagé
beaucoup de bulles avant la véritable ébullition ; & il s'en est séparé en même-temps
des floccons bruns. Concentrée jusqu'à deux
ou trois onces, on la filtra pour en séparer
le dépôt formé pendant l'évaporation. Celui-
ci pesoit après la dessication 76 grains. Cette
liqueur fut mise dans une capsule de verre
plate, & exposée à l'air pour la laisser évaporer spontanément. Au bout de 15 jours,
on y observa quelques cristaux en prismes
quadrangulaires dont les faces étoient lisses,
& dont une des extrémités offroit une pyramide également quadrangulaire. Ce sel séparé
de la liqueur surnageante & desséché à l'air,
pesoit 60 grains. L'eau remise à évaporer à
l'air, donna en quelques jours de nouveaux
cristaux plus petits & plus confus que les
premiers, mais présentant la même forme à
la loupe. Cette nouvelle levée de cristaux
pesoit 12 grains. L'eau-mère, exposée à l'air
pour la troisième fois, ne donna plus de
cristaux, même en plusieurs semaines, &
conserva sa fluidité. La saveur de cette eau-
mère étoit très-âcre ; on l'a fait évaporer à

ficcité ; fur la fin de cette évaporation , il s'eft dégagé des vapeurs fenfibles d'acide muriatique. Le réfidu étoit jaunâtre & pefoit 3 grains.

Examinons actuellement chacun de ces produits en particulier, le dépôt formé pendant l'évaporation, le fel criftallifé par l'expofition à l'air, & celui qui a été obtenu de l'eau-mère évaporée jufqu'à ficcité.

§. I. *Dépôt formé pendant l'évaporation.*

Le dépôt pefant 76 grains après fon exficcation , étoit gris jaunâtre. On l'a humecté avec un peu d'eau & expofé à l'air , afin d'en calciner le fer & de le rendre moins diffoluble dans l'acide du vinaigre qu'on fe propofoit d'employer pour en féparer la fubftance terreufe. Lorfqu'il a été bien rouillé , après quinze jours d'expofition à l'air, on l'a traité avec quatre onces de vinaigre diftillé , qui a diffous la terre avec une vive effervefcence , fans agir fur l'ochre martiale qui lui étoit mêlée. La diffolution acéteufe précipitée par fix onces d'eau de chaux , a donné des floccons de magnéfie cauftique , dont le poids étoit de cinq grains après la deffication. La potaffe verfée dans la même diffolution après l'eau de chaux , en a préci-

pité 36 grains de craie. Les 5 grains de magnéfie pure , obtenue dans cette analyfe ,
répondent à près de 10 grains de magnéfie
ordinaire ou unie à l'acide crayeux , comme
elle l'eft dans l'eau de Saint-Germain. Sur
les 36 grains de craie précipitée par la potaffe effervefcente , il faut en défalquer 6
grains qui appartiennent aux 6 onces d'eau
de chaux employée pour féparer la magnéfie.
Il y en avoit donc 30 grains dans le dépôt.

Après cette féparation des terres par l'acide
acéteux , la portion non diffoute par cet
acide avoit une couleur plus jaune. On l'a
fait bouillir avec 12 onces d'eau diftillée , on
a filtré cette liqueur , & on l'a effayée par
l'acide du fucre & par le muriate barytique
qui n'y ont produit aucune précipitation :
l'eau n'a donc rien enlevé à ce réfidu qui ne
contenoit point du tout de vitriol calcaire ou
de félénite. Après l'action de ce fluide , le
refte du dépôt defféché pefoit 10 grains , il
avoit la même couleur qu'avant l'ébullition
de l'eau. C'étoit de la craie de fer , ou l'efpèce d'ochre martiale combinée avec l'acide
crayeux que l'on trouve communément dans
les eaux ferrugineufes fimples & non vitrioliques. L'acide muriatique l'a complettement
diffoute , & on l'a précipitée en bleu de Pruffe

par le pruffite calcaire ou l'eau de chaux pruffienne.

Il réfulte de ces expériences, que les 76 grains du dépôt formé pendant l'évaporation de 30 livres d'eau de Saint-Germain, contenoient 30 grains de craie ordinaire, 10 grains de craie de magnéfie ou magnéfie effervef-cente, 10 grains de craie de fer ou chaux fer-rugineufe unie à l'acide crayeux, & 26 grains d'eau qui s'eft diffipée pendant les différen-tes exficcations auxquelles on en a foumis les portions féparées les unes des autres.

§. II. *Sel criftallifé dans l'Eau concentrée, expofée à l'air.*

Les 72 grains de fel criftallifé obtenu par l'évaporation fpontanée des 30 livres d'eau réduites à 2 ou 3 onces par l'action du feu, avoient, comme nous l'avons déjà dit, la forme de prifmes quadrangulaires, terminés par une pyramide également quadrangulaire, dont toutes les faces étoient liffes dans les plus gros criftaux. La faveur de ce fel étoit fort amère ; mis fur un charbon il s'eft fondu & enfuite deffèché par l'évaporation de fon eau de criftallifation ; il eft refté fans alté-ration à l'air ; il s'eft diffous très-facilement dans l'eau , & les réactifs ont démontré dans cette diſſolution , la préſence de l'acide vitriolique & de la magnéſie. C'étoit donc du vitriol de magnéſie ou du ſel d'Epſom très-pur.

§. III. *Sel obtenu par l'évaporation à ſiccité de l'eau-mère.*

Les trois grains de ſel jaunâtre produit de l'évaporation du reſte de l'eau ſéparée des criſtaux précédens, avoient une ſaveur âcre, chaude & amère ; ils attiroient très-fortement l'humidité de l'air. On ſe rappelle que ſur la fin de l'évaporation il s'étoit dégagé des vapeurs d'acide muriatique. En diſſolvant ces trois grains de ſel dans l'eau , on en a obtenu un précipité de magnéſie par l'eau de chaux , & des floccons blancs peſans par les diſſolutions nitreuſes de mercure & d'argent : on ſait que ces dernières expériences indiquent la préſence de l'acide muriatique. Ce ſel âcre & déliqueſcent étoit donc du vrai muriate ou ſel marin de magnéſie.

Cette analyſe préſente les réſultats ſuivans. Trente livres d'eau ont donné un gros de vitriol de magnéſie ou ſel d'Epſom criſtalliſé, trois grains de muriate ou ſel marin de magnéſie, trente grains de craie ordinaire, dix grains de craie de magnéſie ou magnéſie effervefcente, & dix grains de craie de fer ou chaux de fer unie à l'acide crayeux ; ce qui fait, à très-peu de chofe près, pour chaque pinte d'eau de Saint-Germain :

Vitriol de magnéfie. . . . 4 $\frac{2}{3}$ grains.
Muriate de magnéfie. . . . . $\frac{1}{3}$ de grain.
Craie ordinaire. . . . . 2 grains.
Craie de magnéfie. . . . $\frac{1}{3}$ de grain.
Craie de fer. . . . . . . $\frac{2}{3}$ de grain.

On doit ajouter à ces principes la quantité d'acide crayeux néceffaire pour diffoudre la craie, la magnéfie & le fer dans l'eau de Saint-Germain, puifqu'il eft prouvé inconteftablement par les recherches précédentes, que ce n'eft qu'à cet acide que ces différentes matières ont pu devoir leur diffolubilité. D'après les expériences des Chimiftes modernes, on fait qu'il faut, à peu de chofe près, un poids de cet acide égal à celui des terres pour les rendre diffolubles.

Les phénomènes que l'eau de Saint-Germain préfente par fon expofition à l'air prouvent que c'eft le fer qui s'en fépare le premier, que la craie & la magnéfie y font plus adhérentes ; fa faveur légèrement piquante, les bulles très-multipliées qu'elle donne dès qu'on la chauffe, indiquent que l'acide crayeux, fans y être auffi abondant que dans les eaux gazeufes proprement dites, y eft cependant plus que fuffifant pour diffoudre le fer & les fubftances falino-terreufes.

On peut donc eftimer à quatre ou cinq grains pour le poids, & à fept ou huit pouces cubes (1) pour le volume l'acide crayeux contenu dans une pinte d'eau de Saint-Germain.

ARTICLE IV.

Comparaison de cette Eau avec celles qui ont de la célébrité, & expofé de fes propriétés médicinales.

UN des objets les plus utiles de la recherche des eaux, c'eft d'en trouver à portée de nous qui ayent des vertus femblables à celles qu'on tranfporte de très-loin, ou qu'on eft obligé d'aller chercher à de grandes diftances.

L'eau de Saint-Germain, confidérée fous ce point de vue, peut être comparée à celles de Forge, d'Aumale, de Condé, de Scarboroug : elle fe rapproche même, par fa

______

(1) Le pouce cube d'acide crayeux, pèfe $\frac{605}{1000}$me de grain, ou près de $\frac{7}{13}$me.

faveur un peu plus piquante & sa nature un peu plus acidule que celle de ces dernières, des eaux de Spa & de Pyrmont. La quantité de fer qu'elle contient est à-peu-près la même que celle des eaux martiales simples que nous avons d'abord citées ; car nous ferons remarquer ici, que les deux tiers de grain de fer par pinte que l'examen du résidu nous a présenté dans l'eau de Saint-Germain, peuvent bien aller jusqu'à un grain entier, puisque nous ne l'avons évaporée que quinze jours après son arrivée à Paris, & lorsqu'elle avoit commencé à déposer une petite partie de son fer.

Il est rare que les eaux martiales simples, & même celles qui ont une surabondance d'acide crayeux, comme celles de Pyrmont, de Spa & de Pougues, contiennent plus d'un grain de fer par pinte. La quantité de fer un peu moindre dans celle de Saint-Germain, peut même être considérée comme un avantage pour des malades foibles & délicats, puisqu'il n'est pas en notre pouvoir de diminuer, sans une altération nuisible, la propriété ferrugineuse de celles qui en contiennent trop. D'ailleurs l'eau dont nous nous occupons ne contenant que très-peu de terre calcaire, en comparaison de plusieurs autres

eaux martiales fimples (1) & point du tout
de félénite, tandis que celles-ci en contiennent fouvent, elle doit être regardée comme
une des plus légères qu'on puiffe employer.

Ajoutons à ces obfervations qu'elle eft de
la claffe de celles qui fe confervent long-temps.
fans altération, lorfqu'elle eft à l'abri de l'air
& de la chaleur : la fixité de l'acide crayeux
& du fer qui y font contenus, eft un avantage qui nous paroît devoir la faire regarder comme une des plus précieufes en ce
genre.

En comparant la nature des principes mi-
néralifateurs de l'eau de Saint-Germain, à
celle des autres eaux avec lefquelles elle a
de l'analogie & dont les vertus font bien
connues, on ne peut douter qu'elle doit être
mife au rang des eaux toniques, ftomachi-
ques, dépurantes, légèrement déterfives,
fortifiantes & diurétiques.

Elle convient aux perfonnes qui digèrent
lentement, dont l'eftomac eft affoibli, & dont
les vifcères de la digeftion font chargés de
matière glaireufe. Son ufage peut être utile

----

(1) L'eau de Forges, regardée comme une des meilleu-
res, contient vingt grains de cette terre par pinte, felon
Marteau.

dans quelques affections hypocondriaques , dans plufieurs maladies des reins & de la veffie , dans les convalefcences que la foibleffe de l'eftomac rend fi fouvent longues & difficiles. Elle nous paroît fufceptible de détruire l'atonie & l'inertie des fibres , qui donnent fi fouvent naiffance aux fleurs blanches. Enfin nous la croyons propre à combattre avec fuccès certains engorgemens commençans , les douleurs vagues produites par la lenteur & l'épaiffiffement des humeurs des premieres voies , & quelques maladies de la peau manifeftement dûes à la même caufe.

Tout ce que nous venons d'expofer fe trouve en grande partie confirmé par l'expérience des habitans , dont plufieurs ont été guéris par l'ufage de cette eau , d'affections femblables à celles que nous avons indiquées. Les renfeignemens que nous avons pris auprès des perfonnes qui en ont fait ufage , quelques réfultats d'obfervations de plufieurs gens de l'art , qui nous ont été communiqués , nous apprennent que l'eau de Saint-Germain a produit des effets remarquables dans des douleurs de colique , des maux d'eftomac , l'infomnie , les vents , les fleurs blanches , &c. &c. La même expérience des habitans nous annonce que cette eau , prife à une certaine dofe, a un effet purgatif, qu'elle pouffe par les urines & à la peau ; qu'elle rétablit les digeftions & le fommeil.

On nous a affurés , comme nous l'avons déjà dit, que tous les Médecins qui ont pratiqué à Saint-Germain , ont été témoins des bons effets de cette eau. Nous croyons donc devoir prier la Société de prendre des informations & des renfeignemens auprès de plufieurs Médecins , dont la célébrité & les grands talens feront plus capables d'éclairer cet objet, que les faits qu'il nous a été permis de recueillir.

Le propriétaire du terrein dans lequel cette eau eft fituée , affure que plufieurs Médecins en on fait autrefois l'analyfe & reconnu les propriétés ; que M. Brunier , Médecin des Enfans de France , en faifoit un cas particulier, & l'avoit employée avec beaucoup d'avantage. D'après les propriétés de cette eau anciennement reconnues, un M. Binet , premier valet-de-chambre de Monfeigneur le Dauphin, père de Louis XVI, qui a fait clorre le terrein de murs , avoit fait conftruire des bains & acheté quelques maifons voifines pour le fervice de cette eau, qu'il fe propofoit de mettre en valeur, mais la mort l'a empêché d'exécuter fon projet.

Nous n'avons pu recueillir que ces ren‑
feignemens relatifs à l'hiftorique de l'eau de
Saint-Germain, d'après ce que nous a dit le
propriétaire actuel de l'enclos, qui, ayant
toujours habité cette ville, fe rappelle d'a‑
voir vu autrefois des mémoires & des pro‑
jets pour l'adminiftration de cette eau. Nous
ne doutons pas que ces mémoires n'ayent
exifté, mais il nous a été impoffible d'en ac‑
quérir une connoiffance plus exacte.

L'ufage que beaucoup d'habitans ont fait
de cette eau, s'accorde avec ce que nous
avons dit de fa légèreté. Il eft généralement
reconnu qu'elle paffe facilement & prompte‑
ment, qu'elle ne pèfe point fur l'eftomac,
qu'on peut en boire une grande quantité
fans fatigue, qu'elle ne nuit point à la di‑
geftion & qu'on peut en faire ufage à fes
repas.

Tous ces faits nous autorifent à conclure
qu'il feroit à defirer que cette eau fût plus
généralement connue, & que la Société vou‑
lût bien prendre cet objet en confidération.

RAPPORT

SUR L'EAU DE VAUGIRARD,

Lu à la Société Royale de Médecine, le 22 Juin 1787, par MM. POULLETIER DE LA SALLE, MACQUART & DE FOUR-CROY.

LA Société nous a chargés, M. Poulletier de la Salle, M. Macquart & moi, d'examiner la demande qui lui a été faite par le sieur Lhuillier, successeur du sieur le Meunié, propriétaire des eaux minérales de Vaugirard, relativement à la distribution de ces eaux. Pour mettre la Compagnie en état de porter son jugement sur la valeur de ces eaux, nous allons lui rendre compte des travaux dont elles ont été l'objet & de nos recherches particulières.

L'eau de Vaugirard a été examinée par Rouelle, en Février 1764; il résulte de ses expériences consignées dans un écrit publié en 1769, que cette eau contient 33 grains de matière saline & terreuse par livre, savoir 17 grains de sulfate de chaux ou sélénite, 11 grains de différens sels, nitre commun, sel marin ordinaire, nitre & sel marin à base terreuse, & 4 grains de terre absorbante. Ce célèbre Chimiste y démontre aussi que le sable fin que charie l'eau de Vaugirard, & qu'on assuroit contenir de l'or, n'en contient point du tout.

MM. Hérissant & Darcet ont fait trois analyses de cette eau, en Novembre 1764, en Janvier & Mars 1765; le rapport qu'ils ont lu à la Faculté le 10 Avril 1765, offre des expériences très-bien décrites, & leur résultat se rapproche beaucoup de celui de M. Rouelle; chaque livre d'eau évaporée au bain-marie, leur a donné 36 grains de résidu; celui-ci séché un peu plus dans différentes expériences, a pesé quelquefois un peu moins, & ils font monter sa proportion moyenne à 34 grains par livre. Ils concluent de leurs recherches, qu'on trouve dans cette eau par livre, 1°. moitié du résidu de sélénite; 2°. 3 ou 4 grains de terre calcaire; 3°. un peu de véritable nitre; 4°. une très-petite portion de vrai sel marin; 5°. deux sels très-déliquescens, formés par les acides nitreux & marin unis à une terre absorbante.

Malgré ces travaux faits par des hommes justement célèbres & qui méritent la plus grande confiance, nous n'avons pas cru devoir nous difpenfer de répéter cette analyfe avec les foins & l'exactitude que la perfection des inftrumens chimiques admet & exige même aujourd'hui. La Société y trouvera des réfultats analogues à ceux dont nous venons de lui faire part ; les feules différences que nous lui préfentons , confiftent dans une appréciation plus exacte de chaque principe terreux ou falin qui minéralife cette eau.

§. I. *Action des réactifs fur l'Eau de Vaugirard.*

L'eau de Vaugirard eft claire & n'a ni couleur ni odeur ; fa faveur eft fade ; elle pèfe près d'1 $\frac{1}{2}$ grain plus que l'eau diftillée par mefure ou volume d'une once. (Ces deux liquides étoient à la même température lorfqu'on les a pefés fpécifiquement.)

Cette eau rougit légèrement la teinture de tournefol & verdit un peu celle des violettes.

La diffolution de baryte ou terre pefante y occafionne un précipité blanc très-abondant.

L'eau de chaux y produit un nuage blanc peu confidérable & fort léger.

La potaffe pure , diffoute dans l'eau diftillée , y forme un nuage qui fe raffemble bientôt en floccons jaunâtres.

L'ammoniaque

L'ammoniaque y a fait auſſi paroître un précipité blanc dont une partie s'eſt dépoſée preſque tout-à-coup ſous la forme d'une pouſſière blanche très-fine.

Tous les précipités décrits juſqu'ici, recueillis & ſéchés avec ſoin, ont été diſſous avec efferveſcence par les acides minéraux un peu concentrés.

L'acide ſulfurique, verſé dans l'eau de Vaugirard, y produit un plus grand nombre de bulles que dans une pareille quantité d'eau nouvellement diſtillée.

L'acide oxalique bien pur a troublé très-fortement cette eau, il s'eſt dépoſé promptement une pouſſière de la plus grande blancheur. L'aſpect, la couleur, & ſur-tout la promptitude avec laquelle ce précipité s'eſt raſſemblé, indiquent qu'il eſt formé par l'union de l'acide oxalique avec la chaux, que cet acide a ſéparé de l'eau de Vaugirard.

Cette eau donne, avec le muriate barytique un précipité très-abondant, qui ſe dépoſe promptement; elle ne préſente point le même phénomène avec le muriate calcaire.

Elle donne des précipités terreux très-abondans avec les carbonates de potaſſe & d'ammoniaque, ou l'alkali fixe végétal & l'alkali volatil concret.

A a

Le nitrate mercuriel y forme un précipité blanc jaunâtre ; le nitrate d'argent l'a précipitée aussi très-abondamment ; ce dernier précipité qui étoit très-blanc, exposé au soleil, est devenu aussi-tôt d'une couleur pourpre & brun foncé, il paroissoit être un mélange de sulfate & de muriate d'argent, car tous les deux ont la propriété de noircir par le contact de la lumière.

L'eau de Vaugirard précipite sur-le-champ le sulfate de fer en floccons jaunes qui ne se dissolvent point dans l'acide sulfurique, mais qui sont dissolubles dans l'acide muriatique sans effervescence ; ces phénomènes indiquent la présence de la craie, & démontrent en même-temps que l'oxide de fer a absorbé en se précipitant une plus grande quantité d'oxigène qu'il n'en contenoit dans son état de sulfate de fer, puisque cet oxide est devenu jaune de vert qu'il étoit, & que l'acide sulfurique & l'acide carbonique ne peuvent plus s'y unir, tandis que l'acide muriatique l'a dissous sans effervescence, en raison de sa plus grande affinité avec l'oxigène.

L'acide gallique & le prussiate de chaux n'y ont donné aucun indice du fer.

Enfin elle ne dissout point le savon & le précipite en floccons indissolubles comme les eaux de puits, & elle ne cuit pas mieux les légumes.

L'action de tous les réactifs indiqués fur l'eau de Vaugirard annonce dans cette eau , 1º. l'acide fulfurique ; 2º. la chaux ; 3º. la magnéfie ; 4º. l'acide muriatique ; 5º. l'acide carbonique ; 6o. enfin l'air vital. Mais ces premiers indices font bien loin de fuffire pour donner une connoiffance fatisfaifante des principes de cette eau , l'évaporation nous a donné des réfultats plus exacts & plus certains.

§. I I. *Evaporation.*

On a fait évaporer au bain-marie huit livres de cette eau puifée la veille ; à mefure qu'elle fe réduifoit en vapeurs, elle laiffoit une trace blanche, & comme féléniteufe fur les parois du vaiffeau ; au bout de deux heures, elle s'eft couverte d'une croûte grife qui a augmenté peu à peu, & qui eft devenue très-folide ; on a brifé cette croûte afin de faciliter l'évaporation de l'eau. Lorfqu'elle a été tout-à-fait évaporée , on en a ramaffé avec foin le réfidu ; il étoit blanc grisâtre & en partie lamelleux, il pefoit 3 gros 36 grains, ce qui donne 31 grains & demi par livre d'eau. Nous avons fait l'analyfe de ce réfidu par l'action fucceffive de l'efprit-de-vin, de l'eau froide, de l'acide muriatique & de l'eau chaude.

§. III. *Traitement du réfidu par l'Efprit-de-vin.*

On a réduit en poudre très-fine les 3 gros 36 grains réfidus des 8 livres d'eau évaporées, on y a verfé 3 onces d'efprit-de-vin très-pur ; on a laiffé macérer pendant vingt-quatre heures en agitant fouvent. Au bout de ce temps on a jetté le tout fur un filtre ; l'efprit-de-vin a paffé clair, mais chargé d'une matière jaune ; le réfidu au contraire avoit acquis de la blancheur, & il ne pefoit plus que deux gros 52 grains, d'où l'on voit qu'il avoit perdu 56 grains par l'action de l'alcohol.

On a fait évaporer l'efprit-de-vin qui avoit féjourné pendant vingt-quatre heures fur le réfidu. Cette leffive a laiffé précipiter quelques petits criftaux vers la fin de fon évaporation, on ne les a pas féparés, on a continué l'opération jufqu'à ficcité ; le réfidu avoit une couleur jaune ; il étoit compofé de deux matières manifeftement différentes ; l'une avoit l'afpect grenu, & l'autre étoit en maffe ténace & ductile ; ce produit pefoit 54 grains ; il auroit fallu retrouver 56 grains pour faire la fomme totale employée ; mais le déchet de deux grains eft dû à ce que ce

réfidu de la leſſive ſpiritueuſe étoit plus ſec
que le réſidu entier. On a mis ces 54 grains
dans un peu d'alcohol froid, une partie s'y
eſt diſſoute, mais il eſt reſté 14 grains d'un
ſel blanc & grenu, qui ne s'y eſt pas fondu;
ce ſel étoit un mêlange de nitrate de potaſſe
ou de nitre ordinaire & de muriate de ſoude
ou ſel commun. On a conſervé ces 14 grains
pour les examiner avec le produit de la leſſive
aqueuſe. On a fait évaporer la diſſolution
comme la première fois, il ne s'en eſt plus
ſéparé de criſtaux, & le réſidu qu'elle a donné
s'eſt diſſous entièrement dans une petite quantité d'alcohol froid ; il peſoit $3\frac{8}{}$ grains, ce
qui fait encore deux grains de perte. On a
diſſous ces 38 grains de ſels déliqueſcens dans
2 onces d'eau diſtillée ; on y a verſé 7 onces
d'eau de chaux, il s'eſt fait un précipité
jaunâtre, flocconneux, qui peſoit 6 grains,
après avoir été lavé & ſéché ; c'étoit de véritable magnéſie ; cette terre ſaturée d'acide
muriatique a donné un ſel, qui, deſſéché au
bain-marie, peſoit 15 grains , ce qui s'accorde avec les proportions du muriate magnéſien trouvées par Bergman ; cette
quantité de muriate magnéſien diviſée entre
huit livres d'eau forme preſque deux grains
pour chaque livre de cette eau.

A a iij

Les 6 grains de magnéfie obtenus par l'eau de chaux , de 38 grains de fels déliquefcens fournis par l'évaporation de l'alcohol , annonçoient que cette terre n'étoit pas la feule bafe des fels déliquefcens contenus dans cette eau , & qu'il en exiftoit auffi une de nature calcaire ; pour connoître la quantité de celle-ci , on a verfé dans la liqueur , déjà précipitée par l'eau de chaux , une diffolution de carbonate de potaffe ou alkali fixe végétal effervefcent bien pur ; il s'eft formé un précipité blanc très-abondant , il pefoit 18 grains ; c'étoit du carbonate calcaire ou de la craie ; mais la chaux qui entre dans la combinaifon de ce fel terreux , n'appartient pas en entier aux fels de l'eau de Vaugirard , puifque les 7 onces d'eau de chaux employées , contenoient 5 grains de cette terre , qui forment à eux feuls 9 grains de craie ; il ne refte donc plus que 5 grains de chaux des 9 autres grains de cette craie précipitée pour les fels déliquefcens de l'eau. Comme on avoit des raifons fondées fur l'afpect , la faveur , la détonation légère de ce fel , de croire que c'étoit du nitrate calcaire , on a faturé ces 9 grains de craie d'acide nitrique , ils ont donné 16 grains de nitrate calcaire defféché au bain-marie ; ce pro-

(375)

duit ne s'éloigne que très-peu des proportions indiquées dans ce fel par Bergman ; ces 16 grains de nitrate calcaire , partagés entre les 8 livres d'eau de Vaugirard , donnent 2 grains pour chaque livre.

Cependant , pour confirmer l'idée que nos obfervations nous avoient fait naître fur la nature de ce fel , & pour favoir fi les 5 grains de chaux extraite des fels déliquefcens , appartenoient à du nitrate calcaire , on a fait évaporer à ficcité la liqueur décompofée par l'alkali ; elle a fourni un fel qui fufoit fur les charbons allumés , & qui avoit la faveur du nitre ; ce fel étoit mêlé de muriate de potaffe formé par l'acide muriatique féparé de la magnéfie.

§. I V. *Traitement du réfidu par l'Eau froide.*

On a verfé deux onces d'eau diftillée froide fur le réfidu déjà leffivé par l'alcohol , & pefant 2 gros 52 grains ; on a laiffé ce mêlange en macération pendant plufieurs heures, en ayant foin d'agiter de temps en temps. On a filtré cette leffive , elle a paffé claire & prefque fans couleur ; le réfidu féché ne pefoit plus que 2 gros 30 grains. On a fait évaporer la liqueur, elle a fourni 26 grains d'un fel blanc laiteux , qui a paru être de la même

nature que celui que l'esprit-de-vin avoit
diffous, car il en avoit toutes les propriétés;
on les a mêlés enfemble, ce qui a fait la
fomme de 40 grains.

Ce fel bien fec mis fur un charbon ardent
décrépitoit & fufoit; ces propriétés, ainfi que
fa faveur & fa forme indiquoient que c'étoit
un mélange de nitrate de potaffe & de muriate de foude. Pour féparer ces deux fels &
connoître leurs proportions relatives, on a
diffous les 40 grains dans un peu d'eau diftillée, & on a évaporé cette diffolution au bain-
marie avec beaucoup de foin. Malgré la difficulté de cette féparation exacte, il a paru
que le nitrate de potaffe étoit plus abondant
que le muriate de foude, que le premier de
ces fels formoit les $\frac{3}{5}$ du mélange, & le fecond les $\frac{2}{5}$; c'eft-à-dire, que fur ces 40 grains,
il y avoit 24 grains de nitrate de potaffe, &
16 grains de muriate de foude, ce qui donne
3 grains du premier & 2 du fecond pour
chaque livre d'eau de Vaugirard.

§. V. *Traitement du réfidu par l'acide muriatique.*

Après avoir enlevé au réfidu de l'eau de
Vaugirard les fels folubles dans l'alcohol &
dans l'eau, on a traité ce réfidu, qui ne pe-

ſoit plus que 2 gros 30 grains avec l'acide muriatique foible ; lorſque l'effervefcence a ceſſé
d'être fenſible par l'addition de cet acide, &
que la matière terreuſe & diſſoluble a été
diſſoute, on a étendu d'eau diſtillée & filtré
cette diſſolution ; la liqueur a paſſé claire &
ſans aucune couleur ; le réſidu, lavé & ſéché,
ne peſoit plus que 2 gros & 12 grains ; on
a fait évaporer la liqueur, elle a fourni un
ſel blanc, âcre & déliquefcent, on l'a diffous dans l'eau, on a ajouté à la diſſolution
une once d'eau de chaux, il s'eſt fait un précipité qui a peſé un grain après avoir été
bien fec ; c'étoit de la magnéſie, qui devoit
former à-peu-près 2 grains de carbonate de
magnéſie dans les huit livres d'eau de Vau-
girard, ce qui fait par livre $\frac{1}{4}$ de grain de cette
ſubſtance ; on a précipité le reſtant de la
diſſolution avec le carbonate de potaſſe, le
précipité recueilli, lavé & deſſéché, peſoit
13 grains dont il faut retenir un grain en raiſon de l'once d'eau de chaux, les 12 qui reſtent font un grain & demi par livre d'eau ;
c'étoit du carbonate calcaire.

§. V I. *Analyſe du dernier Réſidu par l'eau
bouillante.*

Les 2 gros 12 grains de réſidu étoient

très-blancs, sans aucune saveur. Ils se font complettement diffous dans l'eau bouillante ; cette diffolution a donné des criftaux aiguillés, très-fins, par l'évaporation lente ; elle a précipité, par l'acide oxalique, le muriate de baryte, le nitrate mercuriel, & par les alkalis fixes ; c'étoit du fulfate de chaux très-pur.

§. VII. *Réfultats de cette analyfe.*

Trois gros trente-fix grains du réfidu de huit livres d'eau de Vaugirard, évaporées au bain-marie, ont été féparés par les différens moyens employés fucceffivement en fept fubftances falines dans les proporrions fuivantes.

1º. Sulfate de chaux ou félénite. . . . . 2 3 12 grains.

2º. Nitrate de potaffe & muriate de foude mêlés enfemble.   40

3º. Nitrate de chaux. . .   16

4º. Muriate de magnéfie. .   15

5º. Carbonate de chaux ou craie.   12

6º. Carbonate de magnéfie.   2

    Total. . . . . .3 3 25 grains.

    Perte. . . . . .   11 grains.

Appréciation de ces matières par livre.

Il fuit de-là que chaque livre d'eau de Vaugirard contient ,

1º. Sulfate de chaux ou félénite. . $19\frac{1}{2}$

2º. Nitrate de potaffe & muriate de foude. 5

3º. Nitrate de chaux. 2

4º. Muriate de magnéfie. 2

5º. Carbonate de chaux ou craie. . $1\frac{1}{2}$

6º. Carbonate de magnéfie. . . . . $\frac{1}{4}$

7º. Air vital & acide carbonique, quantité inappréciable.

Total. . . . . . . $30\frac{1}{4}$

Perte. . . . . . . $1\frac{1}{4}$

§. VIII. *Conclufion.*

On voit par ce réfultat que nous avons trouvé dans l'eau de Vaugirard les mêmes principes que MM. Rouelle , Darcet & Hériffant , que nous ne différons que très-peu dans les proportions du réfidu total & dans celle de la terre calcaire ; nous y avons trouvé de plus de la magnéfie unie aux acides carbonique & muriatique , que l'état des connoiffances chimiques ne permettoit pas de reconnoître il y a plus de 20 ans.

D'après cette analyfe exacte , & fur les

données de laquelle il ne peut pas y avoir
d'erreur, puifque trois différentes analyfes
fe trouvent entièrement d'accord, on voit
que le principe minéralifateur le plus abondant de l'eau de Vaugirard eft la félénite,
qu'elle contient par livre environ 10 grains
de principes falins légèrement actifs, dont la
moitié paroît appartenir à des fels déliquefcens. Il eft impoffible que cette petite quantité de principes actifs puiffe faire efpérer
une action bien fenfible fur l'économie animale, & autorifer les qualités d'apéritive,
laxative & ftomachique qu'on lui a attribuées
dans l'Imprimé du fieur le Meunié. Si cette
eau mérite comme toutes celles qui coulent
à la furface du globe, & comme les eaux
de puits elles-mêmes le nom d'eau minérale,
celui d'eau médicinale ne peut lui convenir.

Auffi MM. les Commiffaires de la Faculté
ont-ils terminé leur rapport par cette phrafe :
« Nous fommes d'avis qu'il n'eft ni décent,
» ni honorable pour la Faculté de donner fon
» attache à l'eau de cette fource ; fon appro-
» bation induiroit le public en erreur & fini-
» roit par devenir fatale & ruineufe au fieur
» le Meunié ».

Malgré cet avis l'eau de Vaugirard a eu
le fuffrage de plufieurs Médecins ; les certi-

ficats qui ont été donnés par MM. Bordeu , Lorry, Maloët, &c. font en leur faveur ; mais il eft aifé de concevoir que fi elle a produit de bons effets , ce n'a pu être que comme l'eau de la Seine, ou comme toute eau po-table & fraîche , qui , d'après des expériences affez multipliées , pour ne laiffer aucun doute, agit dans beaucoup de circonftances à la manière des laxatifs , des diurétiques, des toniques.

Nous adoptons donc entièrement l'avis de MM. les Commiffaires de la Faculté , nous regardons l'eau minérale de Vaugirard, comme une véritable eau de puits , d'autant plus que celle d'un puits fitué à peu de diftance de la fource a beaucoup d'analogie avec elle. Nous avons examiné cette feconde eau de Vaugirard avec autant de foin que la première , & fans entrer dans des détails qui ne feroient que la répétition des procédés que nous avons décrits ci-deffus, nous y avons trouvé 18 à 19 grains de fels par livre, ce réfidu étoit compofé de

1º. Sulfate de chaux.	12	$\frac{1}{2}$
2º. Nitrate de potaffe.	2	$\frac{3}{8}$
3º. Nitrate de magnéfie.	1	$\frac{2}{8}$
4º. Muriate de magnéfie.		$\frac{7}{8}$
5º. Carbonate de chaux ou craie. .	1	$\frac{2}{8}$
6º. Carbonate de magnéfie. . . .		$\frac{3}{8}$

Total. . . . . . 18 $\frac{1}{2}$

On voit par ce réfultat que l'eau de puits ne diffère de l'eau de la fource que par une moindre quantité de principes & par l'abfence du fel marin qui femble y être remplacé par le nitrate de magnéfie.

Nous penfons donc que la prétendue eau minérale de Vaugirard ne contient point affez de fels actifs pour différer fenfiblement des eaux de puits ordinaires de Paris, qu'elle n'a pas les caractères des eaux falines médicinales, & que la Société ne doit pas en autorifer la diftribution.

Au Louvre, le 22 *Juin* 1787, *Signé*, POULLETIER DE LA SALLE, DE FOURCROY, MACQUART.

F I N.

TABLE
DES CHAPITRES.

Fin de la Table des Chapitres.

Extrait des Registres de la Société Royale de Médecine.

LA Société Royale de Médecine ayant entendu, dans sa Séance, tenue au Louvre le 11 du présent mois, la lecture du Rapport que lui ont fait MM. Jeanroy & Hallé, sur un Ouvrage intitulé : *Analyse des Eaux minérales d'Enghien*, & rédigé par MM. de Fourcroy & Delaporte, qu'elle en avoit chargés, a pensé que cet Ouvrage est digne de son Approbation & d'être imprimé sous son Privilège. En foi de quoi j'ai signé le présent. A Paris, ce 16 Janvier 1788.

Signé, VICQ D'AZIR, Secrétaire perpétuel, &c.

Extrait des Registres de l'Académie, du 19 Janvier 1788.

MESSIEURS Lavoisier & Berthollet, Commissaires nommés par l'Académie pour examiner un Ouvrage intitulé : *Analyse des Eaux d'Enghien*, &c. par MM. de Fourcroy & Delaporte, en ayant rendu compte, l'Académie a jugé cet Ouvrage digne de son Approbation & de paroître sous son Privilege.

Je certifie cet Extrait conforme aux Registres de l'Académie. A Paris, ce 19 Janvier 1788.

Signé, le Marquis DE CONDORCET.

De l'Imprimerie de CHARDON, rue de la Harpe, 1788.